四川省"十四五"职业教育省级规划教材
"十四五"时期水利类专业重点建设教材（职业教育）
高等职业教育水利类新形态一体化数字教材

节水灌溉技术

主　编　刘建明　梁　艺　刘艺平
副主编　张仲驰　由金玉　夏春兰　杨　易　张　雄　吴雨昕
　　　　王君勤　郝红科　施　荣　张开勇　牟廷维

中国水利水电出版社
www.waterpub.com.cn
·北京·

内 容 提 要

本书主要包括绪论、改进地面灌溉、喷灌工程技术、微灌工程技术、管道输水灌溉工程技术、渠道防渗工程技术和节水灌溉管理技术七个项目。通过本书的学习，可培养学生从事节水灌溉工程规划设计、施工安装及运行管理的能力，为后续专业课的学习及走向工作岗位奠定基础。

本书根据全国高职高专水利类专业人才培养目标及节水灌溉工程一线岗位对工程技术人员能力要求编写，内容设计中引入"岗课赛证"相互融通的理念，重视教材内容与岗位工作应用、行业技能竞赛大纲等方面的互融互通，适合高职高专水利类专业教学及节水灌溉工程技术人员阅读参考和培训使用。

图书在版编目（CIP）数据

节水灌溉技术 / 刘建明，梁艺，刘艺平主编. -- 北京：中国水利水电出版社，2024.8
四川省"十四五"职业教育省级规划教材 "十四五"时期水利类专业重点建设教材. 职业教育 高等职业教育水利类新形态一体化数字教材
ISBN 978-7-5226-2161-6

Ⅰ.①节… Ⅱ.①刘… ②梁… ③刘… Ⅲ.①节约用水－农田灌溉－高等职业教育－教材 Ⅳ.①S275

中国国家版本馆CIP数据核字(2024)第023571号

书　名	四川省"十四五"职业教育省级规划教材 "十四五"时期水利类专业重点建设教材（职业教育） 高等职业教育水利类新形态一体化数字教材 **节水灌溉技术** JIESHUI GUANGAI JISHU
作　者	主编　刘建明　梁　艺　刘艺平
出版发行	中国水利水电出版社 （北京市海淀区玉渊潭南路1号D座　100038） 网址：www.waterpub.com.cn E-mail：sales@mwr.gov.cn 电话：（010）68545888（营销中心）
经　售	北京科水图书销售有限公司 电话：（010）68545874、63202643 全国各地新华书店和相关出版物销售网点
排　版	中国水利水电出版社微机排版中心
印　刷	天津嘉恒印务有限公司
规　格	184mm×260mm　16开本　13印张　316千字
版　次	2024年8月第1版　2024年8月第1次印刷
印　数	0001—1500册
定　价	**49.00元**

凡购买我社图书，如有缺页、倒页、脱页的，本社营销中心负责调换

版权所有·侵权必究

前　言

2014年，习近平总书记在中央财经领导小组第五次会议上提出了"节水优先、空间均衡、系统治理、两手发力"治水思路，"节水优先"是新时期治水工作必须始终遵循的根本方针。我国是水资源短缺的国家，人均水资源占有量约为2200m^3，不足世界平均水平的1/4，且时空分布不均，近2/3的城市存在不同程度的缺水问题，每年缺水量为500多亿m^3，是全球13个贫水国家之一。农业是第一用水大户，农业用水量约为3600亿m^3，占全国总用水量的60%，而灌溉水利用系数不高，节水灌溉是解决我国水资源短缺问题的重要途径。

本书为适应我国大规模发展节水灌溉的需要，着重阐述了喷灌、微灌等各种节水灌溉工程技术的规划设计、施工安装、运行管理，还介绍了节水灌溉的管理技术，力求为从事节水灌溉的技术人员提供较为完整的工程技术和管理技术。在编写本书的过程中，编者引用最新的技术标准和规范、参考已有的成熟的研究成果和经验，收入新技术、新方法和新设备，保证了本书的科学性、先进性和适用性。本书还有思政元素穿插、"岗课赛证"融通、数字媒体资源丰富等特色。

本书由四川水利职业技术学院的刘建明、梁艺、刘艺平担任主编，四川水利职业技术学院的张仲驰、由金玉、夏春兰、杨易、张雄、吴雨昕及四川省水利科学研究院的王君勤、杨凌职业技术学院的郝红科、酒泉职业技术学院的施荣、四川省都江堰水利发展中心的张开勇、四川华恒升科技发展有限公司的牟廷维担任副主编。本书参考和引用了国内外有关专家的大量文献，在此一并表示最衷心的感谢！

由于编者水平有限，书中难免存在疏漏和不妥之处，敬请读者批评指正。

编　者
2024年1月

"行水云课"数字教材使用说明

"行水云课"水利职业教育服务平台是中国水利水电出版社立足水电、整合行业优质资源全力打造的"内容"+"平台"的一体化数字教学产品。平台包含高等教育、职业教育、职工教育、专题培训、行水讲堂五大版块,旨在指供一套与传统教学紧密衔接、可扩展、智能化的学习教育解决方案。

本套教材是整合传统纸质教材内容和富媒体数字资源的新型教材,它将大量图片、音频、视频、3D动画等教学素材与纸质教材内容相结合,用以辅助教学。读者可通过扫描纸质教材二维码查看与纸质内容相对应的知识点多媒体资源,完整数字教材及其配套数字资源可通过移动终端APP、"行水云课"微信公众号或中国水利水电出版社"行水云课"平台查看。

扫描下列二维码可获取本书课件。

多媒体知识点索引

序号	名　　称	资源类型	页码
1	[1.1] 节水灌溉概述	视频	1
2	[1.2] 节水灌溉的发展	视频	4
3	[2.1] 改进地面灌溉概述	视频	8
4	[2.2] 畦灌技术	视频	11
5	[2.3] 沟灌技术	视频	14
6	[2.4] 覆膜灌技术	视频	15
7	[2.5] 波涌灌溉技术	视频	19
8	[2.6] 地面灌溉的质量评价	视频	26
9	[3.1] 喷灌工程概述	视频	28
10	[3.2] 喷灌设备	视频	31
11	[3.3] 喷灌质量控制参数	视频	35
12	[3.4.1] 喷灌工程规划设计（一）	视频	38
13	[3.4.2] 喷灌工程规划设计（二）	视频	38
14	[3.5] 喷灌工程规划设计示例	视频	49
15	[3.6] 喷灌工程施工组织及安装	视频	54
16	[3.7] 喷灌工程运行管理	视频	56
17	[4.1] 微灌工程概述	视频	60
18	[4.2] 微灌系统主要设备	视频	65
19	[4.3.1] 微灌工程规划设计（一）	视频	77
20	[4.3.2] 微灌工程规划设计（二）	视频	77
21	[4.4] 滴灌工程设计示例	视频	90
22	[5.1] 管道输水灌溉工程布置原则	视频	109
23	[5.2.1] 管道输水灌溉工程设计内容（一）	视频	110
24	[5.2.2] 管道输水灌溉工程设计内容（二）	视频	110
25	[5.3] 管道输水灌溉工程设计参数的确定方法	视频	126
26	[5.4] 管道灌溉工程施工与运行管理	视频	131
27	[5.5] 管道灌溉工程规划设计示例	视频	140

续表

序号	名　　称	资源类型	页码
28	[6.1] 渠道防渗工程的类型及特点	视频	146
29	[6.2] 渠道防渗工程规划设计	视频	152
30	[6.3] 渠道防渗工程的防冻措施	视频	163
31	[7.1] 墒情监测与旱情评估	视频	172
32	[7.2] 作物灌溉预报技术	视频	174
33	[7.3.1] 灌区量测水技术（一）	视频	176
34	[7.3.2] 灌区量测水技术（二）	视频	176
35	[7.4.1] 灌溉自动化控制技术（一）	视频	183
36	[7.4.2] 灌溉自动化控制技术（二）	视频	183
37	[7.4.3] 灌溉自动化控制技术（三）	视频	183
38	[7.5] 节水灌溉工程管理模式	视频	191

目 录

前言
"行水云课"数字教材使用说明
多媒体知识点索引
项目一 绪论 …………………………………………………………………… 1
 任务一 节水灌溉概述 ………………………………………………………… 1
 任务二 节水灌溉的发展 ……………………………………………………… 4
 【能力训练】 …………………………………………………………………… 7
 【知识链接】 …………………………………………………………………… 7
项目二 改进地面灌溉 …………………………………………………………… 8
 任务一 概述 …………………………………………………………………… 8
 任务二 畦灌技术 ……………………………………………………………… 11
 任务三 沟灌技术 ……………………………………………………………… 14
 任务四 覆膜灌技术 …………………………………………………………… 15
 任务五 波涌灌溉技术 ………………………………………………………… 19
 任务六 地面灌溉的质量评价 ………………………………………………… 26
 【能力训练】 …………………………………………………………………… 27
项目三 喷灌工程技术 …………………………………………………………… 28
 任务一 喷灌工程概述 ………………………………………………………… 28
 任务二 喷灌设备 ……………………………………………………………… 31
 任务三 喷灌质量控制参数 …………………………………………………… 35
 任务四 喷灌工程规划设计 …………………………………………………… 38
 任务五 喷灌工程规划设计示例 ……………………………………………… 49
 任务六 喷灌工程施工组织及安装 …………………………………………… 54
 任务七 喷灌工程运行管理 …………………………………………………… 56
 【能力训练】 …………………………………………………………………… 59
 【知识链接】 …………………………………………………………………… 59
项目四 微灌工程技术 …………………………………………………………… 60
 任务一 微灌工程概述 ………………………………………………………… 60

  任务二 微灌系统主要设备 ……………………………………………… 65
  任务三 微灌工程规划设计 ………………………………………………… 77
  任务四 滴灌工程设计示例 ………………………………………………… 90
  任务五 微灌工程施工安装 ………………………………………………… 97
  任务六 微灌工程运行管理 ………………………………………………… 102
  【能力训练】 ……………………………………………………………………… 106
  【知识链接】 ……………………………………………………………………… 107
项目五 管道输水灌溉工程技术 ……………………………………………………… 108
  任务一 管道输水灌溉工程布置原则 …………………………………………… 109
  任务二 管道输水灌溉工程设计内容 …………………………………………… 110
  任务三 管道输水灌溉工程设计参数的确定方法 ………………………………… 126
  任务四 管道灌溉工程施工与运行管理 ………………………………………… 131
  任务五 管道灌溉工程规划设计示例 …………………………………………… 140
  【能力训练】 ……………………………………………………………………… 145
项目六 渠道防渗工程技术 …………………………………………………………… 146
  任务一 渠道防渗工程的类型及特点 …………………………………………… 146
  任务二 渠道防渗工程规划设计 ………………………………………………… 152
  任务三 渠道防渗工程的防冻措施 …………………………………………… 163
  任务四 渠道防渗施工方法及管理 …………………………………………… 167
  【能力训练】 ……………………………………………………………………… 170
  【知识链接】 ……………………………………………………………………… 171
项目七 节水灌溉管理技术 …………………………………………………………… 172
  任务一 墒情监测与旱情评估 ………………………………………………… 172
  任务二 作物灌溉预报技术 …………………………………………………… 174
  任务三 灌区量测水技术 ……………………………………………………… 176
  任务四 灌溉自动化控制技术 ………………………………………………… 183
  任务五 节水灌溉工程管理模式 ………………………………………………… 191
  【能力训练】 ……………………………………………………………………… 194
参考文献 ……………………………………………………………………………………… 195

项目一

绪 论

学习目标

通过学习节水的方针政策、节水灌溉技术的类型和发展历史，让学生深刻理解节水的重要性，提高节水的意识，坚定民族自豪感，激发爱国主义情怀，增强"科技报国"的责任感和使命感。

学习任务

1. 了解节水灌溉的意义。
2. 掌握节水灌溉技术的类型。
3. 了解国内外节水灌溉的发展历史。

2014年，习近平总书记在中央财经领导小组第五次会议上提出了"节水优先、空间均衡、系统治理、两手发力"治水思路，赋予了新时期治水的新内涵、新要求、新任务，为强化水治理、保障水安全指明了方向，是做好水利工作的科学指南。"节水优先"是新时期治水工作必须始终遵循的根本方针。农业是第一用水大户，水的利用率不高，大力发展节水灌溉（water-saving irrigation）技术是建设节水型社会的重要手段。

任务一 节水灌溉概述

一、节水灌溉的意义

当今世界面临着人口、资源与环境三大问题，其中水资源是各种资源中不可替代的一种重要资源，随着经济和社会的发展，对水的需求将显得更为突出，水资源将日趋紧张。如果不采取节水措施，2050年全球淡水需求量将增长两倍，世界上3/4的人口将面临严重的淡水资源短缺。据预测，到2050年，世界总人口将由目前的70亿增加到90亿，人类对粮食的需求将在当前的水平上再增长70%~100%，这将导致农业用水需求至少增加19%，农业用水已占到淡水用量的70%。世界淡水资源日益紧缺，而人类对粮食的需求也不断上升，淡水资源已经成为农业发展和世界粮食供应的安全威胁。要破解耕地面积有限、淡水资源紧缺和世界粮食需求上涨之间的难题，提高农业灌溉水利用效率和水分生产率，发展节水灌溉是必由之路。

[1.1] 节水灌溉概述

节水灌溉是解决我国水资源短缺问题的重要途径。我国是水资源短缺的国家，人均水资源占有量约为2200m³，不足世界平均水平的1/4，且时空分布不均，近2/3的城市存在不同程度的缺水问题，每年缺水量为500多亿 m³，是全球13个贫水国家之一。预计到2030年我国人均水资源量将下降到1760m³，逼近国际公认的1700m³严重缺水警戒线，缺水已经成为制约我国经济发展和社会进步的重要因素。农业是第一用水大户，据《中国统计年鉴（2023）》记载，全国用水总量每年约为6000亿 m³，农业用水量约为3600亿 m³，占全国用总水量的60%，而灌溉水利用系数仅为0.565，低于发达国家0.7～0.8的水平，若全国灌溉水利用系数能提高0.1～0.2，则每年可节约水量360亿～720亿 m³，节水潜力很大。所以，大力发展节水灌溉技术，提高灌溉水利用系数，是解决我国水资源短缺问题的重要途径。

节水灌溉是粮食安全的重要保障。我国人口众多，已经超过14亿，粮食消耗总量巨大，由于水资源短缺，耕地面积有限，粮食产量不能满足要求。据《中国统计年鉴（2023）》记载，2023年，我国粮食消耗总量超8亿t，但粮食总产量只有不到6.9亿t，不能满足要求。习近平总书记提出，"中国人的饭碗任何时候都要牢牢端在自己手上"。要把饭碗端牢在自己手上，提升单位产量是必由之路。发展节水灌溉技术，可以提高作物水分生产率，提高单位产量，保证粮食稳定增产，保障国家粮食安全。

所以，大力发展节水灌溉技术，是解决我国水资源短缺、保障粮食安全的重要途径，也是建设节水型社会的重要内容。

二、节水灌溉的定义

《节水灌溉工程技术标准》（GB/T 50363—2018）对节水灌溉的定义：根据作物需水规律和当地供水条件，高效利用降水和灌溉水，以取得农业最佳经济效益、社会效益和环境效益的综合措施。

节水灌溉是以节约农业用水为中心的高效技术措施，它是科技进步的产物，也是现代化农业的重要内涵，其核心是在有限的水资源条件下，通过采用先进的水利工程技术，适宜的农业技术和用水管理、行政管理手段等综合措施，充分提高农业水利用率和水的生产效益及效率，保证农业持续稳定发展。

三、节水灌溉技术的类型

广义的节水灌溉技术包括工程、技术、农业、管理、政策法规等多方面的措施。狭义的节水灌溉技术主要包括渠道防渗（canal seepage control）、管道输水灌溉（irrigation with pipe conveyance）、喷灌（sprinkler irrigation）、微灌（micro irrigation）和改进地面灌溉（improve surface irrigation）五种。其中喷灌、微灌、管道输水灌溉又称为高效节水灌溉技术。

1. 渠道防渗

渠道防渗是减少渠道水量渗漏损失的技术措施，如图1-1所示。渠系水利用系数可从防渗前的0.55提高到防渗后的0.90，渠道渗漏损失量可大大减少。

2. 管道输水灌溉

管道输水灌溉是由水泵加压或自然落差形成的有压水流通过管道输送到田间给水

装置，采用地面灌溉的方法，如图1-2所示。管道输水灌溉可以大大减少输水过程中的渗漏和蒸发损失，使输水效率达95%以上。管道输水灌溉除节水外，还具有节能、省地、省工等优点，广泛应用于井灌区。

图1-1　渠道防渗工程 　　　　　图1-2　低压管道输水工程

3. 喷灌

喷灌是利用专门设备将有压水流通过喷头喷洒成细小水滴，落到土壤表面进行灌溉的方法，如图1-3所示。喷灌具有节水、增产、改善农产品品质、适应性强、少占耕地和节省劳力等优点。

4. 微灌

微灌是通过管道系统与安装在末级管道上的灌水器，将水和作物生长所需的养分以较小的流量均匀、准确地直接输送到作物根部附近土壤的一种灌水方法。微灌具有省水、省工、节能、增产、对土壤和地形的适应性强等优点。根据灌水器的不同，微灌可分为滴灌（图1-4）、微喷灌、涌泉灌等。

图1-3　喷灌 　　　　　图1-4　滴灌

5. 改进地面灌溉

截至2023年，我国80%以上的灌溉面积仍采用不同形式的地面灌溉。传统的地面灌溉包括畦灌、沟灌、格田淹灌和漫灌，由于田间灌溉工程设施不完善，土地不平整，灌溉管理粗放等问题，水的浪费相当严重。

改进地面灌溉是改善灌溉均匀度和提高灌溉水利用率的沟、畦、格田灌溉技术。

改进地面灌溉节水技术是对传统的畦灌、沟灌的畦沟规格和技术要素等进行改进后形成的新的灌溉技术,主要包括以下几种类型:连续畦灌(图1-5)、水平畦田灌、沟灌、覆膜畦(沟)灌、波涌畦(沟)灌、格田灌等灌溉技术类型。

四、节水灌溉管理技术

节水灌溉管理技术是根据作物的需水规律,对水源进行控制及调配,以较大限度地满足作物对水分的需求,实现区域效益最佳的农田水分调控技术。

节水灌溉管理技术主要包括以下六个方面:高效节水灌溉制度、土壤墒情自动监测技术、灌溉水自动量测及监控技术、节水灌溉配水技术、灌溉预报测报系统、灌溉用水管理自动信息系统等。

图1-5 连续畦灌

[1.2] 节水灌溉的发展

任务二 节水灌溉的发展

一、国外节水灌溉的发展

1894年,一位名叫查尔斯·斯凯纳的美国艾奥瓦州人,发明了一种非常简单的喷水系统,开创了人类利用机械设施节水灌溉的先河。1933年,美国加利福尼亚州(简称加州)一位叫澳滕·英格哈特的农民发明了世界第一只摇臂喷头,并注册专利,由著名的雨鸟公司制造。这种新型喷头的问世,对此后农业节水灌溉起到了革命性的推动作用。采用摇臂喷头喷水系统后,水的利用率大大提高,比大水漫灌可提高约50%以上。第二次世界大战以后,美国的经济、技术飞速发展,以皮尔斯(Pierce)为先导的灌溉企业制造出多种快速连接铝合金接头,与薄壁铝管连接,诞生了半固定及固定式薄壁喷灌系统,使大面积采用喷灌系统成为可能。

尽管喷灌用水效率大大高于传统的地面灌溉技术,但对于十分干旱少雨的地方来说,仍是不尽如人意,因为喷灌要全面积湿润,作物棵间的蒸发基本上是无效的。20世纪40年代末期,一位叫希姆克·伯拉斯(Simcha Blass)的以色列农业工程师在英国发明了滴灌技术。20世纪50年代,他将滴灌技术带回以色列的内格夫沙漠地区,应用于温室内灌溉。从20世纪60年代初开始,滴灌在以色列、美国加州得到广泛推广,主要应用于水果及蔬菜灌溉。滴灌用水效率高达90%以上,主要归因于无输水损失,管理好的话可无深层渗漏,无地面径流损失,直接入渗根区使得作物棵间蒸发损失非常小。除用水效率非常高外,利用滴灌系统施肥,其效果更佳。可根据作物不同生长期需肥要求,准确地随灌溉水施入不同的肥料,使作物生长于最优水、肥环境中。滴灌不仅使作物产量提高,节约水资源,而且可大大提高作物品质,目前仍是全球最为蓬勃发展的灌溉技术。到20世纪70年代中期,澳大利亚、以色列、墨西哥、新西兰、南非和美国6个国家开始推广滴灌。截至2024年,欧美发达国家60%~80%的灌溉面积采用喷灌、滴灌的灌溉方法,农业灌溉率达70%以上。高技术、高投入、高效益和管理现代化已成为发达国家节水灌溉技术的基本特点。

二、我国节水灌溉的发展

数千年来，我们的祖先在发展农业生产的同时，一直和水旱灾害进行不懈的斗争，写下了光辉的灌溉排水史。相传距今3000多年前的夏商时期，黄河流域就已经出现了"沟洫"，即古代兼作灌溉排水的渠道。公元前6世纪，楚国人民兴建了"芍陂"（位于今安徽省寿县城南），利用洼地构筑成长约50km的水库，引蓄淠河的水进行灌溉，这是我国有历史记载的最早的蓄水灌溉工程。公元前4世纪，魏国西门豹主持修建了引漳十二渠，这是早期较大的引水灌溉工程。战国时期，蜀守李冰主持修建了都江堰水利工程，这是全世界至今为止，年代最久、唯一留存、以无坝引水为特征的宏大水利工程。此外，古代较大的灌溉工程还有有着"世界古代水利建筑明珠"美誉的灵渠，世界上最长、最古老的大运河京杭大运河，最早在关中建设的大型水利工程郑国渠等。

我国节水灌溉发展源远流长。古代的劳动人民在与旱灾进行的长期斗争中，已懂得采用一些简单的节水农业技术，如夯实输水土渠的渠床减少输水渗漏损失、在蒸发量大的西北农田上铺上石子以减少农田土壤水分的蒸发损失等，对节约农业用水起到了一定作用。但是，由于社会和技术等原因，到1949年我国节水农业的基础仍十分薄弱，除了在少数灌区建设有少量渠道防渗外，在其余地区基本上仍是空白。中华人民共和国成立后随着我国灌溉农业的大规模发展，农业水资源的供需矛盾逐渐呈现，节水农业技术开始受到有关部门的重视。20世纪五六十年代，水利部门就开展了节水灌溉技术研究，到70年代初某些技术已大面积在农业生产中推广应用。如在自流灌区大力推广渠道防渗衬砌减少输水渗漏损失，田间开展平整土地、划小畦块，推行短沟或细流沟灌，建立健全用水组织，实行计划用水，按方（立方米）收费。20世纪70年代中期在机电泵站和机井灌区进行节水节能技术改造。20世纪70年代中到80年代初，在丘陵山区，土壤透水性强、水源奇缺以及实行抗旱灌溉的北方地区和南方经济作物区，推广喷灌、微灌等先进灌水技术。20世纪80年代初到90年代初，在北方井灌区大面积发展低压管道输水灌溉技术。从20世纪90年代开始，进一步将节水灌溉工程技术、农业技术和管理技术有机结合，形成配套技术，并大面积推广田间灌溉、科学用水技术，如小麦优化灌溉、水稻浅湿灌溉、膜上灌等。

1985年，《中共中央关于制定国民经济和社会发展第七个五年计划的建议》中明确提出，要把保护和节约使用水资源作为长期坚持的基本国策；1988年《中华人民共和国水法》明确提出"国家实行计划用水，厉行节约用水"，将节约用水的规定以法律形式固定化。1998年，党中央战略性地提出要把推广节水灌溉作为一项革命性措施来抓，国务院进行机构改革，水利部设立全国节约用水办公室。2000年，国民经济和社会发展第十个五年计划明确提出，建设节水型社会。2004年，中央人口资源环境工作座谈会要求，把节水作为一项必须长期坚持的战略方针，把节水工作贯穿于国民经济发展和群众生产生活的全过程。2011年，加快水利改革发展的春风吹来，中央水利工作会议再次明确，要加快建设节水型社会。党的十八大提出将节水作为解决我国水资源问题的一项战略性和根本性举措。2014年，中央财经领导小组第五次会议上，习近平总书记提出"节水优先、空间均衡、系统治理、两手发力"的治水思路，强调从观念、意识和措施等方面把节水放在优先位置，为节水治水管水提供了科学指南。2019年，国家发展改革委、水利部联合印发《国家节水行动方案》，部署实施国家节水行动，推动全社会节水。2021年，国家发展改革委、水利部等部门印发《"十四五"节水型社会建设规划》。2022年，党的二十大指出，中国要全方位夯实粮食安全根基，牢牢守住十八亿亩耕地红线，逐步把永久基本农田全部建成高标准农田，全面推进乡村振兴，实现农业现代化，实现中国式现代化。

据《中国统计年鉴（2023）》的数据显示，从2005—2022年，我国耕地灌溉面积由5502.9万hm^2增加到7035.9万hm^2，增长了27.9%，成为世界第一灌溉大国。节水灌溉面积由2133.8万hm^2增加到3779.6万hm^2，增长了77%，其中，喷灌、微灌、管道输水灌溉等高效节水灌溉面积达到2666.8万hm^2，占耕地灌溉面积的37.9%。粮食总产量由4840亿kg增加到6866亿kg，增加了41.9%。农业用水量从3580亿m^3增加到3781.3亿m^3，增加了5.6%；灌溉水利用系数从0.45升高到0.572；水分生产率从$1.35kg/m^3$增加到$1.82kg/m^3$。17年来，我国耕地灌溉面积扩大27.9%，粮食总产量增加41.9%，农业用水量只增加了5.6%，这些成绩的获得，节水灌溉功不可没。我国的节水农业取得了很大的成绩，但和发达国家相比，还有一定的差距，需要大力发展节水农业，推广节水灌溉技术，提高灌溉水的利用率和作物水分生产率。

三、节水灌溉的发展趋势

当今世界水为农业服务的关系非常明确，节水灌溉已成为农业现代化的主要标志，有效保护利用淡水资源，合理开发新的灌溉水源已成为农业持续发展的关键。地面灌溉仍是当今世界占主要地位的灌水技术，输配水向低压管道化发展；田间灌水探索节水技术较多，如激光平地、波涌灌溉等；在田间规划上，由于土地平整度高，多以长沟、长畦、大流量进行田间灌水。喷灌技术进一步向节能节水及综合利用项目方向发展。从综合条件考虑，在各类喷灌机中，平移（包括中心支轴）式全自动喷灌机、软管卷盘式自动喷灌机及人工移管式喷灌机等是推广重点。地下灌溉已被世人公认为是一种最有发展前途的高效节水灌溉技术，尽管目前还存在一些问题，使应用推广的速度较慢，但科技含量越来越高，许多理论实践问题会逐渐得到解决。生态农业、有机农业、设施农业、立体农业等高效节水农业模式和先进节水灌溉技术，特别是营养液喷微灌、地下灌、膜下灌等大有发展潜力。世界各国非常重视从育种的角度高效节水，一是选择不同品种的节水的作物，二是培育新的节水品种。

随着物联网技术的快速发展，节水灌溉信息化的普及率及认可度越来越高，移动互联网、GPRS（通用分组无线业务）、物联网、云计算、大数据分析等技术越来越多地被用在农业节水灌溉上，节水灌溉的效率将进一步提高，达到时、空、量、质上的精确灌水，为农民和用水户带来便捷和效益。

国家对高标准农田建设的推进，使节水灌溉已由过去分散、小面积应用发展为大面积规模化、区域化推广，以区域优势农作物为对象，大规模区域推进节水灌溉技术的趋势已经形成。

随着水权制度的进一步完善，各地区的水权交易市场的建立，使水权明晰，用水户可以将采用节水灌溉技术而节约的水资源通过水权交易或水权储蓄的方式，有偿地转让或储蓄给水资源紧缺的地区；同时，用水户通过转让水权获得的收入还可再用于灌溉设施的管护、改造甚至是采用更为先进的节水灌溉技术。因此，水权制度的进一步完善将提高用水户实施节水灌溉技术的积极性，推动节水灌溉行业的快速发展。

【能力训练】

1. 什么是节水灌溉？
2. 节水灌溉的类型主要有哪些？

【知识链接】

1. 中国节水灌溉网

项目二

改进地面灌溉

学习目标

通过本项目的学习，让学生掌握不同地面灌溉方法与灌溉参数的计算，并掌握地面灌溉的质量评价体系。通过相关案例，让学生认识到地面灌溉在农业节水、粮食增收与土壤生态中的重要性，同时树立学生"忠诚、干净、担当，科学、求实、创新"的新时代水利精神。

学习任务

1. 掌握改进地面灌溉的类型。
2. 掌握改进地面灌溉的技术要素。
3. 掌握改进地面灌溉质量的指标计算。

任务一 概 述

[2.1] 改进地面灌溉概述

长期以来，在农业发展中我国一直都是采用地面灌溉的传统方式，但是在全球都面临着水资源匮乏的形势下，就要对传统的灌溉方式进行改进。我国的广大农村地区，由于经济实力问题和管理技术的问题，要大面积推广喷灌、滴灌、渗灌等先进灌水技术是比较困难的，所以说我们就要在传统的地面灌溉的基础上进行技术革新，研究和推广地面节水技术，即改进地面灌溉技术。

地面灌溉占我国灌溉总面积的95%以上，改进地面灌溉，是提高农田水利用率、从根本上缓解我国水资源短缺的重要技术措施。

一、改进地面灌溉的定义

改进地面灌溉是在传统的地面灌溉的基础上进行技术革新的地面灌溉技术。《节水灌溉工程技术标准》（GB/T 50363—2018）对改进地面灌溉的定义：改善灌溉均匀度和提高灌溉水利用率的沟、畦、格田灌溉技术。渠道防渗输水灌溉工程和管道输水灌溉工程的田间工程，应采用改进地面灌溉技术。这种灌溉技术主要有以下手段。

1. 平整土地，设计合理的沟、畦尺寸与灌水技术参数

平整土地是提高地面灌溉技术和灌水质量，缩短灌水时间，提高灌水劳动效率和节水增产的一项重要措施。结合土地平整，进行田间工程改造，划长畦（沟）为短畦（沟），改宽畦为窄畦，设计合理的畦（沟）尺寸和入畦（沟）流量，可大大提高灌水

均匀度和灌水效率,如图2-1所示为畦灌。

2. 改进地面灌溉湿润方式,发展局部湿润灌溉

改进传统的地面灌溉全部湿润方式,进行隔畦(沟)交替灌溉或局部湿润灌溉,不仅减少了棵间土壤蒸发占农田总蒸散量的比例,使田间土壤水的利用效率得以显著提高,而且可以较好地改善作物根区土壤的通透性,促进根系深扎,有利于根系利用深层土壤储水,兼具节水和增产特点,值得大力推广。实践证明,春小麦与春玉米套种隔畦灌,棉花、玉米等宽行作物隔沟灌或隔沟交替灌,湿润面积可减少50%,节水高达30%以上,增产幅度5%~10%。玉米坐水种,可节水900m^3/hm^2,节电90~105kW·h,增产幅度约16%,增收幅度约28%。

图2-1 畦灌

3. 改进放水方式,发展间歇灌溉

改进放水方式,把传统的沟、畦一次放水改为间歇放水,进行间歇灌(又称波涌灌)。间歇放水使水流呈波涌状推进,由于土壤孔隙会自动封闭,在土壤表层形成一薄封闭层,水流推进速度快。在用相同水量灌水时,间歇灌水流前进距离为连续灌的1~3倍,从而大大减少了深层渗漏,提高了灌水均匀度,田间水利用系数可达0.8~0.9。

4. 改进沟畦放水设施

改进沟畦放水设施,采用虹吸管(用于明渠输水)或地面移动闸门孔管(用于管道输水)放水,与人工开口放水相比,田间水利用率可提高5%~10%。因此,有必要对这些设施的材料和加工工艺进行深入研究,向着技术标准化、生产规模化、推广应用普及化方向去发展。

5. 大力发展节水保墒膜上灌

膜上灌是我国在地膜覆盖栽培技术的基础上发展起来的一种新的地面灌溉方法,如图2-2所示。它是将地膜平铺于畦中或沟中,畦、沟全部被地膜覆盖,从而实现利用地膜输水,并通过作物的放苗孔和专业灌水孔入渗给作物的灌溉方法。由于放苗孔和专业灌水孔只占田间灌溉面积的1%~5%,其他面积主要依靠旁侧渗水湿润,因而膜上灌

图2-2 膜上灌

实际上也是一种局部灌溉。目前,新疆、甘肃、河南等省份已经开始推广。膜上灌形式有开沟扶埂膜上灌、培埂膜上灌、膜孔灌、沟内膜上灌、膜缝灌、格田膜上畦灌、膜侧膜上灌等多种。膜上灌作物有棉花、蔬菜、玉米、小麦等。地膜栽培和膜上灌结

合后具有节水、保肥、提高地温、抑制杂草生长和促进作物高产、优质、早熟等特点。生产试验表明：膜上灌与常规沟灌相比，棉花节水 40.8%，增产皮棉 5.12%，霜前花增产 15%；玉米节水 58%，增产 51.8%；瓜菜节水 25% 以上。

二、改进地面灌溉技术的类型

地面灌溉是水从地外表进入田间并借重力和毛细管作用浸润泥土的灌水方法。这是目前运用最广泛、最主要的一种方法。近十多年来，我国广大灌区杜绝大水漫灌、大畦漫灌，以节约灌溉水、提高灌溉质量、降低灌溉成本，推广了很多项改进型的地面灌溉技术，取得了明显的节水和增产效果。

改进地面灌溉节水技术是对传统的畦灌、沟灌的畦沟规格和技术要素等进行改进后形成的新的灌溉技术，主要包括以下几种类型：连续畦灌（图 1-5）、水平畦田灌、沟灌（图 2-3）、覆膜畦（沟）灌、波涌畦（沟）灌、格田灌等，其中格田灌是水稻的节水灌溉方式。

图 2-3 沟灌

三、改进地面灌溉技术的优缺点

1. 优点

改进地面灌溉技术是对传统的畦灌、沟灌的畦沟规格和技术要素等进行改进后形成的新的灌溉技术，与传统的地面灌溉相比较，具有以下优点。

（1）节水。改进地面灌溉技术能控制田间灌水过程中的各种水量损失，避免产生深层渗漏，能合理有效地利用灌溉水，田间灌溉用水量大大降低。以畦灌为例，大量实验资料表明，畦田长度（简称畦长）越长，畦田水流的入渗时间越长，深层渗漏损失越大，而灌水量也越大。所以，通过缩短畦长就可以达到减少灌水量的目的。

（2）灌水质量高。灌水均匀度是评价地面灌溉方法优劣的一项重要指标，而地面节水灌溉技术能提高灌水均匀度。据测试，畦灌的畦长在 30~50m 时，灌水均匀度可达 80% 以上；畦长大于 100m 时，灌水均匀度则低于 80%。

（3）增产。据新疆有关单位试验，在同样条件下，棉花采用膜上灌技术比常规沟灌单产皮棉增产 5.12%。

（4）改善作物生态环境。地面节水灌溉技术，改变了传统的耕作方式，改善了田间土壤水、肥、气、热等土壤肥力状况，可为作物生长创造良好的生态环境。

2. 缺点

（1）改进地面灌溉技术和传统地面灌溉相比，存在投资相对较高、技术较复杂等不足。

（2）与喷灌、滴灌等灌水方法相比较，改进地面灌溉技术虽然投资较少、节约能源、运行管理费用低、操作简单，但是节水、增产、灌水质量等明显不如喷灌、滴灌等。

【案例 2-1】 2019年国家发展改革委与水利部印发的《国家节水行动方案》中提到，到2022年，农田灌溉水有效利用系数要提高到0.56以上，要加快灌区续建配套和现代化改造，分区域规模化推进高效节水灌溉。结合高标准农田建设，加大田间节水设施建设力度。开展农业用水精细化管理，科学合理确定灌溉定额，推进灌溉试验及成果转化。到2022年，创建150个节水型灌区和100个节水农业示范区。

【分析】 农业是我国用水大户。据水利部发布的《中国水资源公报2023》显示，农业用水量占全国用水总量的62.2%；与2022年相比，农业用水量减少108.9亿m^3，在灌溉面积扩大、灌溉保证率提高、粮食总产量稳步增加的情况下，我国农业用水总量持续下降，节水灌溉功不可没。但由于经济实力和管理技术的问题，要大面积推广先进的灌溉技术比较困难，所以目前采用改进地面灌溉，建设高标准农田是农田灌溉节水的主要方向。

任务二 畦 灌 技 术

畦灌是指在田间筑起田埂，将田块分割成许多狭长地块——畦田，水从输水沟或直接从毛渠放入畦中，畦中水流以薄层水流向前移动，边流边渗，润湿土层的灌水方法。

这种灌溉技术适用于小麦、谷子等密植的作物。

大量试验证明，畦灌技术除节水外，还有以下优点：

(1) 防止深层渗漏，提高田间水的有效利用率。灌水前后对200cm厚土层深度的土壤含水量测定表明：当畦长为30～50m时，未发现深层渗漏；畦长为100m时，深层渗漏量较小；畦长为200～300m时，深层渗漏水量平均要占灌水量的30%左右。

(2) 减轻土壤冲刷，减少土壤养分流失，减轻土壤板结。传统畦灌的畦块大、畦块长、灌水量大，土壤冲刷比较严重，土壤养分容易随深层渗漏而损失；而小畦灌灌水量小，有利于保持土壤结构和保持土壤肥力，促进作物生长。测试表明，小畦灌可增加产量10%～15%。

(3) 易于推广且便于田间耕作。该技术投资少，节约能源，管理费用低，操作简单，因而经济实用，易于推广应用。田间无横向畦埂或渠沟，方便机耕和采用其他先进的耕作方法，有利于作物增产。

畦灌技术主要包括连续畦灌、长畦分段灌、水平畦田灌、覆膜畦灌与波涌畦灌等灌水技术。其中，覆膜畦灌与波涌畦灌在后面章节介绍。

一、畦灌灌水技术的技术参数

1. 畦田技术要求

耕作前，需要对田间工程设施即畦田进行整修。其技术要素包括畦田地面坡度、畦长和畦宽等。《灌溉与排水工程技术管理规程》（SL/T 246—2019）中对畦灌灌水技术的田间灌水设施的要求如下：

(1) 畦宽应为农业机具宽度的整倍数且不宜超过4m。

(2) 畦田纵向坡度宜为1‰～5‰，且畦田不应有横坡。

(3) 田面高差宜小于 3cm。

(4) 水平畦田灌的田面相对高程标准偏差宜小于 2cm，畦埂高度宜满足最大灌水深度要求。

《节水灌溉工程技术标准》(GB/T 50363—2018) 中规定：自流灌区畦田长度不宜超过 75m，提水灌区畦田长度不宜超过 50m。

2. 畦灌田间工程设施运行管理要求

《灌溉与排水工程技术管理规程》(SL/T 246—2019) 中对畦灌灌溉期间的田间灌水设施运行管理的要求如下：

(1) 入畦流量应根据最大可供水流量的限制、土壤类型、田面地形条件等因素综合确定。入畦流量既应保证不冲刷土壤，又应保证能分散覆盖于整个田面，其最大单宽流量应根据试验确定。畦首水深不得超过畦埂高度。畦埂高度不低于 20cm，地头埂和路边埂加宽加厚。如果无资料，入畦流量可根据表 2-1 取值或按式 (2-1) 计算：

$$q_{max} = \frac{31.39}{s_0^{0.75}} \tag{2-1}$$

式中 q_{max}——最大单宽流量，L/(s·m)；

s_0——田面坡度，‰。

表 2-1 灌水畦技术要素

土壤透水性/(m/h)	畦田纵向比降/‰	畦长/m	单宽流量/[m³/(s·m)]
强 (>0.15)	<2	40~60	5×10⁻³~8×10⁻³
	2~5	50~70	5×10⁻³~6×10⁻³
	>5	60~100	3×10⁻³~6×10⁻³
中 (0.10~0.15)	<2	50~70	5×10⁻³~7×10⁻³
	2~5	70~100	3×10⁻³~6×10⁻³
	>5	80~120	3×10⁻³~5×10⁻³
弱 (<0.10)	<2	70~90	4×10⁻³~5×10⁻³
	2~5	80~100	3×10⁻³~4×10⁻³
	>5	100~150	3×10⁻³~4×10⁻³

(2) 连续畦灌的畦田入畦单宽流量宜为 3~5L/(s·m)，当入畦流量较小、畦田较长时，可采用长畦分段灌溉（图 2-4）；改水成数不宜低于 75%；改水时间应根据灌水定额和灌水流量来确定。

(3) 水平畦田灌的水流宜从畦田四周多点进入。

《灌溉与排水工程设计标准》(GB 50288—2018) 中提出，灌水畦技术要素宜通过分区专门试验或采用试验与理论计算相结合的方法确定，也可根据当地或邻近地区的实践经验确定。畦田不应有横坡。旱作物灌水畦田长度、畦田纵向比降和单宽流量可按表 2-1 确定。

3. 改水成数

实施畦灌时，为使畦田内的土壤湿润均匀和节省水量，应掌握好畦口的放水时间，通常是以改水成数作为控制畦口放水时间的依据。改水成数是指封闭畦口、并改水灌溉另一块畦田时，畦田内薄水层水流长度与畦长的比值。例如，当水流到畦长的80%时，封口改水，即为"八成改水"。封口后的畦田，畦口虽然已经停止供水，但畦田田面上剩余水流仍将继续向畦尾流动，流至畦尾后再经过一段时间，畦尾存水刚好全部渗入土壤，以使整个畦田湿润土壤达到既定的灌水定额。这样可使畦田上的水流在畦田各点停留的时间大致相等，从而使畦田各点的土壤入渗时间和渗入水量大致相等。

改水成数应根据灌水定额、单宽流量、土壤性质、地面坡度和畦长等条件确定，一般可采用七成、八成、九成或十成。当土壤透水性较小、地面坡度较大、灌水定额不大时，可采用七成或八成改水；当土壤透水性较大、地面坡度较小、灌水定额又较大时，可采用九成改水。封口过早，会使畦尾漏灌，畦田灌水不足；封口过晚，畦尾又会产生跑水、积水现象，浪费灌溉水量。总之，正确控制封口改水，可以防止出现畦尾漏灌或发生跑水现象。

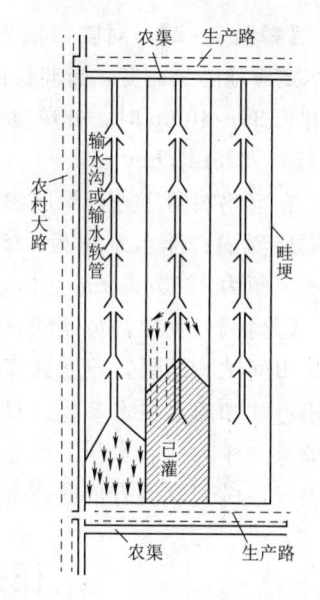

图2-4 长畦分段灌溉示意图

二、水平畦田灌

水平畦田灌溉技术是建立在激光控制土地精细平整技术应用基础上的，田面应基本水平，田块四周应封闭，可为任意形状。

水平畦田灌宜在地势平坦、土壤具有中等至低透水性的地区采用。水平畦田规格除田面相对高程标准差宜小于2cm的要求外，还应符合下列要求：

（1）畦田长度和宽度宜根据渠道可供流量、田间输配水系统布置和当地实际条件确定，应保证灌溉水流快速覆盖整个田面。

（2）畦埂高度宜根据畦田规格和最大灌水深度确定。

入畦单宽流量应根据畦田宽度和土壤质地确定，应确保水流覆盖整个田面的时间远小于灌溉供水时间；水平畦田灌溉的供水时间可按式（2-2）进行计算：

$$t_{c0} = \frac{Z_{req}L - 800Y_0L}{60q_{in}} + t_L \quad (2-2)$$

式中 t_{c0}——供水时间，min；

Z_{req}——设计灌水定额，mm；

L——畦田长度，m；

Y_0——畦田首部地表水深，m；

q_{in}——入畦单宽流量，L/(s·m)；

t_L——水流覆盖整个田面所需时间，min。

【案例 2-2】 对陕西洛惠渠的研究表明，在入畦单宽流量为 3~5L/(s·m) 时，灌水定额随畦长而变，当畦长由 100m 改为 30m 时，灌水定额减少 150~204m³/hm²；当畦长 30~100m 时，畦单宽流量从 2L/(s·m) 增加到 5L/(s·m)，灌水定额可降低 150~225m³/hm²。

在宝鸡峡灌区进行深层渗漏对比试验，灌水定额小于 675m³/hm² 时，基本不发生深层渗漏；灌水定额为 825~990m³/hm² 时，约有 150m³/hm² 水产生深层渗漏；灌水定额为 1350m³/hm² 时，有一半水成为深层渗漏水。

【分析】 我国幅员辽阔，各地地形和土质差异较大，因此难有统一标准，各地应根据田间试验结果，建立计算机模型，通过试验和计算机模拟，给出适合本地的适宜畦田尺寸和灌水技术参数。只有采取适宜的畦田尺寸与灌水定额，才会真正达到节水的效果。作为一名水利工作者，在做规划时，要具有求实精神与科学意识，从实际情况出发，做到取值有依据，确定合理的畦灌技术参数。

任务三 沟 灌 技 术

[2.3] 沟灌技术

沟灌（图 2-5）是我国地面灌溉中普遍应用于中耕作物的一种较好的灌水方法。沟灌首先要在作物行间开挖灌水沟，灌溉水由输水沟或毛渠进入灌水沟后，在流动的过程中，主要借土壤毛细管作用从沟底和沟壁向周围渗透而湿润土壤。沟灌一般适用于宽行距作物，如棉花、玉米、甘蔗、薯类以及宽行距的蔬菜等作物。

沟灌的主要优点有以下几点：

（1）灌水后不会破坏作物根部附近的土壤结构，可以保持根部土壤疏松，透气良好。

（2）不会形成严重的土壤表面板结，能减少深层渗透，防止地下水位升高和土壤养分流失。

（3）在多雨季节，还可以利用灌水沟渠汇集地面径流，并及时进行排水，起排水沟的作用。

图 2-5 沟灌

（4）沟灌能减少植株间的土壤蒸发损失，有利于土壤保墒。

（5）开灌水沟时还可以对作物起到培土作用，可有效地防止作物的倒伏。

但开沟致使劳动强度增大。最好采用机械开沟，提高开沟速度和质量，降低劳动强度。

沟灌的主要形式包括：常规连续沟灌、隔沟灌溉、波涌沟灌、覆膜沟灌等，其中波涌沟灌与覆膜沟灌在其他章节介绍。

一、沟灌灌水沟要求

沟灌灌水沟的断面形状可为 V 形、梯形、抛物线形和 U 形等。《灌溉与排水工程技术管理规程》（SL/T 246—2019）和《灌溉与排水工程设计标准》（GB 50288—

2018)中对灌水沟即沟灌的田间工程设施的要求如下：

(1) 灌水沟尾端宜封闭，沟底坡度宜为1‰～8‰。

(2) 灌水沟深度与上口宽度依据土壤质地、田面坡度和作物类型等确定。深度宜为10～25cm，上口宽度宜为30～50cm。

(3) 灌水沟的间距（沟距）应与灌水沟的湿润范围相适应，并满足农作物的耕作和栽培要求，即灌水沟间距与采取的沟灌作物行距一致。轻质土壤的间距宜为50～60cm；中质土壤宜为60～70cm；重质土壤宜为70～80cm。

(4) 沟长应根据田面坡度、土壤入渗能力、入沟流量、土地平整程度及农机作业效率等因素，参考相近情况的试验资料综合确定，无资料时可参考表2-2选取。

表2-2 灌水沟技术要素

土壤透水性/(m/h)	沟底比降/‰	沟长/m	入沟流量/(L/s)
强（>0.15）	<2	30～40	1.0～1.5
	2～5	40～60	0.7～1.0
	>5	50～100	0.7～1.0
中（0.10～0.15）	<2	40～80	0.6～0.8
	2～5	60～90	0.6～0.8
	>5	70～100	0.4～0.6
弱（<0.10）	<2	60～80	0.4～0.6
	2～5	80～100	0.3～0.5
	>5	90～150	0.2～0.4

一般土壤入渗能力强、沟底坡度小、土地平整差、入沟流量小时，灌水沟宜短些；反之，灌水沟宜长些。同时，《节水灌溉工程技术标准》（GB/T 50363—2018）中明确规定：对于旱作物灌区，自流灌区沟灌灌水沟长度不宜超过100m，提水灌区灌水沟长度不宜超过50m。

二、沟灌入沟流量要求

入沟流量应根据土壤透水性、沟底比降、沟长等要素确定，宜符合表2-2中的规定。一般沟灌的灌水沟内水流流速不应超过0.13m/s；对于不易侵蚀的土壤，灌水沟的流速不应超过0.22m/s。在灌水过程中，灌水沟的水流深度宜为沟深的1/3～2/3。改水成数应在满足灌水质量要求的基础上，根据土壤质地、入沟流量和田面地形条件及群众灌水经验确定。灌水沟越长、流量越大、坡度越大、土壤入渗能力越小，则改水成数应越小；反之，改水成数应适当增大。但改水成数不宜低于70%，避免出现灌水沟尾部漏灌或跑水的现象。

任务四 覆膜灌技术

覆膜灌是一种用于地膜种植的灌溉方法。灌溉时能够将田面水经过放苗孔或专用渗水孔，只灌作物，是沟灌、畦灌与局部灌水方法的综合，减少了沟（畦）灌的田面蒸发和局部深层渗漏。据实验，覆膜灌水的利用率可达80%以上。在地膜栽培条件下的棉花、玉米、花生、豆类、瓜类以及粮棉套种（如小麦＋棉花）、粮油套种（如小麦＋花生）等，均可采用覆膜灌溉。

一、覆膜灌技术的特点

（1）改善了前期土壤水分供应条件，提高了地温。打埂刮去地表土，种子直接播在湿土层有利于全苗。

（2）彻底解决了大坡地区土肥流失问题。由于地膜的防冲作用，灌水不会引起拉沟冲刷现象。

（3）覆膜灌水能够保持土壤的良好通气性。渗水孔面积为3%，其余靠浸润灌溉，土壤疏松不板结。

（4）从覆膜灌的输水过程和灌水过程来分析，它与滴灌有相近的性质和节水效果，但膜上灌的投资很小。

二、覆膜沟灌

覆膜沟灌（图2-6）是在地膜覆盖栽培技术的基础上发展起来的一种新的地面灌溉方法。它是将地膜平铺于沟中，沟全部被地膜覆盖，灌溉水从膜上（膜上沟灌）或膜下（膜下沟灌）输送到田间的灌溉方法。膜上沟灌技术适于在灌溉水下渗较快的偏砂质土壤上应用，可大幅度减少灌溉水在输送过程中的下渗浪费。膜下沟灌适宜在水分下渗较慢的偏黏质土壤上应用，地膜可以减少土壤水分蒸发。在这里，我们主要介绍膜上沟灌，也称之为膜孔沟灌。

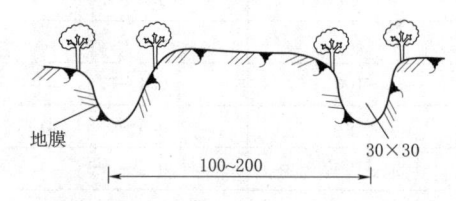

图2-6 覆膜沟灌示意图（单位：cm）

膜孔沟灌是将地膜铺在沟底，作物禾苗种植在垄上，水流通过沟中地膜上的专门灌水孔渗入土壤中，再通过毛细管作用浸润作物根系附近的土壤。

1. 膜孔沟灌的技术参数

《灌溉与排水工程技术管理规程》（SL/T 246—2019）中对覆膜沟灌的沟长、开孔率等的要求如下：

（1）沟长：覆膜沟灌沟形状与规格同沟灌，沟长不宜大于300m。

（2）开孔率：开孔率宜选用3%～5%，沟底坡度大时取小值，沟底坡度小时取大值。

（3）改水成数：覆膜沟灌的改水成数不宜低于80%。

2. 膜孔沟灌入膜流量的计算

覆膜沟灌入膜流量宜根据试验资料测定，当缺少试验资料时，可按式（2-3）和式（2-4）计算：

$$q_\mathrm{f}=\frac{100Kf_0w}{6} \tag{2-3}$$

$$w=\frac{\pi d^2}{4}\frac{L_\mathrm{f}N}{S} \tag{2-4}$$

式中　q_f——覆膜沟灌入膜流量，L/s；
　　　w——开孔面积，m^2；
　　　K——旁侧入渗影响系数，取值1.46～3.86，黏性土取大值，砂性土取小值；
　　　f_0——土壤稳定入渗率，m/min；
　　　L_f——覆膜沟长度，m；
　　　N——灌水沟内渗流的膜孔排数，包含入苗孔和专用灌水孔；
　　　d——膜孔直径，m；
　　　S——膜孔间距，m。

3. 膜孔沟灌放水时间的计算

覆膜沟灌放水时间按式（2-5）计算：

$$T_f = \frac{mL_f}{60q_f} \tag{2-5}$$

式中　T_f——覆膜沟灌放水时间，min；
　　　m——毛灌水定额，mm。

三、覆膜畦灌

畦灌是我国传统的一种灌溉方式，也是目前大部分灌区地面灌溉的主要方式。为了提高畦灌的灌溉水分利用率，畦灌与地膜覆盖技术相结合，可提高灌水均匀度，且节水效果好。

覆膜畦灌一般适用于透水性中等以上土壤的旱作物，如棉花、玉米和高粱等条播作物，如图2-7所示。

覆膜畦灌即膜孔畦灌。一般在畦田田面上铺两幅地膜，畦田宽度为稍大于2倍的地膜宽度，两幅地膜间留有2～4cm的窄缝，如图2-8所示。水流在膜上流动，通过膜缝和放苗孔向作物供水，所以这种灌溉也称为膜缝畦灌。

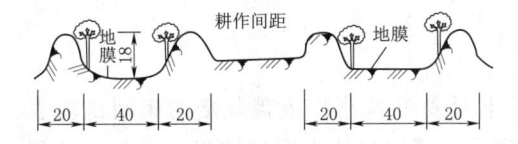

图2-7　覆膜畦灌示意图（单位：cm）　　　图2-8　膜缝畦灌示意图

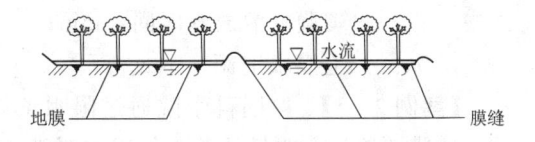

1. 覆膜畦灌的技术参数

《灌溉与排水工程技术管理规程》（SL/T 246—2019）中对覆膜畦灌的技术参数的要求如下：

（1）覆膜畦灌的畦田尾端宜封闭。
（2）畦田坡度宜为1‰～5‰。
（3）畦宽不宜超过4m。
（4）畦长宜为40～240m。
（5）开孔率宜选用3%～5%，田面坡度大时取小值，田面坡度小时取大值。
（6）覆膜畦灌改水成数不宜低于70%。

2. 覆膜畦灌入膜流量的计算

《灌溉与排水工程设计标准》(GB 50288—2018)中规定：覆膜畦灌入膜流量宜根据实验资料测定，当缺少实验资料时，可按式（2-6）～式（2-8）进行计算：

$$q_b = \frac{100 f_0 (k_k w_k + k_f w_f)}{6 B_b} \tag{2-6}$$

$$w_k = \frac{\pi d^2}{4} \frac{L N_k}{S} \tag{2-7}$$

$$w_f = L b_f N_f \tag{2-8}$$

式中　q_b——覆膜畦灌入膜单宽流量，L/(s·m)；

　　　B_b——畦田宽度，m；

　　　L——畦田长度，m；

　　　w_k——畦田内灌溉水流通过的膜孔面积，m^2；

　　　w_f——畦田内灌溉水流通过的膜缝面积，m^2；

　　　k_k——膜孔旁侧入渗影响系数，取值1.46～3.86，黏性土取大值，砂性土取小值；

　　　k_f——膜缝旁侧入渗影响系数，取值1.46～3.22，黏性土取大值，砂性土取小值；

　　　N_k——畦田内开孔排数，包含入苗孔和专用灌水孔；

　　　N_f——畦田内灌水膜缝数量；

　　　b_f——膜缝宽度，m。

3. 覆膜畦灌放水时间的计算

覆膜畦灌放水时间可按式（2-9）计算：

$$T_b = \frac{mL}{60 q_b} \tag{2-9}$$

式中　T_b——覆膜畦灌放水时间，min；

　　　m——毛灌水定额，mm。

【案例2-3】 中国科学院通过限水条件下对夏玉米地膜覆盖栽培的田间试验表明，地膜覆盖具有明显的节水作用。覆膜处理后土壤保湿能力明显增强，覆膜灌水和覆膜处理土壤耕层含水量分别比对照裸地常规灌水处理增加25.6%和14.4%，在1m的土体中，覆膜灌水和覆膜处理的土壤总含水量较对照分别增加了26%和21.6%。

试验资料表明，除节水以外，地膜覆盖还能有效地调节土壤的温度和提高玉米的产量。覆膜处理耕层土壤温度高于对照，平均地温差在上午8:00最高，5cm处可达3.6℃，14:00覆膜和对照处理温差最小，两种处理的温度变化均在根系生长的范围内；另外，耕层土壤速效磷和有机质在覆膜和覆膜灌水处理下分别增加127%、57%和8.6%、7.1%；覆膜灌水和覆膜处理下的叶片可溶性糖含量较对照增加了14.4%和14.7%，产量分别增加了11.2%和4.0%。

【分析】 中国是人口大国，农业是用水大户，所以不仅要农业节水，大力发展节水灌溉，减少农业用水量与用水比例，同时还要保证粮食安全，提升粮食品质。《中

共中央 国务院关于做好 2022 年全面推进乡村振兴重点工作的意见》中提出，要牢牢守住保障国家粮食安全和不发生规模性返贫两条底线；坚持中国人的饭碗任何时候都要牢牢端在自己手中，饭碗主要装中国粮，要深入实施优质粮食工程，提升粮食单产和品质。

任务五 波涌灌溉技术

波涌灌溉又称涌流灌溉或间歇灌溉。它是把灌溉水断续地按一定周期向灌水沟（畦）供水，逐段湿润土壤，直到水流推进到灌水沟（畦）末端为止的一种节水型地面灌溉新技术。也就是说，波涌灌溉向灌水沟（畦）供水不是连续的，其灌溉水流也不是一次灌水就推进到灌水沟（畦）末端，而是灌溉水在第一次供水输入灌水沟（畦）达一定距离后，暂停供水，过一定时间后再继续供水，如此分几次间歇反复地向灌水沟（畦）供水。

一、波涌灌溉的特点

1. 节水效果明显

波涌灌溉采用供水与停水交替发生的间歇灌水方式，其最显著的特点就是节水。畦长在 100～300m 时，间歇灌溉比连续灌溉节水 10%～30%，畦长越长，节水率越大。

2. 灌水质量高

波涌灌溉具有灌水均匀、灌水质量高、田面水流推进速度快、省水、节能和保肥等优点。

3. 可实现小定额灌溉和自动控制

由于地面输水灌溉较易推广，只要在田间管理系统上增加一个间歇阀和自动控制器，就可以成为一个自动化的间歇灌溉系统装置，实现灌溉的自动化控制。

波涌灌溉特别适宜在我国旱作物灌区农田地面灌溉推广应用，但是波涌灌溉需要较高的管理水平，如操作者技术不熟练，可能会产生问题。

二、波涌灌溉的方式

目前，波涌灌溉的田间灌水方式主要有以下三种。

1. 定时段-变流程方式（又称时间灌水方式）

这种田间灌水方式是在灌水的全过程中，每个灌水周期（一个供水时间和一个停水时间）的放水流量和放水时间一定，而每个灌水周期的水流推进长度则不相同。这种方式对灌水沟（畦）长度小于 400m 的情况很有效，需要的自动控制装置比较简单，操作方便，而且在灌水过程中也很容易控制。因此，目前在实际灌溉中，波涌灌溉多采用此种方式。

2. 定流程-变时段方式（又称距离灌水方式）

这种田间灌水方式是每个灌水周期的水流新推进的长度和放水流量相同，而每个灌水周期的放水时间不相等。这种灌水方式比定时段-变流程方式的灌水效果要好，尤其是对灌水沟（畦）长度大于 400m 的情况，灌水效果更佳。但是，这种灌水方式

[2.5] 波涌灌溉技术

不容易控制，劳动强度大，灌水设备也相对比较复杂。

3. 定流程-流量方式（又称增量灌水方式）

这是以调整控制灌水流量来达到较高灌水质量的一种方式。这种方式是在第一个灌水周期内增大流量，使水流快速推进到灌水沟（畦）总长度的3/4的位置处停止供水，然后在随后的几个灌水周期中，再按定时段-变流程方式或定流程-变时段方式，以较小的流量来满足计划灌水定额的要求。该方式主要适用于土壤透水性较强的地块。

三、波涌灌溉系统的组成

波涌灌溉系统一般由水源、波涌阀、控制器和输配水管道等组成，其中波涌阀和控制器是整个系统的核心设备，又称为波涌灌溉设备，波涌灌溉的田间应用如图2-9所示。

图2-9 波涌灌溉的田间应用

1. 水源

能按时、按量供给作物需水且符合水质要求的河流、塘库、井泉均可作为波涌灌溉的水源。在井灌区可来自低压输水管道给水栓（出水口），在渠灌区则取自农渠分水闸口。

2. 波涌阀

波涌阀按动力供给形式分为水力驱动式和太阳能（蓄电池）驱动式两类，按结构形式则分为单向阀和双向阀两类。整个阀体呈三通结构的T字形，采用铝合金材料铸造。水流从进水口引入后，由位于中间位置的阀门向左、右交替分水，阀门由控制器中的电动马达驱动。

3. 控制器

控制器由微处理器、电动机、可充电电池及太阳能板组成，采用铝合金外罩保护。控制器用来实现波涌阀开关的转向，定时控制双向供水时间并自动完成切换，实现波涌灌水自动化控制器的参数输入形式以旋钮式和触键式为主，具有数字输入及显示功能，内置计算程序可自动设置阀门的关断时间间隔。

4. 输配水管道

输配水管道采用PE（聚乙烯）软管或PVC（聚氯乙烯）硬管将低压输水管道出水口或农渠分水口与波涌阀进水口相连，在波涌阀出水口处装有软管（硬管）伸向两侧，起到传统的控制闸孔完成出流灌溉的作用。

四、波涌灌溉系统的类型

根据管道布置方式的不同，将波涌灌溉系统分为"双管"系统和"单管"系统两类。

1. "双管"系统

"双管"波涌灌田间灌水系统如图2-10所示。一般通过埋在地下的暗管把水输送到田间，再通过阀门和竖管与地面上带有阀门的管道相连。这种阀门可以自动地在两组管道间开关水流，故称"双管"。通过控制两组间的水流可以实现间歇供水。当这两组灌水沟结束灌水后，灌水工作人员可将全部水流引到另一放水竖管处，进行下一组波涌灌水沟的灌水。对已具备低压输水管网的地方，采用这种方式较为理想。

2. "单管"系统

"单管"波涌灌田间灌水系统如图2-11所示。通常是由一条单独带阀门的管道与供水处相连接（故称"单管"），管道上的各出水口则通过低水压、低气压或电子阀控制，而这些阀门均按一字形排列，并由一个控制器控制这个系统。

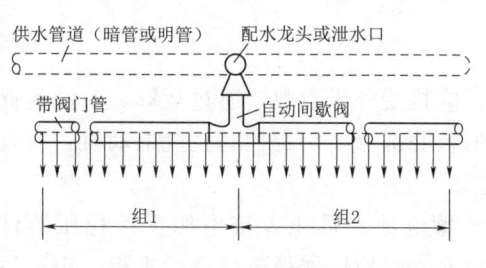

图2-10 "双管"波涌灌田间灌水系统

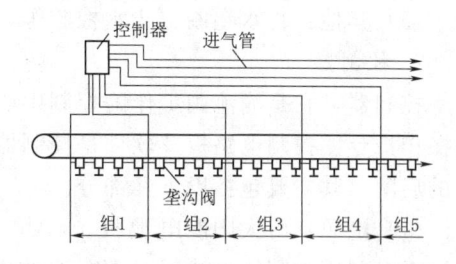

图2-11 "单管"波涌灌田间灌水系统

五、波涌灌溉的设备

由国家节水灌溉北京工程技术研究中心（中国水利水电科学研究院水利研究所）开发生产的波涌灌溉设备（专利号：ZL 99257311.4），自身具有配水和控制两大功能，控制器具有"时间耦合"特性，有利于地面灌溉自动化的实现。波涌灌溉设备在2000年已通过水利部组织的专家鉴定，设备外形结构和性能指标均达到国际同类产品的先进水平，填补了国内空白，波涌灌溉设备如图2-12所示。

1. 涌流阀

涌流阀的结构形式主要有两种：一种是气囊阀，以水力或气体驱动；另一种是机械阀，以水力或电力驱动。机械阀常分为单阀结构、双阀结构两种类型。单阀结构只能向左或向右切换水流，自身无法实现水流截止状态。双阀结构不仅具有交替切换水流的功能，实现定向输配水，而且阀体本身还具有当灌水结束时自动关断水流的功能，可实现无人值守和遥控。涌流阀的主要构件包括以下几种。

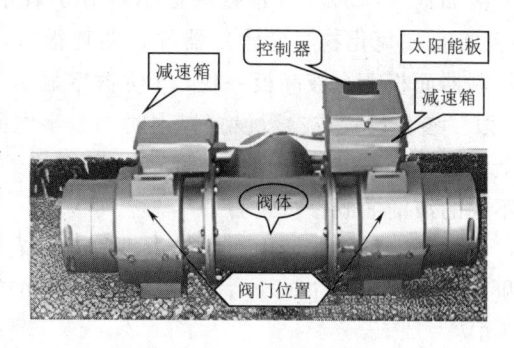

图2-12 波涌灌溉设备

（1）驱动器：由两台微型直流电机组成，分别控制左右阀门的启闭状态。

（2）减速器：与驱动器均位于减速箱内。减速器将电动机转速降至10r/min左右，再驱动阀门。同一涌流阀上的两个阀门板是由一个控制器和两个完全相同的变速箱控制的。减速箱采用三级变速，其中两级直齿圆柱齿轮传动，一级蜗轮蜗杆传动，总传动比为1:787.5。在分配传动比时，主要以减小变速箱的体积为条件，经综合分析确定蜗轮齿数 $Z_1=16$，$Z_2=60$，蜗杆头数 $Z_3=1$，蜗轮齿数 $Z_4=70$，$Z_5=12$，

$Z_6=36$。高速级的两个大齿轮和滑动轴承均在箱体内部，不受环境影响。变速箱与整机的装配采用对称结构，协调美观，且便于自控器控制信号的传送。

（3）阀门：为带有周边止水垫圈的圆形闸门，中心轴两端经止水轴承分别与阀体和减速箱连接。受减速箱控制，阀门环绕中心轴做直角旋转，实现水流开启和关闭状态。密闭的减速箱被固定在阀体两侧并通过中心轴与闸门相接。

（4）阀体：为主体结构，类似于三通，铝合金材质。阀体由三段直径约为 200mm 的铝合金管组合连接而成，一端与水源连接，另两端为出水口。

（5）其他：止水垫圈、止水橡胶等。

2. 控制器

控制器，它是涌流阀工作的控制中心，它接受外界参数，通过运算，对涌流阀发出操作指令。控制电路板及软件是控制器的核心部分，负责控制直流电动机，实现闸门的启闭。其主要包括以下几部分。

（1）电源：由太阳能电池板、4Ah/6V 蓄电池和低压差抗电源反接稳压器件组成。平时利用太阳能电池板对蓄电池进行浮充，经稳压器稳压后供给主板。也可用交流电对蓄电池直接充电。太阳能充电板的外形尺寸为 48mm×51mm，最大充电电流在标准光强下为 50mA，正常工作电压为 7V，最大输出功率为 0.3W。使用波涌灌溉设备前，应将太阳能电池板在太阳下暴晒一周，或用输出为 6V 的充电器，对蓄电池进行充电，充电口位于控制器内侧，为 4 芯插口，"1"芯为正，"4"芯为负。

（2）主控：以微控制器为核心，由键盘和显示器组成。通过键盘设置系统时间、起始工作时间、每次放水时间、停水时间，波涌次数和单、双阀工况选择等。显示器为液晶板（LCD），6 位数字显示，分别表示各参数及工作状态。微控制器是 CMOS（互补金属氧化物半导体）器件，功耗很低，显示采用扫描方式以降低功耗。涌流阀控制器面板上有液晶板一块，6 位数字显示，由时间分隔符":"将 6 位数字分隔成 3 段。参数设置或参数设置错误时，数字之间的小数点将会出现。涌流阀控制器面板上共有 5 个按键，分别为"设置""→""＋""－""复位"，它们互相配合可以完成不同的波涌灌溉参数设置。

（3）电机控制：由 4 组继电器推动左右两阀的电机转动。平时电机两端接地，电机不工作。电机正转时，电机左端接+6V，右端接地；反之，左端接地，右端接+6V。

控制器的"系统时间"设置，可令处于同一灌溉系统中的各单台波涌灌溉设备具有统一的"时间基准"，使看似无序的波涌灌溉设备在统一的时间参照系下形成有序的工作运行排列。"时间耦合"特性有利于灌区输配水系统实行自动化管理。此外，控制器的输入参数只涉及波涌灌水技术应用的最基本参数，概念简单明了，便于农民学习掌握、实地应用。

六、波涌灌溉的技术要求

波涌灌溉可以分为波涌沟灌和波涌畦灌两类。它们与传统的连续沟灌、畦灌的最主要区别在于，完成一次灌水需要几个放水和停水周期，这样才能湿润灌水沟（畦）的全部长度。图 2-13 所示是由 3 个周期完成灌水的波涌灌过程图。

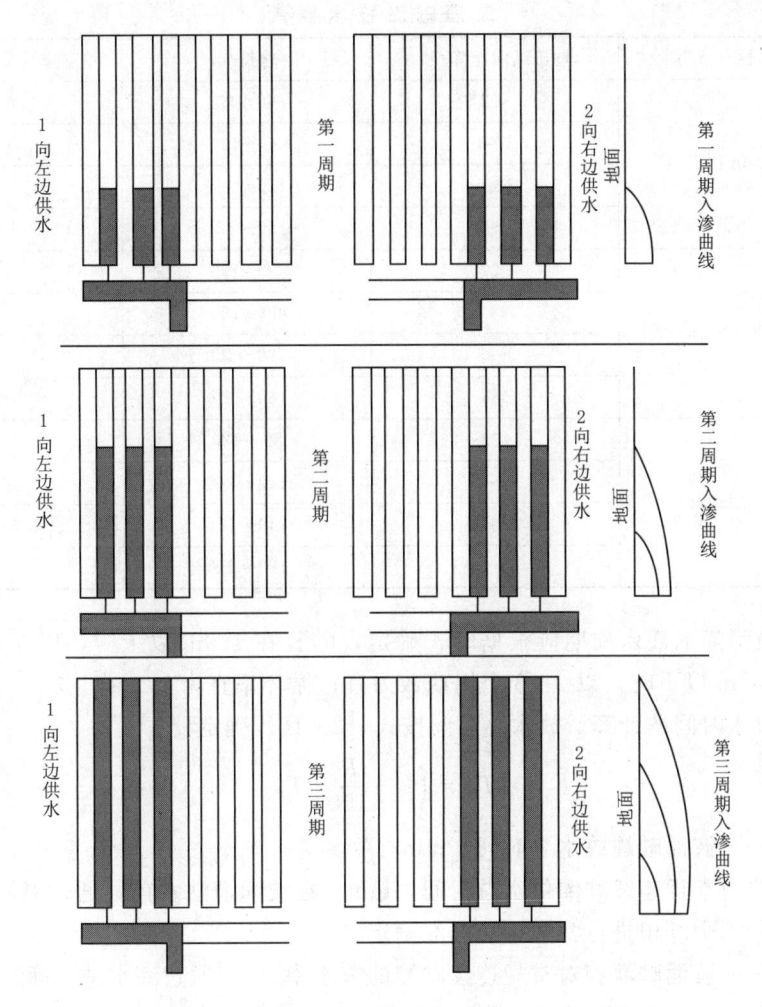

图 2-13 由 3 个周期完成灌水的波涌灌过程图

波涌灌溉技术要素是在特定的灌水控制参数下影响田间灌水效果的技术参数,如田块规格、田面坡度、入沟（畦）流量等。波涌灌溉技术要素直接影响灌水质量,应根据地形、土壤情况合理选定。

1. 波涌畦灌技术要素

波涌畦灌宜在畦田长度较大、结构良好的壤质土上采用。《灌溉与排水工程技术管理规程》(SL/T 246—2019)中关于波涌畦灌的畦长、畦宽、入畦流量、灌水周期等技术参数,要求如下：

(1) 田面不应有局部倒坡或洼地,纵向坡度宜为 1‰～6‰。

(2) 畦田规格应保持在合理范围内,应按当地农机具作业宽度的整数倍确定,不宜超过 4m,畦长宜为 60～240m。

(3) 波涌畦灌流量应根据水源、灌水季节、灌水次数、田面状况和土壤抗冲刷能力等因素综合确定。单宽流量的选取宜符合表 2-3 的规定。

表 2-3　　　　　　　　　　波涌畦灌技术要素

土壤透水性/(m/h)	畦田纵向比降/‰	畦长/m	单宽流量/[L/(s·m)]
强（>0.15）	<2	60～90	4～6
	2～4	90～120	4～7
	3～5	120～150	5～7
	>5	150～180	6～8
中（0.10～0.15）	<2	70～100	3～6
	2～4	90～130	4～6
	3～5	120～160	4～7
	>5	160～210	5～8
弱（<0.10）	<2	80～120	3～5
	2～4	100～140	3～5
	3～5	140～180	4～6
	>5	180～240	4～7

（4）波涌灌的灌水周期应根据畦长确定，畦长在 160m 以上时，以 3～4 个周期数为宜；160m 以下时，以 2～3 个周期数为宜；循环率宜为 1/2 或 1/3。

（5）放水时间的计算。放水总时间按式（2-10）确定：

$$T_S = \left(1 - \frac{R}{100}\right) T_C \tag{2-10}$$

式中　T_S——波涌畦灌放水总时间，min；

　　　T_C——常规连续畦灌供水总时间，min，在波涌灌灌水前，通过对同田块的一个畦田进行常规连续畦灌确定；

　　　R——波涌畦灌相对常规连续畦灌的节水率，%，通过灌水试验确定。

（6）波涌灌周期供水时间。采用定时段-变流程方式灌水，波涌灌周期供水时间应按式（2-11）确定：

$$t_{on} = \frac{T_S}{N} \tag{2-11}$$

式中　t_{on}——周期供水时间，min；

　　　N——波涌畦灌周期数。

（7）波涌灌周期时间。波涌灌周期时间的计算按式（2-12）确定：

$$t_c = \frac{t_{on}}{r} \tag{2-12}$$

式中　t_c——波涌灌周期时间，min；

　　　r——循环率。

（8）周期停水时间。周期停水时间按式（2-13）计算：

$$t_{off} = t_c - t_{on} \tag{2-13}$$

式中　t_{off}——波涌灌周期停水时间，min。

(9) 灌水总时间。灌完一畦所需的总时间应按式（2-14）确定：

$$T_0 = \left(1 + \frac{N-1}{r}\right) t_{on} \tag{2-14}$$

式中 T_0——灌完一畦所需的总时间，min。

2. 波涌沟灌技术要素

波涌沟灌技术要素需要考虑灌水沟的湿润范围、农作物耕作栽培和机耕要求，还要考虑灌水季节、田面状况等因素。《灌溉与排水工程技术管理规程》（SL/T 246—2019）中规定的波涌沟灌技术要素要求如下：

(1) 沟距。根据土壤质地确定沟距，轻质土壤的沟距宜为50～60cm，中质土壤的沟距宜为60～70cm，重质土壤的沟距宜为70～80cm。

(2) 沟长。沟长应根据沟底坡度、土壤入渗能力等因素确定，波涌沟灌的沟长宜为70～250m。

(3) 入沟流量。入沟流量应根据水源、灌水季节、灌水次数、田面状况和土壤抗冲刷能力等因素确定。波涌沟灌入沟流量的选择宜符合表2-4的规定。

表2-4　　　　　　　波涌沟灌技术要素

土壤透水性/(m/h)	畦田纵向比降/‰	畦长/m	入沟流量/(L/s)
强（>0.15）	<2	70～100	0.7～1.0
	2～4	100～130	0.7～1.0
	3～5	130～160	0.8～1.2
	>5	160～200	1.0～1.4
中（0.10～0.15）	<2	80～120	0.6～0.8
	2～4	100～140	0.6～1.0
	3～5	140～180	0.8～1.2
	>5	180～220	0.9～1.2
弱（<0.10）	<2	90～130	0.6～0.9
	2～4	120～160	0.6～0.9
	3～5	160～200	0.7～1.0
	>5	200～250	0.9～1.2

波涌沟灌的灌水周数、周期供水时间、循环率、放水总时间等各参数取值或计算参照波涌畦灌。

【案例2-4】 在新疆昌吉市示范农田进行的灌溉技术试验研究表明，波涌灌溉节水率为16.16%，灌溉水有效利用率为57.41%，比传统畦灌灌溉水有效利用率提高14.88%。

通过试验还得出了以下结论：灌溉后土壤不同深度含水率差异性小，深层渗漏量小，保持和提高了土壤养分的有效利用，达到保水保肥、增产的目的，同时还能有效防止土壤板结化。

【分析】 灌溉不仅仅是为了增加土壤水分，更要在灌溉时减少灌溉定额，提高水的利用率，提高粮食产量，同时还要改良土壤，改善土壤生态。

任务六　地面灌溉的质量评价

一、影响地面灌溉质量的主要因素

影响地面灌溉质量的因素很多，主要影响因素大致归纳为两类：第一类为自然性能因素，是不容易人为控制的；第二类为灌水技术因素，是可以人为改变的。

1. 自然性能因素

（1）土壤质地与入渗性能。一般来讲，无论哪种耕地条件，土壤质地由轻变重时，土壤入渗速度减小，入渗能力降低；土壤质地越轻，土壤入渗速度越快。

（2）田面糙率。田面糙率越大，水流推进速度越慢，灌水均匀度越低。

（3）作物种类和种植方式。作物种类不同，采用的种植方式也不同，采用不同的灌水方法对其灌水质量的影响也不同。一般窄行距密植作物多进行撒播或机播，常采用畦灌灌水技术；宽行距多要进行中耕培土等田间操作，常采用沟灌灌水技术。

2. 灌水技术因素

灌水技术因素包括畦（沟）长度、宽度、入畦（沟）流量、改水成数、灌前土壤含水量、田面坡降及平整程度等。

二、评价地面灌溉质量的指标

地面灌溉质量从灌水均匀系数、田间水利用系数、灌溉水储存率等指标进行评价。

1. 灌水均匀系数

$$C_U = 1 - \frac{\sum_{i=1}^{n} |Z_i - Z_{avg}|}{nZ_{avg}} \tag{2-15}$$

式中　C_U——田间灌水均匀系数；

Z_{avg}——平均灌水深度，mm；

Z_i——田面第 i 个计算节点处的灌水深度，mm；

n——田面节点数目，田面节点数目沿沟畦长度方向应不少于 5 个，当畦田宽度大于 2m 时沿沟畦宽度方向应不少于 3 个。

《灌溉与排水工程设计标准》（GB 50288—2018）中规定：地面灌溉灌水均匀度不应低于 85%。

2. 田间水利用系数

田间水利用系数应为实际灌入田间的有效水量与末级固定渠道（农渠）放出水量的比值，有两种计算方法：平均法与实测法。

（1）平均法计算田间水利用系数，按式（2-16）计算：

$$\eta_t = \frac{mA}{W} \tag{2-16}$$

式中 η_t——田间水利用系数；

m——某次灌水后计划湿润层增加的水量，m^3/hm^2；

A——末级固定渠道控制的实灌面积，hm^2；

W——末级固定渠道放出的总水量，m^3。

(2) 实测法计算田间水利用系数，按式（2-17）计算：

$$\eta_t = 10^2(\beta_2 - \beta_1)\gamma HA/W \qquad (2-17)$$

式中 β_1、β_2——灌水前、后计划湿润层的土壤含水率（以干土重的百分数表示）；

γ——土的干容重，t/m^3；

H——计划湿润深度，m。

地面灌溉田间水利用系数表征灌溉水有效利用的程度，是评价灌水质量优劣的一个重要指标。对于旱作物地面灌溉，根据《节水灌溉工程技术标准》（GB/T 50363—2018）的要求，田间灌溉水有效利用率不宜低于 0.90。

3. 灌溉水存储率

灌溉水存储率为计划湿润层灌后实际储存的灌水量（以灌水深度表示）占计划湿润层最大可储存灌水量（以灌水深度表示）的百分比，可按式（2-18）计算：

$$E_s = \frac{Z_s}{Z_q} \times 100 \qquad (2-18)$$

式中 E_s——灌溉水存储率，%；

Z_s——灌后储存在计划湿润层的灌水深度，mm；

Z_q——灌后储存在计划湿润层的平均灌水深度，mm。

灌溉水存储率表征采用某种地面灌溉方法、某项灌水技术实施灌水后，能满足计划湿润层作物根系土壤区所需水量的程度。此项数值要求不低于 85%。

上述三项评价灌水质量的指标，共同反映了作物产量和水资源利用程度的影响，因此，它们必须同时使用才能较全面地分析和评价某种灌水技术的灌水效果。

【能力训练】

1. 改进地面灌溉技术主要有哪几类？
2. 畦灌灌水技术要素主要指哪些？
3. 水平畦田灌法的技术要素指哪些？
4. 节水型沟灌技术主要有哪几种？
5. 覆膜灌的特点有哪些？
6. 什么是波涌流灌溉技术？
7. 目前，波涌流灌溉的田间灌水方式主要有哪三种？
8. 波涌灌溉的技术要素主要有哪几项？
9. 如何评价地面灌溉质量的好坏？

项目三

喷灌工程技术

学习目标

通过学习喷灌系统类型的划分，了解喷灌系统的特点，使学生掌握喷灌工程规划设计。同时，结合典型工程案例，提高学生正确认识问题、分析问题和解决问题的能力，强化对学生的工程伦理教育，培养学生精益求精的大国工匠精神。

学习任务

1. 掌握喷灌系统类型选择的方法。
2. 掌握喷灌系统规划原则和设计原则。
3. 掌握喷灌系统设计任务书内容和编制顺序。
4. 掌握喷灌系统设计图纸的布置与绘制。

任务一 喷灌工程概述

一、喷灌的概念及特点

《喷灌工程技术规范》（GB/T 50085—2007）对喷灌的定义：喷灌是喷洒灌溉的简称，是利用专门设备将有压水流送到灌溉地段，通过喷头以均匀喷洒方式进行灌溉的方法，如图 3-1 所示。与地面灌溉方法相比，喷灌具有节水、增产、改善农产品品质、适应性强、少占耕地和节省劳力等优点。同时，其缺点也十分明显，如受风的影响大，设备投资高，耗能和运行成本高。

图 3-1 喷灌

[3.1] 喷灌工程概述

二、喷灌系统的组成

喷灌系统指自水源取水并加压后输送、分配到田间实行喷洒灌溉的系统,通常由水源工程、水泵和动力设备、输配水管道系统、喷头以及附属设备与附属建筑物组成。

1. 水源工程

喷灌系统的水源一般采用地表水,在地表水缺乏的情况下也可采用地下水。地表水通常取自河流、湖泊、水库、塘堰和渠道水等,地下水通常取自井水或泉水。喷灌的建设投资较大,设计保证率一般要求不低于85%,水源应满足喷灌在水量和水质方面的要求。对于轻小型喷灌机组,应设置满足其流动作业要求的配套工程。

2. 水泵和动力设备

除利用自然水头以外,喷灌系统的工作压力均需由加压水泵提供,加压水泵常用的有离心泵、长轴井泵、潜水电泵等。与水泵配套的动力设备一般采用电动机,缺乏电源时可采用柴油机或汽油机。轻小型喷灌机组为移动方便,通常采用喷灌专用自吸泵,并以柴油机、汽油机等带动。

3. 输配水管道系统

输配水管道系统的作用是将有压水流按灌溉要求输送并分配到田间各个喷水点。管道系统一般包括干管、支管和竖管以及管道附件,为利用喷灌设施施肥和喷洒农药,可在管网首部配置肥、药贮存罐及注入装置。管道根据敷设状况可分为地埋管道和地面移动管道,地埋管道一般应埋于当地冻土层深度以下,地面移动管则按灌水要求沿地面铺设。部分喷灌机组的工作管道往往和行走部分结合为一个整体。

4. 喷头

喷头的作用是将管道内的有压集中水流喷射到空中,形成众多细小水滴,撒落到田间的一定范围内补充土壤水分。喷头的形式多种多样,但是对喷头的基本要求都是能够雾化并不造成作物叶面损伤,合理的水量分布使田间灌溉均匀、喷洒水量适应土壤入渗能力而不产生径流。

5. 附属设备与附属建筑物

为了使喷灌系统正常运行,喷灌工程中还需要一些附属设备和附属建筑物。常用的附属设备有进排气阀、调压阀、减压阀、安全阀、泄水阀、压力表、伸缩节等,常用的附属建筑物有镇墩、支墩、减压池等。

三、喷灌系统的类型

按照不同的分类标准,喷灌系统形式有很多,根据喷灌压力获得的方式,可以分为机压喷灌系统和自压喷灌系统;根据管道可移动程度,可以分为固定式喷灌系统、移动式喷灌系统和半固定式喷灌系统;根据喷灌机组的喷洒特征,可以分为定喷机组式喷灌系统和行喷机组式喷灌系统。下面就第二种分类方法,详细介绍喷灌系统的分类。

1. 固定式喷灌系统

除喷头外,固定式喷灌系统的水泵、动力设备、干管和支管都是固定的。竖管一般也是固定的,但也可以是可拆卸的,根据轮灌计划,喷头轮流安设在竖管上进行喷洒。固定式喷灌系统操作使用方便，易于维修管理，易于保证喷洒质量。其缺点是管材用量多、工程投资大、设备利用率低、竖管对耕作有一定妨碍。因此，固定式喷灌系统多用于灌水频繁、经济价值高的蔬菜、果园、经济作物或园林工程中，如图3-2所示。

2. 移动式喷灌系统

除水源工程外，移动式喷灌系统的水泵、动力设备、各级管道、喷头均可拆卸移动，如图3-3所示。喷灌系统工作时，在一个田块上作业完成，然后移转到下一个田块作业，轮流灌溉。这种喷灌系统的优点是设备利用率高、管材用量少、投资较小。其缺点是设备拆装和搬运工作量大，劳动力投入多，而且拆装设备时容易破坏作物。

图3-2 固定式喷灌系统

图3-3 移动式喷灌系统

3. 半固定式喷灌系统

半固定式喷灌系统的管道可移动的便捷程度介于以上两种灌溉系统之间，其喷头和支管是可以动的，其他部分都是固定的，干管埋入地下，如图3-4所示。在干管上装有许多给水栓，喷灌时将支管连接在干管给水栓上，再在支管上安装竖管及喷头，喷洒完毕再移接到下一个给水栓上继续喷灌。这种喷灌系统由于支管可以移动，减少了支管数量，节省了管材，提高了设备利用率，降低了系统投资。当然，与固定式喷灌相比，其运行起来麻烦一些。

图3-4 半固定式喷灌系统

【案例3-1】 2021年春旱时，河南省尉氏县张市镇沈家村村民石某某用遥控器打开地里的自动喷灌机，不到一天时间就把自家的6亩（1亩≈666.67m^2）小麦浇完了。"现在真是太方便了，省时、省力、省水。"石某某说。

追溯到 60 多年前，为了省水、省工，农民们也是想尽了办法。1957 年，河南洛阳偃师市东寺庄村村民创造了用皮球控水的节水灌溉方式，夏秋两季粮食达到了亩产 800 多斤（1 斤＝500g），获得当年偃师市的粮食产量第一名，市里奖给村里一头老黄牛，被评为全国农业先进典型。1962 年以后，随着东寺庄村水井数量的增多，可以直接用管子接到地里浇水，皮球控水逐渐被淘汰。到 20 世纪八九十年代，实现了用拖拉机带动水泵抽水浇地。2000 年以后，地里逐渐通了电，实现"刷卡浇地"，但这些都是大水漫灌式的灌溉方法，不够节水。

如今节水的自动或半自动喷灌方式在农村逐渐增多。在沈家村的另一块地里，伸缩式喷灌让人眼前一亮，农民可以通过手机控制伸缩。这套水管埋藏在地下 40cm 的地方，手机上一点开关，水管就钻出地面，到达一定高度后，就开始喷水。石某某说，20 世纪 80 年代，小麦亩产大概 700 斤，现在翻了一番，能达到 1400 斤。

【分析】 水利是农业的命脉，科技是农业的出路，传统农业生产模式中多采用大水漫灌的灌溉模式，造成了严重的水资源浪费，因此发展喷灌这样的先进灌溉技术十分必要。高效的喷灌设施将达到节水增粮的目的，并惠及广大农民，真正实现建设美丽农村、助力乡村振兴战略。

任务二 喷 灌 设 备

[3.2] 喷灌设备

一、喷头

喷头的作用是将有压的灌溉水流以喷洒形式均匀射出，是喷灌系统中的关键设备。喷头的结构形式、制造质量以及使用是否得当，都是影响喷灌效果的重要因素。喷头应根据灌区地形、土壤、作物、水源和气象条件以及喷灌系统类型，通过技术经济比较，优化选择。

1. 喷头的种类

喷头的分类有很多，通常按喷头的工作压力（或射程）、结构形式和喷洒特征进行分类。

（1）按工作压力（或射程）分类。按工作压力（或射程），喷头可分为低压喷头（或近射程喷头）、中压喷头（或中射程喷头）和高压喷头（或远射程喷头）。各类喷头的使用范围见表 3-1。

表 3-1　　　　　　　　　喷头按工作压力（或射程）分类

类　别	工作压力/kPa	射程/m	流量/(m³/h)	特点及适用范围
低压喷头	<200	<15.5	<2.5	射程近，水滴打击强度低，主要用于菜地、温室、草坪园林、自压喷灌的低压区或行喷式喷灌机
中压喷头	200～500	15.5～42	2.5～32	喷灌强度适中，适用范围广，果园、菜地、大田及各类经济作物均可使用

续表

类　别	工作压力/kPa	射程/m	流量/(m³/h)	特点及适用范围
高压喷头	>500	>42	>32	喷洒范围大,但水滴打击强度也大,多用于对喷洒质量要求不高的大田作物、牧草等

(2) 按结构形式和喷洒特征分类。按结构形式和喷洒特征,喷头可分为旋转式喷头、固定式喷头和喷洒孔管三类:

1) 旋转式喷头。喷头绕自身铅直线旋转,边旋转边喷洒,水从喷嘴喷出时,呈集中射流状,故射程远,是中、远射程喷头的基本形式。

根据旋转驱动机构的特点,其又可分为摇臂式、叶轮式和反作用式三种。其中摇臂式喷头使用最广泛,如图 3-5 所示。

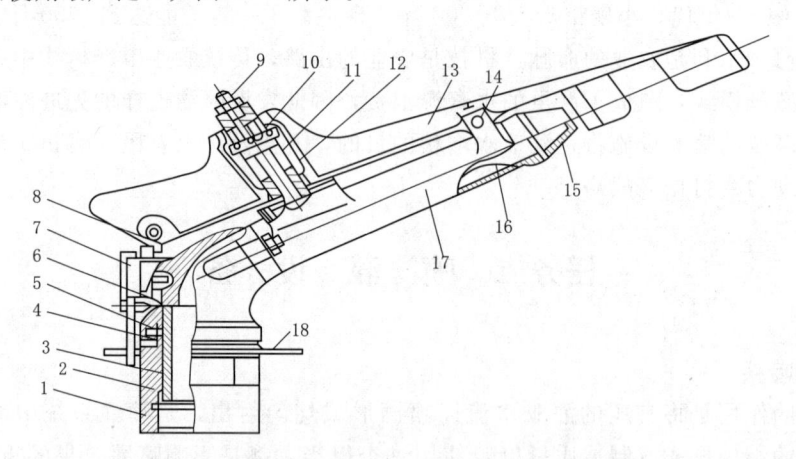

图 3-5　单喷嘴带换向机构的摇臂式喷头结构图

1—空心轴壳;2—减压密封圈;3—空心轴;4—防砂弹簧;5—弹簧架;6—喷体;7—换向器;8—反转钩;9—摇臂调位螺钉;10—弹簧座;11—摇臂轴;12—摇臂弹簧;13—摇臂;14—打击块;15—喷嘴;16—稳流器;17—喷管;18—限位环

旋转式喷头有单喷嘴和多喷嘴两种形式,按有无换向机构,还可分为全圆喷洒和扇形喷洒两种形式。

2) 固定式喷头。喷头在喷洒时,所有部件无相对运动。喷出的水流呈全圆或伞形向四周散开。其特点是射程近、雾化程度高、喷灌强度大。根据结构特点和喷洒特点,固定式喷头可分为折射式和缝隙式两种,如图 3-6 所示。

3) 喷洒孔管。喷洒孔管由一根或几根直径较小的管子组成,在管子上部钻一列或多列喷水孔,孔径 1~2mm,喷洒时水流呈细小水股喷出。这种喷头结构简单,工作压力低,但喷水强度大,受风的影响大,小孔易被堵塞。

2. 喷头的主要水力参数

喷头的主要水力参数有喷头工作压力、喷头流量和喷头射程。

(1) 喷头工作压力。喷头工作压力是指喷头工作时,在距其进口下方 200mm 处

(a) 内支架圆锥折射式喷头

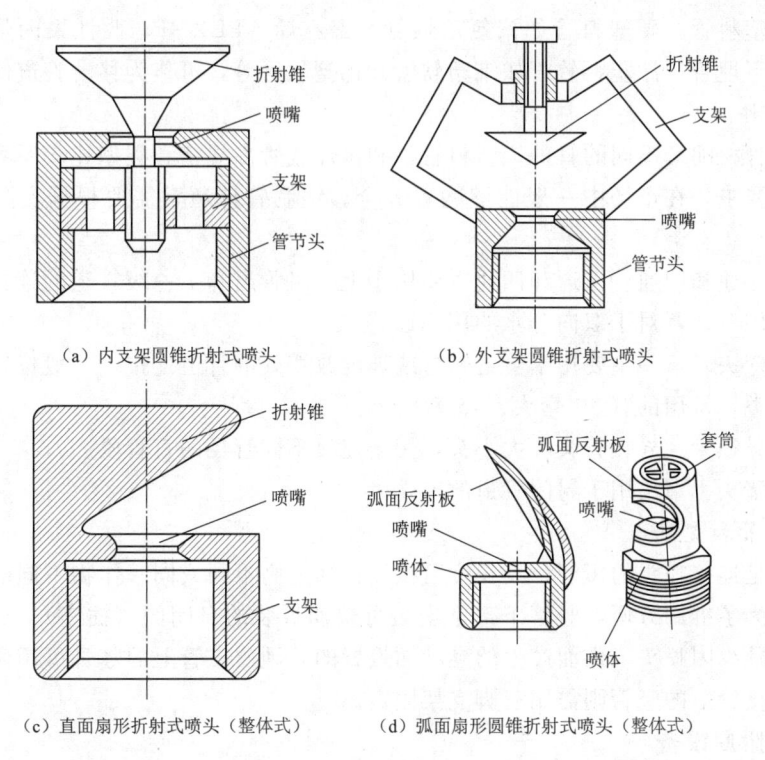

(b) 外支架圆锥折射式喷头

(c) 直面扇形折射式喷头（整体式）

(d) 弧面扇形圆锥折射式喷头（整体式）

图 3-6 固定式喷头结构图

的实测压力值，一般用 P 表示，单位为 kPa。喷头的工作压力减去喷头内的水头损失等于喷嘴出口处的压力，简称喷嘴压力，用 P_z 表示。

(2) 喷头流量。喷头流量指单位时间内喷头喷出的水量，一般用 q 表示，单位为 m^3/h 或 L/s 等。喷头流量大小主要决定于工作压力和喷嘴直径，同样的喷嘴，工作压力越大，喷头流量也越大；反之亦然。

(3) 喷头射程。喷头射程是指喷头正常工作时，喷洒有效湿润范围的半径，一般用 R 表示，单位为 m。喷头的射程主要取决于喷嘴压力、喷嘴形状、喷嘴直径、喷管结构和喷射仰角等因素。另外，整流器、旋转速度等也不同程度地影响射程。因此，在设计或选用喷头射程时要考虑以上因素。

二、管材与管件

管道是喷灌系统的重要组成部分，不但用量多，投资比重大，也是保证安全输水、进行正常喷灌的关键。

1. 管材

喷灌用管道按其使用方式可分为移动式管道和固定式管道，按照材料性质可分为金属管、脆硬性管和塑料管三类。

(1) 金属管。用作固定管道的有钢管、铸铁管，可埋于地下，也可在地面铺设。用作移动管道的有薄壁铝管和铝合金管、镀锌薄壁钢管等。

(2) 脆硬性管。自、预应力钢筋混凝土管可作为固定管道埋于地下，也可在地面铺设。石棉水泥管只可作为地埋固定管，不适宜在地面铺设。

(3) 塑料管。硬塑料管如聚氯乙烯管、聚乙烯（PE）管、改性聚丙烯管等，主要用于地下埋管。涂塑料软管如维塑软管和锦塑软管等，可作为移动管道使用。

2. 管件

不同管材配套不同的管件。塑料管件和水煤气管件规格和类型比较系列化，能够满足使用要求，在市场中一般能够购置齐全。钢制管件通常需要根据实际情况加以制造。

（1）三通和四通。三通和四通主要用于上一级管道和下一级管道的连接，对于单向分水的用三通，对于双向分水的用四通。

（2）弯头。弯头主要用于管道转弯或坡度改变处的管道连接，一般按转弯的中心角大小分类，常用的有90°弯头、45°弯头等。

（3）异径管。异径管又称大小头，用于连接不同管径的直管段。

（4）堵头。堵头用于封闭管道的末端。

3. 竖管和支架

竖管是连接喷头的短管，其长度可按照作物茎高不同或同一作物不同的生长阶段来确定，为了拆卸方便，竖管下部常安装可快速拆装的自闭阀（插座）。支架是为稳定竖管、减少因喷头工作而产生的晃动而设置的，硬质支管上的竖管可用两脚支架固定，软质支管上的竖管则需用三脚支架固定。

三、附属设备

在喷灌管道系统中，除直管和管件外还有附属设备。附属设备可分为控制件和安全件。

1. 控制件

控制件的主要作用是根据灌溉需要来控制系统的流量和工作压力，常用的控制件有闸阀、球阀、喷灌专用阀等。

2. 安全件

安全件的主要作用是保护喷灌系统安全运行，防止事故的发生，常用的安全件有阀门、逆止阀、安全阀、空气阀和减压阀等。

（1）阀门。阀门是控制管道启闭和调节流量的附件，按其结构不同，可有闸阀、蝶阀、截止阀几种，采用螺纹或法兰连接，一般手动驱动。

给水栓是半固定喷灌系统和移动式喷灌系统的专用阀门，常用于连接固定管道和移动管道，控制水流的通断。

（2）逆止阀。逆止阀，也称止回阀，是一种根据阀门前后压力差而自动启闭的阀门，它使水流只能沿一个方向流动，当水流要反方向流动时则自动关闭。在管道式喷灌系统中，常在水泵出口处安装逆止阀，以避免水泵突然停机时回水引起的水泵高速倒转。

（3）安全阀。安全阀用于减小管道内超过规定的压力值，它可以防护关闭水锤和充水水锤。喷灌系统常用的安全阀是A49X-10型开放式安全阀。

（4）空气阀。喷灌系统中的空气阀常为KQ42X-10型快速空气阀。它安装在系统的最高部位和管道隆起的顶部，可以在系统充水时将空气排出，并在管道内充满水后自动关闭。

(5) 减压阀。减压阀的作用是管道系统中的水压力超过工作压力时，自动降低到所需压力。适用于喷灌系统的减压阀有薄膜式、弹簧薄膜式和波纹管式等。

任务三 喷灌质量控制参数

喷灌系统应满足喷灌强度、喷灌均匀度、喷头工作压力和喷灌雾化指标的要求。

一、喷灌强度

喷灌强度是指单位时间内喷洒在单位面积上的水量（用水深表示），单位为 mm/h。喷灌强度分为点喷灌强度、平均喷灌强度和组合喷灌强度。

1. 点喷灌强度

点喷灌强度是指单位时间内喷洒在土壤表面某点的水深，可用式（3-1）表示：

$$\rho_i = \frac{h_i}{t} \quad (3-1)$$

式中　ρ_i——点喷灌强度，mm/h；
　　　h_i——喷灌水深，mm；
　　　t——喷灌时间，h。

2. 平均喷灌强度

平均喷灌强度是指一定湿润面积上各点在单位时间内喷灌水深的平均值，用式（3-2）表示：

$$\bar{\rho} = \frac{\bar{h}}{t} \quad (3-2)$$

式中　$\bar{\rho}$——平均喷灌强度，mm/h；
　　　$\bar{h}$——平均喷灌水深，mm。

不考虑水滴在空气中的蒸发和飘移损失，根据喷头喷出的水量与喷洒在地面上的水量相等的原理计算的平均喷灌强度，又称为计算喷灌强度，其公式为

$$\rho_s = \frac{1000q}{A} \quad (3-3)$$

式中　ρ_s——无风条件下单喷头喷洒的平均喷灌强度，mm/h；
　　　q——喷头流量，m³/h；
　　　A——单喷头喷洒控制面积，m²。

3. 组合喷灌强度

在一个喷头喷洒范围内的点喷灌强度是不均匀的，例如，当压力适中时，单个旋转式喷头的典型水量分布为中间最多、越往边缘越少，要让每一点获得相同的水量，就必须进行喷头组合，让不同喷头的喷洒范围叠加，使得喷灌范围内各点的喷灌强度相对均匀，把多个喷头组合时各点的平均喷灌强度称为组合喷灌强度，计算公式如下：

$$\rho = K_w C_\rho \rho_s \quad (3-4)$$

式中　ρ——组合喷灌强度，mm/h；

K_W——风系数,查表3-2;

C_ρ——布置系数,查表3-3。

表3-2　　　　　　　　不同运行情况下的风系数 K_W 值

运行情况		K_W
单喷头全圆喷洒		$1.15v^{0.314}$
单支管多喷头全圆喷洒	支管垂直于风向	$1.08v^{0.194}$
	支管平行于风向	$1.12v^{0.302}$
多支管多喷头同时喷洒		1.0

注　1. 表中 v 为风速,以 m/s 计。
　　2. 单支管多喷头同时全圆喷洒,若支管与风向既不垂直又不平行,则可近似地用线性插值方法求取 K_W。
　　3. 本表公式适用于风速 v 为 1~5.5m/s 的区间。

表3-3　　　　　　　　不同运行情况下的布置系数 C_ρ 值

运行情况	C_ρ
单喷头全圆喷洒	1
单喷头扇形喷洒(扇形中心角 α)	$\dfrac{360}{\alpha}$
单支管多喷头同时全圆喷洒	$\dfrac{\pi}{\pi-(\pi/90)\arccos(a/2R)+(a+R)\sqrt{1-(a/2R)^2}}$
多支管多喷头同时全圆喷洒	$\dfrac{\pi R^2}{ab}$

注　R 为喷头射程,a 为喷头在支管上的间距,b 为支管间距。

喷灌系统的设计强度不得大于土壤的允许喷灌强度,目的是保证喷洒到土壤表面的水及时渗入土壤中,而不致形成地面径流以保护土壤结构不被破坏。定喷式喷灌系统的设计喷灌强度不得大于土壤的允许喷灌强度;行喷式喷灌系统的设计喷灌强度可略大于土壤的允许喷灌强度。

不同类别土壤的允许喷灌强度见表3-4。当地面坡度大于5%时,坡地允许喷灌强度应按表3-5进行降低。

表3-4　　　　　　　　不同类别土壤的允许喷灌强度　　　　　　　　单位:mm/h

土壤类别	允许喷灌强度	土壤类别	允许喷灌强度
砂土	20	壤黏土	10
砂壤土	15	黏土	8
壤土	12		

表3-5　　　　　　　　坡地允许喷灌强度降低值　　　　　　　　%

地面坡度	允许喷灌强度降低	地面坡度	允许喷灌强度降低
5~8	20	13~20	60
9~12	40	>20	75

【案例 3-2】 棉花花粉对水高度敏感，1~2min 的接触就会出现破裂。用一定量的水喷花，用 1mL 水仅喷洒 1 次就会降低种子结实率 55%。试验表明，增加喷灌措施会导致进一步的花损失并最终造成花脱落。

【分析】 并非所有农作物都适合安装喷灌，选择科学合理的灌溉方式很重要。即使在喷灌的过程中，也应根据不同的地形、不同的土壤和不同的种苗进行不同强度的喷洒。对苗木需水量较小、土壤持水量高的苗地，喷洒强度应适当减小一些；而对于需水较多的苗木和持水低的苗地，喷洒强度可适当增加。

二、喷灌均匀度

喷灌均匀度是指喷灌面积上水量分布的均匀程度，它是衡量喷灌质量好坏的重要指标之一，喷灌均匀度常用喷灌均匀系数表示。《喷灌工程技术规范》（GB/T 50085—2007）规定：在设计风速下，定喷式喷灌系统喷灌均匀系数不应低于 0.75，行喷式喷灌系统不应低于 0.85。喷灌均匀系数在有实测数据时按式（3-5）计算，即

$$C_u = 1 - \frac{\Delta h}{h} \quad (3-5)$$

式中 C_u——喷灌均匀系数；

h——各测点喷洒水深平均值，mm；

Δh——各测点喷洒水深平均离差，mm。

喷灌均匀度一般通过保证喷头工作压力、喷头的喷洒质量以及确定合理的喷头组合间距来实现。

三、喷头工作压力

喷头工作压力是指喷头工作时，在距其进口下方 200mm 处的实测压力值。喷灌系统中喷头的工作压力应符合下列要求：

（1）设计喷头工作压力均在该喷头所规定的压力范围内。

（2）任何喷头的实际工作压力不得低于设计喷头工作压力的 90%。

（3）同一条支管上任意两个喷头之间的工作压力差在设计喷头工作压力的 20% 以内。

喷灌系统中压力变化较大时，应划分压力区域，并分区进行设计。

四、喷灌雾化指标

喷灌雾化指标不能过大或过小。喷灌雾化指标过小，其打击力度就大，会损伤作物，破坏土壤团粒结构，影响作物生长；喷灌雾化指标过大，则会导致水流过细易被风吹走，蒸发损失严重，且耗能增大、射程减小。因此在喷灌系统规划设计中，初选喷头后，首先要进行喷灌雾化指标校核。

喷灌的雾化程度与喷头工作压力、喷嘴直径、喷嘴形状、喷洒水在喷射前的流态以及风速、风向等因素有关，通常用喷头进口处的工作压力 h_p 与喷头主喷嘴直径 d 的比值作为喷灌雾化指标，即

$$W_h = \frac{h_p}{d} \quad (3-6)$$

式中 W_h——喷灌雾化指标；

h_p——喷头的工作压力水头，m；

d——喷头的主喷嘴直径，m。

W_h 值越大，表示雾化程度越高，水滴直径越小，打击强度也越小。对于主喷嘴为圆形且不带碎水装置的喷头，设计雾化指标应符合表 3-6 的要求。

表 3-6　　　　　　　　不同作物的适宜雾化指标

作 物 种 类	W_h
蔬菜及花卉	4000～5000
粮食作物、经济作物及果树	3000～4000
牧草、饲料作物、草坪及绿化林木	2000～3000

任务四　喷灌工程规划设计

一、喷灌工程规划设计的要求

（1）喷灌工程规划设计应符合当地水资源开发利用规划，符合农业、林业、牧业、园林绿地规划的要求，并与灌排设施、道路、林带、供电等系统建设相结合，与土地整理复垦规划、农业结构调整规划相结合。

（2）喷灌工程规划应根据灌区地形、土壤、气象、水文与水文地质、作物种植以及社会经济条件，经过技术经济分析及环境评价确定。

（3）在经济作物、园林绿地及蔬菜、果树、花卉等高附加值的作物地区，灌溉水源缺乏的地区，高扬程提水灌区、受土壤或地形限制难以实施地面灌溉的地区，有自压喷灌条件的地区，集中连片作物种植区及技术水平较高的地区，可以优先发展喷灌工程。

二、喷灌工程规划设计方法

喷灌工程规划设计前应首先确定灌溉设计标准，按照《喷灌工程技术规范》（GB/T 50085—2007）的规定，喷灌工程的灌溉设计保证率不低于85%。

下面以管道式喷灌系统为例，说明喷灌系统规划设计的方法。

1. 基本资料收集

只有基本资料可靠、符合实际，才有可能做出正确、合理的规划设计，因此，在进行喷灌工程的规划设计之前，必须通过认真的勘测，认真收集灌区的基本资料，包括自然条件（地形、土壤、作物、水源、气象）、生产条件（水利工程现状、生产现状、喷灌区划、农业生产发展规划和水利规划、动力及机械设备、材料和设备生产供应情况、生产组织和用水管理）和社会经济条件（灌区的行政区划、经济条件、交通情况以及市、县、镇的发展规划）。

2. 水源分析计算

喷灌工程设计必须进行水源水量和喷灌用水量的平衡计算，当水源的天然来水过程不能满足喷灌用水要求时，应建蓄水工程。

喷灌水质应符合《农田灌溉水质标准》(GB 5084—2021) 的规定。

【案例 3-3】 某项目水源水量和灌溉用水量的平衡计算。

某井灌区有 6 眼机井，机井平均出水量为 $110\text{m}^3/\text{h}$，总出水量为 $660\text{m}^3/\text{h}$，灌溉期可供水量为 $118.35\times10^4\text{m}^3$，现状年地面灌溉净需水量为 $114.84\times10^4\text{m}^3$，毛需水量为 $196.98\times10^4\text{m}^3$。节水项目实施后灌溉净需水量为 $89.1\times10^4\text{m}^3$，毛需水量为 $99.02\times10^4\text{m}^3$。

平衡计算：水源水量－节水灌溉毛需水量＝$118.35\times10^4-99.02\times10^4=19.33\times10^4(\text{m}^3)$，满足要求。

项目实施后比项目实施前的地面灌溉方式年节约用水量 $97.96\times10^4\text{m}^3$。

3. 系统选型

系统类型应因地制宜，综合以下因素进行选择：水源类型及位置；地形地貌，地块形状、土壤质地；作物生长期降雨降水量，灌溉期间风速、风向；灌溉对象；社会经济条件、生产管理体制、劳动力状况及劳动者素质；动力条件。其具体选择如下：

(1) 地形起伏较大、灌水频繁、劳动力缺乏、灌溉对象为蔬菜、茶园、果树等经济作物及园林、花卉和绿地的地区，选用固定式喷灌系统。

(2) 地面较为平坦的地区，灌溉对象为大田粮食作物；气候严寒、冻土层较深的地区，选用半固定式喷灌系统和移动式喷灌系统。

(3) 土地开阔连片、地势平坦、田间障碍物少，使用管理者技术水平较高，灌溉对象为大田作物、牧草等，集约化经营程度相对较高时，选用大中型机组式喷灌系统。

(4) 丘陵地区零星、分散耕地的灌溉，水源较为分散、无电源或供电保证率较低的地区，选用轻小型机组式喷灌系统。

4. 喷头的选择与布置

(1) 喷头的选择。喷头的选择包括喷嘴直径、工作压力、喷头流量和射程的选择。选择喷头主要根据作物种类、土壤性质和当地设备供应情况而定，同时还要考虑喷洒方式对喷头的要求。一般大田作物宜选择中压喷头，部分蔬菜及其他幼嫩作物宜选择低压喷头。对黏性土壤要选用喷灌强度较小的喷头，砂性土壤可选用喷灌强度较大的喷头。喷头选定后要符合下列要求：

1) 组合后的喷灌强度不超过土壤的允许喷灌强度。

2) 组合后的喷灌均匀系数不低于《喷灌工程技术规范》(GB/T 50085—2007) 规定的数值。

3) 雾化指标符合作物要求的数据。

4) 有利于减少喷灌工程的费用。

(2) 喷头的布置。喷灌系统中喷头的布置包括喷头的喷洒方式、喷头的组合形式、喷头组合间距的确定、组合喷灌强度的校核等。喷头布置的合理与否直接关系到整个系统的灌水质量。

1) 喷头的喷洒方式。喷头的喷洒方式因喷头的形式不同可有多种，如全圆喷洒、扇形喷洒、带状喷洒等。在管道式喷灌系统中，除在田角路边或房屋附近使用扇形喷洒外，其余均采用全圆喷洒。全圆喷洒能充分利用射程，允许喷头有较大的间距，并可使组合喷灌强度减小。

2）喷头的组合形式。喷头的组合形式是指喷头在田间的布置形式，一般用相邻4个喷头平面位置组成的图形表示。喷头的组合间距用 a 和 b 表示：a 表示同一支管上相邻两喷头的间距，b 表示相邻量支管的间距。喷头的基本布置形式可分为正方形组合、平行四边形组合、矩形组合等，见表3-7。喷头的组合形式的选择要根据地形、系统类型、风向风速等因素综合考虑。

表3-7　　　　　　　　　　喷头的组合形式

喷头组合形式	正方形组合	平行四边形组合	矩形组合
喷洒方式	全圆喷洒	全圆喷洒	扇形喷洒
使用条件	风向改变频繁的地方	无风情况下	较前两种节省管材
喷头组合形式图			

3）喷头组合间距的确定。喷头组合间距直接影响喷灌质量。因此，喷头的组合间距不仅受喷头射程的制约，同时受到喷灌系统所要求的喷灌均匀度和喷灌土壤允许喷灌强度的限制。在确定喷头型号后，可根据设计风速和设计风向确定间距，见表3-8。计算得到组合间距值后，还应做必要的调整，适应管道的长度规格。

表3-8　　　　　　　　　　喷头组合间距

设计风速 /(m/s)	组合间距	
	垂直风向	平行风向
0.3～1.6	(1.1～1.0)R	1.3R
1.6～3.4	(1.0～0.8)R	(1.3～1.1)R
3.1～5.4	(0.8～0.6)R	(1.1～1.0)R

注　1. R 为喷头射程。
　　2. 在每一挡风速中可按内插法取值。
　　3. 在风向多变采用等间距组合时，应选用垂直风向栏的数值。

4）组合喷灌强度的校核。在选喷头、确定喷头组合形式和组合间距过程中，已满足雾化指标和均匀度的要求，但是否满足喷灌强度的要求，还需验证。验证的公式为

$$\rho = K_w C_\rho \rho_s < [\rho] \tag{3-7}$$

式中　$[\rho]$——允许喷灌强度，mm/h。

如果计算出来的组合喷灌强度大于土壤允许喷灌强度，可以通过以下方式调整，

直至校核满足要求：

a. 改变运行方式，变多行多喷头喷洒为单行多喷头喷洒，或者变扇形喷洒为全圆喷洒。

b. 加大喷头间距或支管间距。

c. 重选喷头，重新布置计算。

5）喷头布置。喷头要根据不同地形情况进行布置，图3-7～图3-9给出了不同地形的喷头布置形式。

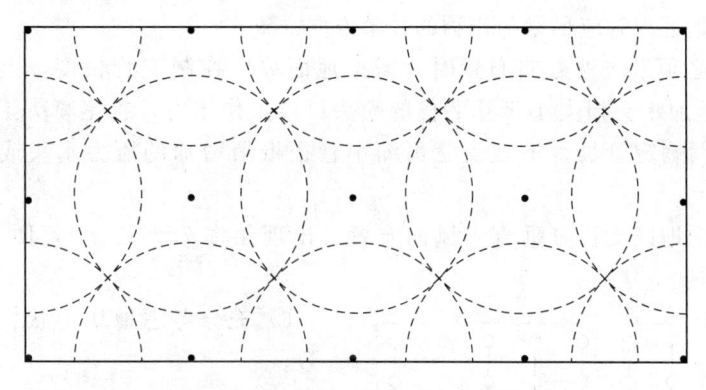

图3-7 长方形区域的喷头布置形式

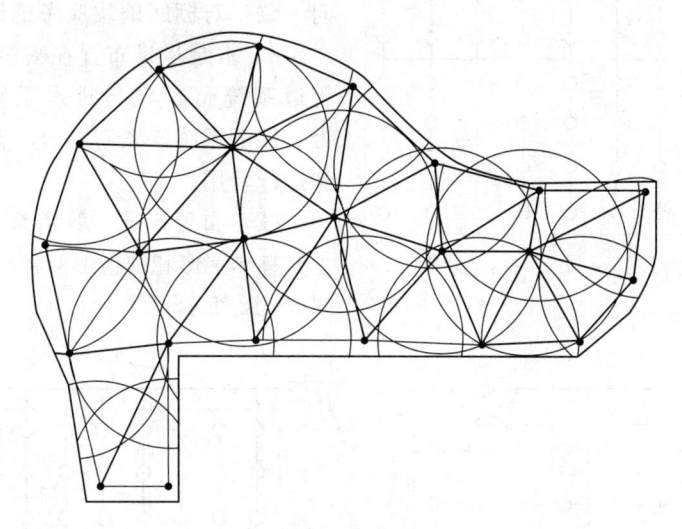

图3-8 不规则地块的喷头布置形式

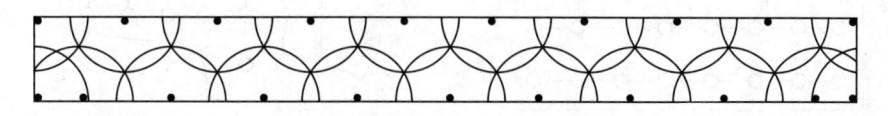

图3-9 狭长区域的喷头布置形式

5. 管道系统的布置

喷灌系统的管道一般由干管、分干管和支管三级组成，喷头通常通过竖管安装在最末一级管道上。管道系统需要根据水源位置、灌区地形、作物分布、耕作方向和主风向等条件进行布置。

(1) 布置原则。

1) 管道总长度最短、水头损失最小、管径小，且有利于水锤防护，各级相邻管道应尽量垂直。

2) 干管一般沿主坡方向布置，支管与之垂直并尽量沿等高线布置，保证各喷头工作压力基本一致。

3) 平坦地区支管应尽量与作物的种植方向一致。

4) 支管必须沿主坡方向布置时，需按地面坡度控制支管长度，上坡支管根据首尾地形高差加水头损失小于0.2倍的喷头设计工作压力，首尾喷头工作流量差小于或等于10％确定管长；下坡支管可缩小管径抵消增加的压力水头或者设置调压设备。

5) 多风向地区支管应垂直主风向布置（出现频率75％以上），便于加密喷头、保证喷洒均匀度。

6) 充分考虑地块形状、使支管长度一致。

7) 支管通常与温室或大棚的长度方向一致，对棚间地块应考虑地块的尺寸。

8) 水泵尽量布置在喷洒范围的中心，管道系统布置应与排水系统、道路、林带、供电系统等紧密结合，降低工程投资和运行费用。

(2) 布置形式。管道系统的布置形式主要有丰字形和梳齿形两种，如图3-10～图3-12所示。

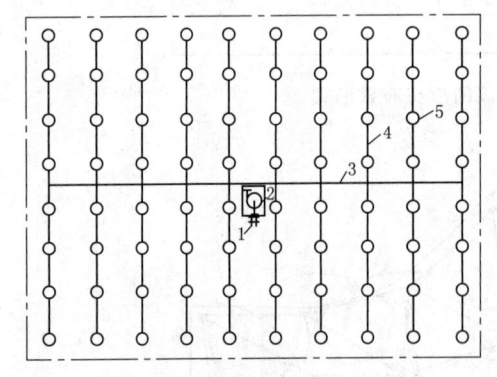

图3-10 丰字形布置（一）
1—井；2—泵站；3—干管；4—支管；5—喷头

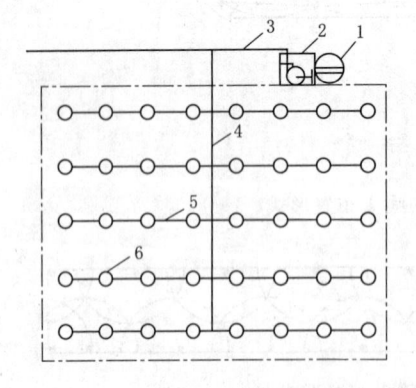

图3-11 丰字形布置（二）
1—蓄水池；2—泵站；3—干管；4—分干管；5—支管；6—喷头

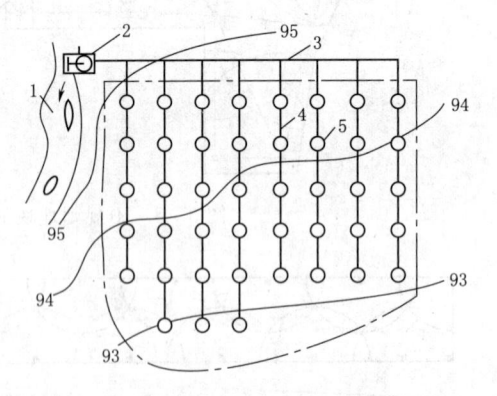

图3-12 梳齿形布置
1—河渠；2—泵站；3—干管；4—支管；5—喷头

6. 灌溉制度设计

喷灌灌溉制度主要包括灌水定额、灌水周期和灌溉定额。

(1) 设计灌水定额。设计灌水定额是指作物生育期内最大净灌水定额，可按式（3-8）计算：

$$m_s = 0.1\gamma h(\beta_1 - \beta_2) \tag{3-8}$$

式中　m_s——为最大灌水定额，mm；
　　　γ——土壤容重，g/cm³；
　　　h——计划湿润层深度，cm（一般大田作物取 40~50cm，蔬菜取 20~30cm，果树取 60~80cm）；
　　　β_1——适宜土壤含水量上限（重量百分比），可取（0.90~0.95）$\beta_田$，%；
　　　β_2——宜土壤含水量下限（重量百分比），可取（0.65~0.70）$\beta_田$，%。

(2) 设计灌水周期。设计灌水周期是指两次喷灌之间的最短间隔天数，用式（3-9）计算：

$$T = m/ET_d \tag{3-9}$$

式中　T——设计灌水周期，计算值取整，d；
　　　m——设计灌水定额，mm；
　　　ET_d——作物日蒸发蒸腾量，取设计代表年灌水高峰期平均值，mm/d，对于缺少气象资料的小型喷灌灌区，可参考表 3-9。

表 3-9　　　　　作物蒸发蒸腾量 ET_d　　　　　单位：mm/d

作物	ET_d	作物	ET_d
果树	4~6	烟草	5~6
茶园	6~7	草皮	6~8
蔬菜	5~8	粮、棉、油等作物	5~8

(3) 灌溉定额。灌溉定额按式（3-10）计算：

$$M = \sum_{i=1}^{n} m_i \tag{3-10}$$

式中　M——作物全生育期的灌溉定额，mm；
　　　m_i——第 i 次灌水定额，mm；
　　　n——全生育期灌水次数。

7. 工作制度的拟定

在灌水周期内，为保证作物适时、适量地获得所需要的水分，必须制定一个合理的喷灌工作制度。灌溉工作制度包括喷头在一个工作位置的灌水时间、喷头一天工作位置数、同时工作的喷头数、同时工作的支管数以及轮灌组划分。

(1) 喷头在一个工作位置的灌水时间。单喷头在一个位置上的喷洒时间与设计灌水定额、喷头的流量及喷头的组合间距有关，可按式（3-11）计算：

$$t = \frac{mab}{1000 q_p \eta_p} \tag{3-11}$$

式中　t——喷头在一个工作位置的灌水时间，h；

　　　m——设计灌水定额，mm；

　　　a——喷头布置间距，m；

　　　b——支管布置间距，m；

　　　q_p——喷头的设计流量，m³/h；

　　　η_P——田间喷洒水利用系数，根据气候条件可在下列范围内选取：风速低于 3.4m/s，$\eta=0.8\sim0.9$；风速为 3.4～5.4m/s，$\eta=0.7\sim0.8$。

(2) 喷头一天工作位置数。单个喷头一天内可以工作的位置数，按式（3-12）计算：

$$n_d = \frac{t_d}{t} \tag{3-12}$$

式中　n_d——一天工作位置数；

　　　t_d——日灌水时间，h，可参考表 3-10 取值。

表 3-10　　　　　　　　设 计 日 灌 水 时 间　　　　　　　　单位：h

喷灌系统类型	固定式			半固定式	移动式	行喷机组式
	农作物	园林	运动场			
设计日灌水时间	12～20	6～12	1～4	12～18	12～16	14～21

(3) 喷头同时工作的喷头数。同时工作的喷头数由式（3-13）确定：

$$n_p = \frac{N_P}{n_d T} \tag{3-13}$$

式中　n_p——同时工作喷头数；

　　　N_P——灌区喷头总数；

　　　n_d——一天工作位置数；

　　　T——设计灌水周期，d。

(4) 同时工作的支管数。同时工作的支管数可按式（3-14）计算：

$$n_{支} = \frac{n_p}{n_{喷头}} \tag{3-14}$$

式中　$n_{支}$——同时工作的支管数；

　　　n_p——每次同时工作的喷头数；

　　　$n_{喷头}$——支管上的喷头数。

如果计算出来的 $n_{支}$ 不是整数，则应考虑减少同时工作的喷头数或适当调整支管的长度。

(5) 轮灌组划分。喷灌系统的工作制度分为续灌和轮灌。续灌的方式只用于单一且面积较小的情况。绝大多数灌溉系统采用轮灌工作制度，即将支管划分为若干组，每组包括一个或多个阀门，灌水时通过干管向各组轮流供水。

1) 轮灌组划分的原则：①轮灌组的数目满足灌水需求，控制的灌溉面积与水源可供水量相协调；②轮灌组的总流量尽可能一致或相近，以便稳定水泵运行，提高动力机和水泵的效率，降低能耗；③轮灌组内喷头型号要一致或性能相似，种植品种要一致或灌水要求相近；④轮灌组所控制的范围最好连片集中，便于运行操作和管理。自动灌溉控制系统往往将同一轮灌组中的阀门分散布置，最大限度地分散干管中流量，减小管径，降低造价。

2) 支管的轮灌方式。支管的轮灌方式就是固定式喷灌系统支管的轮流喷洒顺序，或半固定式喷灌系统支管的移动方式。正确选择轮灌方式可以减小干管管径、降低投资。两根、三根支管的经济轮灌方式，如图3-13所示。图3-13（a）、图3-13（b）两种情况干管全部长度上均要通过两根支管的流量，干管管径不变，图3-13（c）、图3-13（d）两种情况只有前半段干管通过全部流量，而后半段管只需通过一根支管的流量，这样后半段干管的管径可以减小，所以图3-13（c）、图3-13（d）两种情况较好，图3-13（e）为三根支管同时工作的情况。

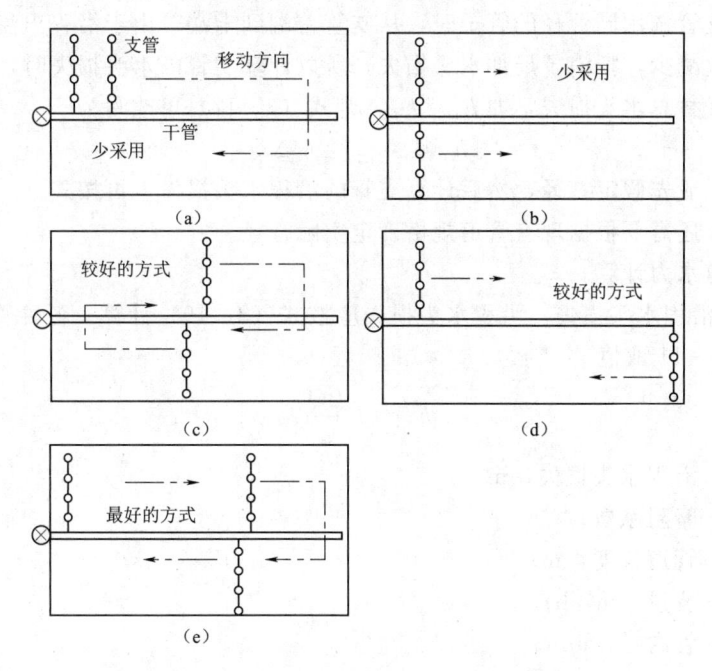

图3-13 两根、三根支管的经济轮灌方式

8. 管道水力计算

管道水力计算的任务是确定各级管道的管径和计算水头损失。

(1) 管径的确定。

1) 干管管径确定。对于规模不太大的喷灌工程可用经验公式估算管径，经验公式如下：

当 $Q<120\mathrm{m}^3/\mathrm{h}$ 时，

$$D=13\sqrt{Q} \tag{3-15}$$

当 $Q\geqslant 120\mathrm{m}^3/\mathrm{h}$ 时，

$$D=11.5\sqrt{Q} \tag{3-16}$$

式中 D——管道管径，mm；

Q——管道设计流量，m^3/h。

2）支管管径确定。确定支管管径时，为使喷洒均匀，要求同一支管上任意两个喷头的工作压力差不大于喷头设计工作压力的20%。显然若支管沿线地面平坦，其首末两端喷头间的工作压力差最大。若支管铺设在地形起伏的地面上，则其最大的工作压力差并不一定是首末喷头工作压力之差。考虑地形高差 ΔZ 时，上述规定可表示为

$$h_w + \Delta Z \leqslant 0.2 h_p \tag{3-17}$$

式中 h_w——同一支管上任意两个喷头间支管段水头损失，m；

ΔZ——与 h_w 对应的两喷头的进水口高程差，m，顺坡铺设支管时，ΔZ 的值为负，逆坡铺设支管时，ΔZ 的值为正；

h_p——喷头设计工作压力，m。

当一条支管选用同管径的管子时，从支管首端到末端，由于沿程出流，支管内的流速水头逐次减少，抵消了局部水头损失，所以计算支管内水头损失时，可直接用沿程水头损失代替总水头损失，即 $h_w = h_f$，则式（3-17）可改写为

$$h_f \leqslant 0.2 h_p - \Delta Z \tag{3-18}$$

设计时一般先假定管径，然后计算支管的沿程水头损失，再按式（3-18）校核，满足要求后，还需要根据现有管道规格确定实际管径。

(2) 管道水力计算。

1) 管道沿程水头损失。沿程水头损失应按式（3-19）计算，各种管材的 f、m 和 b 可按表3-11取值。

$$h_f = f \frac{LQ^m}{d^b} \tag{3-19}$$

式中 h_f——沿程水头损失，m；

f——摩阻系数；

L——管道长度，m；

Q——流量，m^3/h；

d——管内径，mm；

m——流量指数；

b——管径指数。

表3-11　　　　　　　　　　f、m、b 取值

管道种类		f	m	b
混凝土管、钢筋混凝土管	$n=0.013$	1.312×10^6	2	5.33
	$n=0.014$	1.516×10^6	2	5.33
	$n=0.015$	1.749×10^6	2	5.33
钢管、铸铁管		6.25×10^5	1.9	5.1
硬塑料管		0.948×10^5	1.77	4.77
铝管、铝合金管		0.861×10^5	1.74	4.74

注　n 为粗糙系数。

2) 等距等流量多喷头（孔）支管的沿程水头。在喷灌系统中，沿支管安装有许多喷头，使支管的流量自上而下逐渐减小。因此，计算沿程水头损失应分段计算。但为简化计算，常以进口最大流量计算沿程水头损失，然后乘以多口系数进行修正，便得多口管道实际沿程水头损失，即

$$h'_{fz} = F h_f \tag{3-20}$$

$$F = \frac{N\left(\dfrac{1}{m+1} + \dfrac{1}{2N} + \dfrac{\sqrt{m-1}}{6N^2}\right) - 1 + X}{N - 1 + X} \tag{3-21}$$

式中　h'_{fz}——多喷头（孔）支管沿程水头损失，m；
　　　F——多口系数，初步计算时可采用表 3-12 确定；
　　　N——喷头或孔口数；
　　　X——多孔支管首孔位置系数，即支管入口至第一个喷头（或孔口）的距离与喷头（或孔口）间距之比。

不同管材的多口系数不同，表 3-12 列出了常用管材的多口系数值，其他管材可查阅《喷灌工程设计手册》。

表 3-12　　　　　　　　多 口 系 数 F 值

N	m=1.74		m=1.77		m=1.9		m=2	
	X=1	X=0.5	X=1	X=0.5	X=1	X=0.5	X=1	X=0.5
2～3	0.600	0.496	0.596	0.492	0.582	0.474	0.572	0.461
4～5	0.485	0.420	0.481	0.416	0.466	0.398	0.455	0.386
6～7	0.446	0.399	0.442	0.395	0.426	0.378	0.415	0.366
8～11	0.420	0.388	0.416	0.383	0.400	0.366	0.389	0.354
12～20	0.397	0.378	0.394	0.374	0.378	0.357	0.366	0.345

3) 管道局部水头损失。管道局部水头损失应按式（3-22）计算，初步计算时，局部水头损失也可按沿程损失的 10%～15% 估算。

$$h_j = \xi \frac{v^2}{2g} \tag{3-22}$$

式中　h_j——局部水头损失，m；
　　　ξ——局部阻力系数；
　　　v——管道流速，m/s；
　　　g——重力加速度，9.81m/s²。

9. 水泵和动力设备选择

(1) 喷灌系统设计流量。选择水泵和动力，首先要确定喷灌系统的设计流量和设计水头。喷灌系统的设计流量应按式（3-23）计算，即

$$Q = \sum_{i=1}^{n_p} \frac{q_p}{\eta_G} \tag{3-23}$$

式中 Q——喷灌系统设计流量，m^3/h；

q_p——设计工作压力下的喷头流量，m^3/h；

n_p——同时工作的喷头数目；

η_G——管道系统水利用系数，一般取 0.95～0.98。

（2）喷灌系统的设计水头。喷灌系统的设计水头应按式（3-24）计算：

$$H = Z_d - Z_s + h_s + h_P + \sum h_f + \sum h_j \tag{3-24}$$

式中 H——喷灌系统设计水头，m；

Z_d——典型支管入口的地面高程，m；

Z_s——水源水面高程，m；

h_s——典型喷点的竖管高度，m；

h_P——典型喷点喷头的工作压力水头，m；

$\sum h_f$——由水泵进水管至典型支管入口之间管道的沿程水头损失，m；

$\sum h_j$——由水泵进水管至典型支管入口之间管道的局部水头损失，m。

确定了喷灌系统的设计流量和设计水头，即可选择水泵，再根据水泵的配套功率选配动力设备。电动机运行管理比较方便，应尽量采用电动机，但在电源供应不足的地区，可考虑采用柴油机。

10. 结构设计

结构设计应详细确定各级管道的连接方式，确定阀门、三通、四通、弯头等各种管件规格，绘制纵断面图、管道系统布置示意图及阀门井、镇墩结构等附属建筑结构图等。

（1）固定管道一般应埋设在地下，埋设深度应大于最大冻土层深度和最大耕作层深度，以防被破坏；在公路下埋深应为 0.7～1.2m，在农村机耕道下为 0.5～0.9m。

（2）固定管道的坡度应力求平顺、减少折点。一般管道纵坡应与自然地面坡度相一致。在连接地埋管和地面移动管的出地管上应设给水栓；在地埋管道阀门处应设置阀门井。

（3）管径 D 较大或有一定坡度的管道，应设置镇墩和支墩以固定管道，防止发生位移，支墩间距为 $(3\sim5)D$，镇墩设在管道转弯处或管长超过 30m 的管段。

（4）随地形起伏时，管道最高处应安装排气阀，在最低处安装泄水阀。

（5）应在干管、支管首端设置闸阀和压力表，以调节流量和压力，保证各处喷头都能在额定的工作压力下运行，必要时应根据轮灌要求布置节制阀。

（6）为避免温度和沉陷产生的固定管道损坏，固定管道上应设置一定数量的柔性接头。

（7）竖管高度以与作物的植株高度不阻碍喷头喷洒为最低限度，一般高出地面 0.5～2m。

（8）管道连接。硬塑料管的连接方式主要有扩口承插式、胶结黏合式、热熔连接式。扩口承插式是目前管道喷系统中应用最为广泛的一种形式。附属设备的连接一般有螺纹连接、承插连接、法兰连接、管箍连接、黏合连接等。在工程设计中，应根据附属设备维修、运行等情况来选择连接方式。公称直径大于 50mm 的阀门、水表、安全阀、进排气阀等多选用法兰连接；对于压力测量装置以及公称直径小于50mm的阀门、水表、安全阀等多选用螺纹连接。附属设备与不同材料管道连接时，需通过一段钢法兰管或一段带丝头的钢管与之连接，并应根据管材不同采用不同的方法。与塑料管连接时，可直接将法兰管或钢管与管道承插连接后，再与附属设备连接。

11. 技术经济分析

规划设计结束时，最后列出材料设备明细表，并编制工程投资预算，进行工程经济效益分析，为方案选择和项目决策提供科学依据。

任务五 喷灌工程规划设计示例

一、基本资料

1. 地理位置和地形

某小麦喷灌地块长 470m、宽 180m。地势平坦，有 1∶2000 地形图。

2. 土壤

土质为砂壤土，土质肥沃，田间允许最大含水率 23%（占干土重），允许最小含水率 18%（占干土重），土壤容重 $\gamma=1.36g/cm^3$；土壤允许喷灌强度 $[\rho]=15mm/h$，设计根区深度为 40cm，设计最大日耗水强度 4mm/d，管道水利用系数取 0.98，田间喷洒水利用系数 0.8。

3. 气候

暖温带季风气候，半干旱地区。年平均气温 13.5℃。无霜期大致在 200～220d 之间，农作物可一年两熟。日照时数为 2400～2600h，多年平均降水量 630.7mm，一般 6—9 月的降雨量占全年降水量的 70% 以上。灌溉季节风向多变，风速为 2m/s。

4. 作物

种植小麦和玉米，一年两熟，南北方向种植。其中小麦生长期为 10 月上旬至次年 6 月上旬，约 240d，全生长期共需灌水 4～6 次。

5. 水源

地下水资源丰富，水质较好，适于灌溉。地块中间位置有机井一眼，机井动水位埋深 24m，出水量 50m³/h。

6. 社会经济情况和交通运输

本地区经济较发达，交通十分便利，电力供应有保证，喷灌设备供应充足。

二、喷灌制度拟定

1. 设计灌水定额

设计灌水定额用式（3-8）计算。式中各项参数取值为：$\gamma=1.36g/cm^3$，$h=40cm$，$\beta_1=23\%$，$\beta_2=18\%$。则

$$m=0.1\gamma h(\beta_1-\beta_2)=0.1\times1.36\times40\times(23-18)=27.2(mm)$$

2. 设计喷灌周期

设计喷灌周期用式（3-9）计算。式中 $ET_d=4mm/d$，则

$$T = \frac{m}{ET_d} = \frac{27.2}{4} = 6.8(d)$$

取 7d。

三、喷灌系统选型

该地区种植作物为大田作物，经济价值较低，喷洒次数相对较少，确定采用半固定式喷灌系统，即干管采用地埋式固定PVC管道，支管采用移动比较方便的铝合金管道。

四、喷头选型与组合间距确定

1. 喷头选择

根据《喷灌工程技术规范》(GB/T 50085—2007)，粮食作物的雾化指标宜为3000～4000。

初选 ZY-2 型喷头，喷嘴直径 7.5/3.1mm，工作压力 0.25MPa（即 25m 水头），流量 3.92m³/h，射程 18.6m。用式（3-6）计算该类型喷头的雾化指标为

$$W_h = \frac{h_p}{d} = \frac{25}{0.0075} = 3333$$

满足作物对雾化指标的要求。

2. 组合间距确定

本喷灌范围灌溉季节风向多变，组合形式选用正方形组合，即两喷头的间距 a 和相邻两支管的间距 b 相等，又因为风速为 2m/s，查表3-8，取 $a=b=0.95R$，即

$$a = b = 0.95 \times 18.6 = 17.67(m)，取 a=b=18m$$

3. 设计喷灌强度

土壤允许喷灌强度 $[\rho]=15$mm/h，按照单支管多喷头同时全圆喷洒情况计算设计喷灌强度。

$$C_\rho = \frac{\pi}{\pi - (\pi/90)\arccos(a/2R) + (a/R)\sqrt{1-(a/2R)^2}} = 1.692$$

$$K_W = 1.12v^{0.302} = 1.12 \times 2^{0.302} = 1.381$$

$$\rho_s = \frac{1000q}{\pi R^2} = \frac{1000 \times 3.92}{\pi \times 18.6^2} = 3.61(mm/h)$$

$$\rho = K_W C_\rho \rho_s = 1.381 \times 1.692 \times 3.61 = 8.44(mm/h) < [\rho] = 15(mm/h)$$

设计喷灌强度满足土壤允许喷灌强度的要求。

五、管道系统布置

喷灌区域地形平坦，地块形状十分规则，中间位置有机井一眼。基于上述情况，拟采用干、支管两级分支。干管在地块中间位置东西方向穿越灌溉区域，两边分水，支管垂直干管，平行作物种植方向南北布置，每根支管布置5个喷头。系统平面布置图如图 3-14 所示。

六、喷灌工作制度拟定

1. 喷头在一个喷点上的喷洒时间

$$t = \frac{abm}{1000q\eta_p} = \frac{18 \times 18 \times 27.2}{1000 \times 3.92 \times 0.8} = 2.81(h)$$

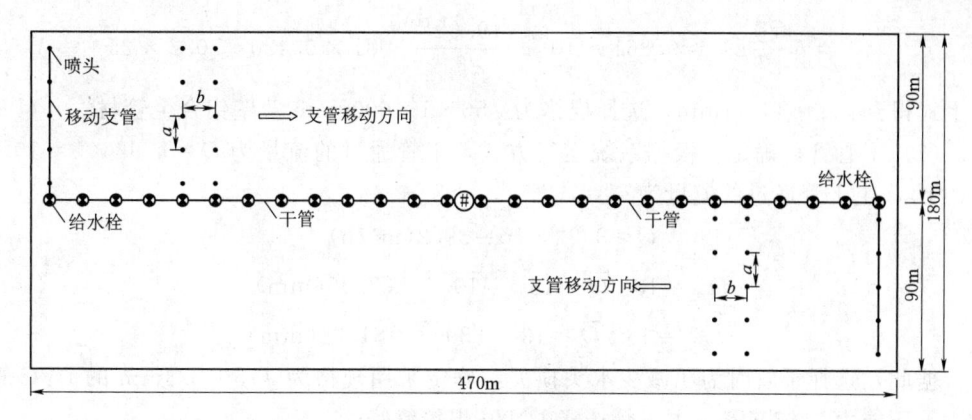

图 3-14 系统平面布置图

2. 喷头每日可工作的喷点数

设计日灌水时间 t_d 根据表 3-10 取值 12h，则喷头每日可工作的喷点数 n_d 为

$$n_d = \frac{t_d}{t} = \frac{12}{2.81} = 4.27(次)$$

取 4 次，这样每天的实际工作时间为 $4 \times 2.81 = 11.24h$，即 11 小时 14 分。

3. 每次需要同时工作的喷头数

$$n_p = \frac{N_P}{n_d T} = \frac{260}{4 \times 7} = 9.3(个)$$

取 10 个。

4. 每次需要同时工作的支管数

$$n_\text{支} = \frac{n_p}{n_\text{喷头}} = \frac{10}{5} = 2(根)$$

5. 运行方案

根据同时工作的支管数以及管道布置情况，决定在干管两侧分别同时运行一条支管，每一条支管控制喷灌区域一半面积，分别自干管两端起始向另一端运行。

七、管道水力计算过程

1. 管径的选择

（1）支管管径的确定。支管管径可按下式求解：

$$h_w + \Delta Z \leqslant 0.2 h_p$$

$$h_w = f \frac{Q_\text{支}^m}{d^b} L F$$

喷灌区域地形平坦，h_w 应为支管上第一个喷头与最末一个喷头之间的水头损失，支管长度 $L = 18 \times 4 + 9 = 81$ (m)，$\Delta Z = 0$；又因为支管为铝合金管，查表 3-11，$f = 0.861 \times 10^5$，$m = 1.74$，$b = 4.74$；查表 3-12，$F = 0.420$；支管流量 $Q_\text{支} = 3.92 \times 5 = 19.6$ (m³/h)，$h_p = 25$m，把数据代入公式

51

$$h_w = f\frac{Q_支^m}{d^b}LF = 0.861\times10^5 \times \frac{19.6^{1.74}}{d^{4.71}} \times 81 \times 0.420 \leqslant 0.2\times 25$$

解上式得到：$d=49.11\text{mm}$，选择规格为 $\phi50\times1\times6000\text{mm}$ 薄壁铝合金管材。

(2) 干管管径确定。根据系统运行方式，干管通过的流量为 $Q=3.92\times5=19.6$ (m^3/h)，主干管通过的流量为

$$Q=3.92\times10=39.2(\text{m}^3/\text{h})$$
$$D_干 = 13\sqrt{Q} = 13\times\sqrt{19.6} = 57.55(\text{mm})$$
$$D_{主干} = 13\sqrt{Q} = 13\times\sqrt{39.2} = 81.39(\text{mm})$$

据此，选择干管时为了减少水头损失，确定采用规格为 $\phi75\times2.3\text{mm}$ 的 PVC 管材，承压能力 0.63MPa；主干管选择 DN80 焊接钢管。

2. 管道水力计算

(1) 沿程水头损失。

1) 支管沿程水头损失。把支管长度 $L=81\text{m}$、$Q_支=19.6\text{m}^3/\text{h}$、$f=0.861\times10^5$、$m=1.74$、$b=4.74$、$F=0.420$ 代入式（3-20），支管沿程水头损失为

$$h_{支f} = f\frac{Q_支^m}{d^b}LF = 0.861\times10^5 \times \frac{19.6^{1.74}}{48^{4.74}} \times 81 \times 0.420 = 5.47(\text{m})$$

2) 干管沿程水头损失。干管为 PVC 管道，流量为 $19.6\text{m}^3/\text{h}$，长度 $L=225\text{m}$，查表 3-11，$f=0.948\times10^5$，$m=1.77$，$b=4.77$，数据代入式（3-19），则干管沿程水头损失为

$$h_{干f} = f\frac{Q_干^m}{d^b}L = 0.948\times10^5 \times \frac{19.6^{1.77}}{70.4^{4.77}} \times 225 = 6.36(\text{m})$$

3) 主干管沿程水头损失。主干管为 DN80 焊接钢管，流量为 $39.2\text{m}^3/\text{h}$，长度 L 按 35m 计算，查表 3-11，$f=6.25\times10^5$，$m=1.9$，$b=5.1$，则主干管沿程水头损失为

$$h_{主干f} = f\frac{Q_{主干}^m}{d^b}L = 6.25\times10^5 \times \frac{39.2^{1.9}}{80^{5.1}} \times 35 = 4.59(\text{m})$$

沿程水头总损失 $\sum h_f = 5.47+6.36+4.59 = 16.42(\text{m})$

(2) 局部水头损失。局部水头总损失 $\sum h_j = 0.1\sum h_f = 1.64$ (m)

八、水泵及动力选择

1. 设计流量

$$Q = Nq/\eta_G = 10\times3.92/0.98 = 40(\text{m}^3/\text{h})$$

2. 设计扬程

$$H = h_p + \sum h_f + \sum h_j + \Delta = 25+16.42+1.64+25 = 68.06(\text{m})$$

式中 Δ——典型喷头高程与水源水位差，喷头距地面高取 1m，动水位埋深 24m。

3. 选择水泵及动力

根据当地设备供应情况及水源条件，选择 175QJ40-72/6 深井潜水电泵，其性能参数见表 3-13。

表 3-13　　　　　　　　　　　　　水 泵 性 能 参 数 表

型 号	额定流量 /(m³/h)	设计扬程 /m	水泵效率 /%	出水口直径 /mm	最大外径 /mm	额定功率 /kW	额定电流 /A	电机效率 /%
175QJ40-72/6	40	72	70	80	168	13	30.1	80

九、管网系统结构设计

根据本喷灌工程的具体情况，$\phi 75 \times 2.3$mm PVC 管道之间连接采用 R 扩口胶圈连接，与给水栓三通之间采用热承插胶粘接。主干管 DN80 焊接钢管，一端与井泵出水口法兰连接，另一端通过变径三通与干管 $\phi 75 \times 2.3$mm PVC 管材连接。

主干管和干管三通分水连接处需浇筑镇墩，以防管线充水时发生位移。镇墩规格为 0.5m×0.5m×0.5m。首部管道高点安装空气阀，便于气体排出，也可以在停机时补充气体，截断管道水流，防止水倒流入井引起的电机高速反转。

考虑冻土层深度和机耕作业影响，要求地埋管道埋深 0.5m。出地管道上部安装给水栓下体，并通过给水栓开关与移动铝合金管道连接。

喷头、支架、竖管成套系统通过插座与铝合金三通管连接。

十、喷灌工程材料、设备用量

喷灌工程材料、设备用量见表 3-14。

表 3-14　　　　　　　　　　喷灌工程材料、设备用量

序号	材料、设备名称	规格型号	单位	数量
1	潜水电泵	175QJ40-72/6	套	1
2	控制器		套	1
3	首部连接系统	DN80	套	1
4	水压力表	1.0MPa	套	1
5	闸阀	DN80	只	1
6	空气阀	KQ42X-10	只	1
7	钢变径三通	$\phi 75 \times DN80 \times \phi 75$	只	1
8	PVC 管材	$\phi 75 \times 2.3$	m	450
9	给水栓三通	$\phi 75 \times 50$	只	24
10	给水栓弯头	$\phi 75 \times 50$	只	2
11	法兰截阀体	$\phi 50$	只	26
12	截阀开关	$\phi 50$	只	4
13	快接软管	$\phi 50 \times 3000$	根	4
14	铝合金直管	$\phi 50 \times 6000$	根	32
15	铝合金三通管	$\phi 50 \times 33 \times 6000$	根	20
16	铝合金堵头	$\phi 50$	只	4

续表

序号	材料、设备名称	规格型号	单位	数量
17	插座	$\phi 33$	只	20
18	竖管	$\phi 33 \times 1000$	根	20
19	支架	$\phi 33 \times 1500$	副	20
20	喷头 ZY-2	7.5/3.1	只	20

任务六 喷灌工程施工组织及安装

一、施工安装要求及准备

1. 施工安装要求

（1）深入现场，了解施工区情况，分析工作条件，编写施工计划。

（2）施工必须按批准的设计进行，需修改设计或变更工程材料时，应提前与设计单位协商研究，并经上级主管部门审批后实施。

（3）施工涉及工种较多，须加强协作，按工序有计划施工。

（4）全面了解专用设备结构特点及用途，严格按照技术要求安装。

（5）保证质量，按期完工。

2. 施工安装准备

（1）全面熟悉喷灌工程的设计文件。

（2）编制施工计划，包括施工人员组织、施工顺序、编制用工计划、编制材料、设备供应计划、明确进度、质量和安全措施。

（3）核查设备器材。

（4）施工与安装工具的准备。

二、工程施工与安装

1. 施工放线与土石方开挖

（1）施工放线。根据设计图纸标定的工程部位，按照由整体到局部、先控制后细部的原则放线。较大工程系统现场应设置施工测量控制网，并应保留到施工完毕。标定机组与设备安装位置，管线 70m 设计标桩，在分水、转弯、变位处加桩号。

（2）首部枢纽基础开挖。根据放线标桩、设计高程开挖土石方。

（3）管槽开挖。依照放线中心和设计槽底高程开挖，开挖槽口宽应大于 40cm，挖深上管线应低于常用农机耕作极限值深度。

地形有较大变化处，如管材弯曲弯转时，管沟应尽可能平滑过渡，做到弯曲顺畅。

沟底有不易清除的块石等坚硬物体或地基为岩石、半岩石或砾石时，应铲除至设计标高以下 0.15~0.2m，然后铺上砂土整平。

2. 首部枢纽的安装

由于泵房实际空间与设计安装结构不同，故在具体确定各部件所放位置后，再进行整体安装。

3. 管道安装、镇墩与阀门井施工

（1）管道安装。管道粘接连接应遵守下列规则：

1）粘接作业必须在无风沙条件下进行。

2）检查管材、管件质量，并准备如下工具：锯或切割机，锉，笔，尺，棉纱或干布，毛刷，润滑剂，拉紧器，塞尺。

3）粘接连接的管道，在施工中被切断时，需将插口处倒角。切断管材时，应保证断口平整且垂直管轴线。倒完角后，应将残屑清除干净。

4）管材或管件在黏合前，用棉纱或干布将承口内侧和插口外侧擦拭干净，使被粘接面保持清洁，无尘沙和水迹。当表面粘有油污时，需用棉纱蘸丙酮等清洁剂擦净。

5）工作暂停或休息时，一切管口均需用盖遮牢，以防不洁之物进入管内。水管装接完后尚未试压前，应将管身部分先行覆土以求保护。

（2）镇墩施工。

1）各级管道端点、弯头、三通及管道截面变化处均应设置混凝土镇墩；管道平面弯曲其角度大于10°的拐点两端2m以内应做混凝土镇墩；管道垂直弯曲角度大于5°的拐点两端5m以内及坡长大于30m的管道中点均应设置混凝土镇墩。

2）各镇墩处应夯实地基，特别是在斜坡外地基应可靠，以免镇墩下沉给管道产生附加重力而破坏管道。

3）各镇墩受力面不应小于900cm^2，镇墩四周的土层必须加以夯实。

4）排气阀、放水阀等处必须做可卸式固定。

【案例3-4】 2020年，宁夏吴忠国家农业科技园的1000亩地苜蓿田，头茬只收了60t苜蓿。其症结在于，这1000亩田虽然配备了全自动的圆形喷灌机，设备转圈半径有400多米，上面安装了160多个喷头，但是每个喷头的喷嘴直径、工作压力、喷水量没有进行科学配置，这就让靠近喷灌机转动圆心点的前几跨灌水偏多，而往外的几跨又灌水不足，造成"内涝外旱"的情况。根据当地气候、调蓄水池容积、喷灌机覆盖区地形、供水泵运行状况等一系列参数，中国农业大学教授严海军帮助科技园草场重新配置了圆形喷灌机喷头，大大提高了喷灌均匀性，让每一亩苜蓿灌水量接近，都能受到"公平对待"。他还根据苜蓿不同生育期的需水量，调整喷灌机运转速度。其结果是，原本产量应该低于第一茬收割的第二茬，竟然收了140多吨干草，比第一茬还多了80多吨，按2500元/t的干草收购价格，可增收20万元以上。

【分析】 作为农业大国，我国很多缺水地区都修建了全自动的喷灌机，但如果选型不当、配置不合理，或者水压不合适，不仅浪费水，还可能造成减产。作为水利工程技术人员，大家应学习严海军教授的精神，充分利用自己所学的专业技能，投身乡村振兴事业，在农业技术攻关上追求精益求精，贡献自己的力量。

任务七　喷灌工程运行管理

一、一般规定

（1）喷灌工程必须对每种设备按产品说明书规定和设计条件分别编制正确的操作规程和运行要求。

（2）喷灌工程应按设计工作压力要求运行。

（3）喷灌工程应在设计风速范围内作业。

（4）应认真做好运行记录，内容应包括：设备运行时间、系统工作压力和流量、能源消耗、故障排除、收费、值班人员及其他情况。

二、动力机的运行管理

（1）电动机启动前应进行检查，并应符合下列要求：

1）电气接线正确，仪表显示正位。

2）转子转动灵活，无摩擦声和其他杂音。

3）电源电压正常。

（2）电动机应空载（或轻载）启动，待电流表示值开始回降方可投入运行。

（3）电动机正常工作电流不应超过额定电流；如遇电动机温度骤升或其他异常情况，应立即停机排除故障。

（4）电动机外壳应接地良好。配电盘配线和室内线路应保持良好绝缘。电缆线的芯线不得裸露。

（5）电动机运行除应符合以上规定外，尚应执行《农村低压电力技术规程》（DL/T 499—2001）的有关规定。

（6）柴油机启动前应进行检查，并应符合下列要求：

1）零部件完整，连接紧固。

2）机油油位适中，冷却水和柴油充足，水路、油路畅通。

3）用辅机启动的柴油机，辅机工作可靠。

（7）柴油机的用油应符合要求，严禁使用未经过滤的机油和柴油。

（8）柴油机经多次操作不能启动或启动后工作不正常，必须排除故障后再行启动。

（9）对于水冷式柴油机，启动后应急速预热，然后缓慢提高转速，宜在冷却水温度达到60℃以上、机油温度达到45℃时满负荷运转。

（10）柴油机运转中，仪表显示应稳定在规定范围内，无杂音，不冒黑烟。

（11）严禁取下柴油机空气滤清器启动和运行，严禁在超负荷情况下长时间运转。

（12）柴油机事故停车时，除应查明事故原因和排除故障外，尚应全面检查各零部件及其连接情况，待确认无损坏、连接紧固时，方可按柴油机启动步骤重新启动。

（13）柴油机正常停车时，应先去掉负荷，并逐渐降低转速。对于水冷式柴油机，宜在水温下降到70℃以下停车。当环境温度低于5℃，停车后水温降低到30~40℃时方可放净冷却水。

(14) 柴油机应定期检查调速器。若发生飞车，可松开减压拉杆或高压油管接头，或堵死空气滤清器，强行停车。

三、水泵的运行管理

(1) 水泵启动前应进行检查，并应符合下列要求：

1) 水泵各紧固件无松动。

2) 泵轴转动灵活，无杂音。

3) 填料压盖或机械密封弹簧的松紧度适宜。

4) 采用机油润滑的水泵，油质洁净，油位适中。

5) 采用真空泵充水的水泵，真空管道上的闸阀处于开启位置。

6) 水泵吸水管进口和长轴深井泵、潜水电泵进水节的淹没深和悬空高达到规定要求。

(2) 潜水电泵严禁用电缆吊装入水。

(3) 自吸离心泵第一次启动前，泵体内应注入循环水，水位应保持在叶轮轴心线以上。若启动3min不出水，必须停机检查。

(4) 长轴深井泵启动前，应注入适量的预润水，对用于静水位超过50m的长轴深井泵，应连续注入预润水，直至深井泵正常出水。相邻两次启动的时间间隔不得少于5min。

(5) 离心泵应关阀启动，待转速达到额定值并稳定时，再缓慢开启闸阀。停机时应先缓慢关阀。

(6) 水泵在运行中，各种仪表读数应在规定范围内。填料处的滴水宜调整在每分钟10～30滴。轴承部位温度宜在20～40℃，最高不得超过75℃。运行中如出现较大振动或异常现象，必须停机检查。

四、调压罐的运行管理

(1) 调压罐运行前应进行检查，并应符合下列要求：

1) 传感器、电接点压力表等自控仪器完好，线路正常，压力预置值正确。

2) 控制阀门启闭灵活，安全阀、排气阀动作可靠。

3) 充气装置完好。

(2) 运行中必须经常观察罐体各部位，不得有泄气、漏水现象。

五、施肥装置的运行管理

(1) 施肥装置运行前应进行检查，并应符合下列要求：

1) 各部件连接牢固，承压部位密封。

2) 压力表灵敏，阀门启闭灵活，接口位置正确。

(2) 应按需要量投肥，并按使用说明进行施肥作业。

(3) 施肥后必须利用清水将系统内的肥液冲洗干净。

六、过滤器的运行管理

(1) 过滤器运行前应进行检查，并应符合下列要求：

1) 各部件齐全、紧固，仪表灵敏，阀门启闭灵活。

2) 开泵后排净空气，检查过滤器，若有漏水现象应及时处理。

(2) 对于旋流水砂分离器，在运行期间应定时进行冲洗排污。

(3) 对于筛网、砂、叠片式过滤器，当前后压力表压差接近最大允许值时，必须冲洗排污。

(4) 对于筛网和叠片式过滤器，如冲洗后压差仍接近最大允许值，应取出过滤元件进行人工清洗。

(5) 对于砂过滤器，反冲洗时应避免滤砂冲出罐外，必要时应及时补充滤砂。

七、移动管道的运行管理

(1) 管道使用前应逐节进行检查，管和管件应齐全、清洁、完好；止水橡胶圈应洁净、具有弹性。

(2) 管道的铺设应从进水口开始逐级进行。管接头的偏转角不应超过规定值。竖管应稳定直立。

(3) 运行中管道不应漏水。

(4) 支管移位应按轮灌次序进行。在前一组（或几组）支管运行时，应安装好后一组（或几组）支管。轮换时，支管阀门应先开后关。

(5) 管道搬移前，应放掉管内积水，拆成单根。搬移时，严禁拖拉、滚动和抛掷。软管应盘卷搬移。

(6) 在拆装、搬移金属管道时，严禁触及输电线路。

八、喷头的运行管理

(1) 喷头安装前应进行检查，并应符合下列要求：

1) 零件齐全，连接牢固，喷嘴规格无误。

2) 流道通畅，转动灵活，换向可靠。

(2) 喷头运转中应进行巡回监视，发现下列情况应及时处理：

1) 进口连接部位和密封部位漏水。

2) 不转或转速过快、过慢。

3) 换向失灵。

4) 喷嘴堵塞或脱落。

5) 支架歪斜或倾倒。

(3) 喷射水流严禁射向输电线路。

【案例3-5】 对于距离海南岛以及大陆腹地十分遥远的南海诸岛来说，使用珍贵的天然淡水是一件奢侈的事情。倘若你来三沙永兴岛上看一看，便会惊讶于这里不少的草坪使用的是循环处理过的中水进行喷灌。三沙市环保中心负责污水处理运行的工作人员潘某表示："岛上为了保护环境，也不会再抽取地下水用了。在这里，污水主要是处理成中水。岛上水资源本来就比较少，所以处理好的中水基本上都用于绿化灌溉等用途。"

【分析】 利用污水喷灌是将污水处理与农业用水结合起来的一种污水处理方式，同时又是一种开源节流的灌溉方式。废水的合理回收利用既能减少水环境污染，实现水生态的良性循环，又可以缓解水资源紧缺的矛盾，是贯彻可持续发展的重要措施。因此，必须重视污水处理工作，科学治理水污染，使生活污水处理后能够循环利用，达到节约资源、保护生态环境的目的。

【能力训练】

1. 喷灌的概念及特点是什么？
2. 喷灌系统分为哪几个部分？
3. 喷头的作用是什么？如何进行喷头的选择？
4. 喷灌系统在运行时必须满足一定的技术要求才能保证喷灌的质量，喷灌质量控制的参数有哪些？
5. 喷灌系统的喷灌强度如何计算？
6. 什么是喷灌均匀度？
7. 喷灌系统规划设计的内容有哪些？
8. 管道系统总体布置的原则是什么？影响因素有哪些？
9. 喷灌灌溉制度包括哪些内容？如何进行确定？
10. 管道如何选择？
11. 喷灌工程的施工步骤是什么？
12. 如何进行喷灌工程的运行管理？

【知识链接】

1. 喷灌视频 1 和喷灌视频 2

喷灌视频 1   喷灌视频 2

项目四

微灌工程技术

学习目标

通过学习微灌工程的组成和类型、微灌工程规划设计、微灌工程施工及运行管理等内容，让学生了解微灌工程的优缺点，学会设计滴灌、微喷灌等微灌工程的基本步骤，掌握微灌工程的施工和管理基本知识。在学习过程中领会"忠诚、干净、担当，科学、求实、创新"的新时代水利精神，培养吃苦耐劳、爱岗敬业、诚实守信的工作态度。

学习任务

1. 了解微灌工程的优缺点。
2. 掌握微灌工程的组成、类型。
3. 掌握微灌系统主要设备。
4. 掌握微灌工程规划设计。
5. 掌握微灌工程施工和管理。

任务一 微灌工程概述

[4.1] 微灌工程概述

一、微灌的定义

《微灌工程技术标准》（GB/T 50485—2020）对微灌的定义是：微灌是通过管道系统与安装在末级管道上的灌水器，将水和植物生长所需的养分以较小的流量，均匀、准确地直接输送到植物根部附近土壤的一种灌水方法。与传统的全面积湿润的地面灌和喷灌相比，微灌只以较小的流量湿润作物根区附近的部分土壤，因此，又称为局部灌溉技术。

二、微灌的组成

微灌系统由水源、首部枢纽、输配水管网和灌水器以及流量、压力控制部件和量测仪表等组成，如图4-1所示。

1. 水源

河流、湖泊、塘堰、沟渠、井泉等，只要水质符合微灌要求，均可作为微灌的水源。为了充分利用各种水源进行灌溉，往往需要修建引水、蓄水和提水工程，以及相应的输配电工程，这些通称为水源工程。

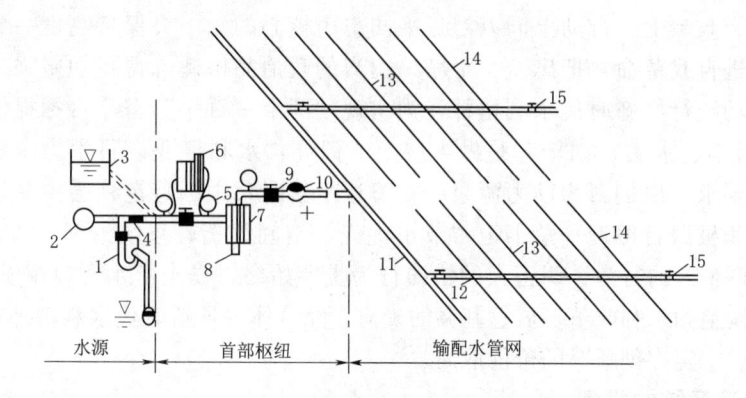

图 4-1 微灌系统示意图

1—水泵；2—供水管；3—蓄水池；4—逆止阀；5—压力表；6—施肥罐；7—过滤器；8—排污管；
9—阀门；10—水表；11—干管；12—支管；13—毛管；14—灌水器；15—冲洗阀门

2. 首部枢纽

微灌工程的首部枢纽是集中安装在微灌系统入口处的过滤器、施肥（药）装置及量测、安全和控制设备的总称。首部枢纽担负着整个系统的驱动、检测和调控任务，是全系统的控制调度中心，其作用是从水源取水增压并将其处理成符合微灌要求的水流送到微灌系统中去。

3. 输配水管网

输配水管网的作用是将首部枢纽处理过的水按照要求输送分配到每个灌水单元和灌水器。输配水管网一般包括干管、支管和毛管三级管道，毛管是直接向灌水器配水的管道，是微灌系统的最末一级管道，其上安装或连接灌水器；支管是直接向毛管配水的管道；干管是向支管供水的管道。

4. 灌水器

灌水器是微灌系统末级出流装置，是微灌设备中最关键的部件，是直接向作物施水的设备，其作用是消减压力，将水流变为水滴或细流或喷洒状施入土壤，包括滴头、滴灌带、滴灌管、微喷头、微喷带、渗灌管等，灌水器多数是用塑料制成的。

【案例 4-1】《微灌工程技术标准》（GB/T 50485—2020）规定：

（1）微灌水质应符合现行国家标准《农田灌溉水质标准》（GB 5084）的有关规定。

（2）灌水器应根据水质情况分析评价其堵塞的可能性，并根据分析结果对水质做相应处理。

（3）进入微灌管网的水不应含有油类等物质。

标准中对水质的高要求规定，对我们带来哪些启示？

【分析】《微灌工程技术标准》（GB/T 50485—2020）中对水质的高要求，是为了保障微灌系统的正常运行，正如新时代水利精神"忠诚、干净、担当、科学、求实、创新"对水利人的精神引领和行为约束。"忠诚、干净、担当"是做人层面的倡导，水利人以忠诚为政治品格，以干净为道德底线，以担当为职责所在。水利人要自觉在思想上、政治上、行动上同以习近平同志为核心的党中央保持高度一致，牢记初心使命，推进自我革命，把忠诚、干净、担当的政治品格锤炼得更加坚强，以干事创业的实际行动践行好新时代水利精神，为实现"两个一百年"奋斗目标提供坚实的水利保障。"科学、求实、创新"是做事层面的倡导，水利事业以科学为本质特征，以求实为作风要求，以创新为动力源泉。在习近平新时代中国特色社会主义思想的引领下，水利部积极践行习近平总书记"节水优先、空间均衡、系统治理、两手发力"治水思路，把调整人的行为、纠正人的错误行为贯穿始终，提出了水利改革发展总基调。治水思路的调整和水利改革发展总基调的确立，充分体现了新时代水利精神在做事层面倡导"科学、求实、创新"的价值取向。

三、微灌系统的类型

微灌系统一般可根据配水管道在灌水季节中是否移动及灌水器不同来分类。

1. 根据配水管道在灌水季节中是否移动，微灌系统可分为固定式、半固定式和移动式

（1）固定式微灌系统。各个组成部分在整个灌水季节都是固定不动的，干管、支管一般埋在地下，根据条件，毛管有的埋在地下，有的放在地表或悬挂在离地面一定高度的支架上。固定式微灌系统常用于经济价值较高的经济作物。

（2）半固定式微灌系统。首部枢纽及干、支管是固定的，毛管连同其上的灌水器是可以移动的。根据设计要求，一条毛管可以在多个位置工作。

（3）移动式微灌系统。各组成部分都可移动，在灌溉周期内按计划移动安装在灌区内不同的位置进行灌溉。移动式微灌系统提高了微灌设备的利用率，降低了单位面积微灌的投资，但操作管理比较麻烦，适合在经济条件较差的地区使用。

2. 根据灌水器的不同，微灌系统可分为滴灌、微喷灌、涌灌以及渗灌等

（1）滴灌。滴灌是利用专门灌溉设备，灌溉水以水滴状流出而浸润植物根区土壤的灌水方法，如图4-2、图4-3所示。

图4-2 滴灌 　　　　　图4-3 大棚滴灌

由于滴头的流量很小，而且只湿润滴头所在位置的土壤，所以它是目前干旱缺水地区最有效的一种节水灌溉方式，水的利用率可达95%。滴灌较喷灌具有更好的节水效果，同时可以结合施肥，提高肥效1倍以上，其不足之处是滴头易结垢和堵塞，因此应对水源进行严格的过滤处理。

滴灌适用于果树、蔬菜、经济作物以及温室大棚灌溉，在干旱缺水的地方也可用于大田作物灌溉，有条件的地区应积极发展滴灌。

（2）微喷灌。微喷灌又称微型喷洒灌溉，是利用专门灌溉设备将有压水送到灌溉地块，通过安装在末级管道上的微喷头（流量不大于250L/h）进行喷洒灌溉的方法，如图4-4~图4-8所示。

图4-4 微喷灌（果园）

图4-5 微喷灌（温室蔬菜）

图4-6 微喷灌（大棚花卉）

图4-7 微喷灌（草坪）

微喷灌是介于喷灌与滴灌之间的一种灌水方式，与喷灌相比，微喷灌的工作压力较小，可节约能源、节省设备投资，又可结合灌溉为作物施肥，提高肥效；与滴灌相比，微喷灌的湿润面积较大，流量和孔口较大，不易堵塞。所以，微喷灌是扬喷灌和滴灌之所长，避其所短的一种理想的灌溉方式。其主要适用于果园、经济作物、苗圃、草坪、温室和花卉等的灌溉。

图4-8 微喷灌（育秧）

（3）涌灌。涌灌又称涌泉灌溉、小管出流，是利用流量调节器稳流和小管分散水流或利用小管直接分散水流实施灌溉的灌水方法，如图4-9所示。

涌灌的灌水流量较大（但一般也不大于220L/h），远远超过土壤的渗吸速率，因此通常需要筑沟埂形成小水洼来控制水量的分布。适用于地形平坦的地区，其特点是工作压力小，与低压管道输水的地面灌溉相近，出流孔口较大，不易堵塞。

(4) 渗灌。渗灌，即地下灌溉，是利用地下管道将灌溉水输入田间埋于地下一定深度的渗水管道或鼠洞内，借助土壤毛细管作用湿润土壤的灌水方法，如图4-10所示。

图 4-9　涌灌　　　　　　　　　　图 4-10　渗灌

渗灌的优点是减少了地表的水分蒸发，最节约用水量，还可以节省劳动力、增产、提高产品的品质。但是渗灌的主要问题是渗水的小孔容易发生堵塞，很难克服。

四、微灌的特点

微灌可以非常方便地将水灌到每一株植物附近的土壤，经常维持较低的水应力满足作物生长要求。微灌还具有以下诸多优点。

1. 省水

微灌按作物需水要求适时适量地灌水，仅湿润根区附近的土壤，因而显著减少了灌溉水损失。微灌一般比地面灌溉省水1/3～1/2，比喷灌省水15%～25%。

2. 省工

微灌是管网供水，操作方便，劳动效率高，而且便于自动控制，因而可明显节省劳力；同时微灌是局部灌溉，大部分地表保持干燥，减少了杂草的生长，也就减少了用于除草的劳力和除草剂费用；肥料和药剂可通过微灌系统与灌溉水一起直接施到根系附近的土壤中，不需人工作业。

3. 节能

微灌灌水器的工作压力一般为50～150kPa，比喷灌低得多，又因微灌比地面灌省水，对提水灌溉来说意味着减少了能耗（结合天源新能源的光伏提水系统，节水效果更佳，还可以在偏远无市电区域进行提水灌溉）。

4. 灌水均匀

微灌系统能够做到有效地控制每个灌水器的出水流量，因而灌水均匀度高，一般可达85%以上。

5. 增产

微灌能适时、适量地向作物根区供水供肥，为作物根系活动层土壤创造良好的水、热、气、养分环境，因而可实现高产稳产，提高产品质量。

6. 对土壤和地形的适应性强

微灌采用压力管道将水输送到每棵作物的根部附近，可以在任何复杂的地形条件下有效工作。

但是，微灌系统投资一般要远高于地面灌；灌水器出口很小，易被水中的矿物质或有机物质堵塞，如果使用维护不当，会使整个系统无法正常工作，甚至报废。

【案例 4-2】 随着社会经济条件的显著提高和喷微灌等高效节水灌溉技术示范试点的扩大，喷微灌获得了各级政府和广大农户的认同，进入快速发展期，特别是在我国北方缺水地区应用更为普遍。在我国南方多雨地区，水资源量比较丰富，农户对"节水"往往并不看重，但浙江省在2009年就将喷微灌推广应用作为今后一个时期农田水利建设的重点，并制定《浙江省百万亩喷微灌工程建设规划》和《浙江省"千万亩十亿方节水工程"规划（2010—2015年）》等规划文件，要把喷微灌技术推广应用当作当前和今后水利服务"三农"的重要举措来抓，以促进农业增效、农民增收。

【分析】 喷微灌技术的最大进步是使农田灌溉从传统的人工作业变成半机械化、机械化，甚至自动化作业，加快了农业现代化进程。一方面，喷微灌技术的应用能够提高劳动生产率、提高土地产出率、扩大灌溉面积、提高灌溉保证率、促进农民增收和粮食安全，对解决我国南方地区耕地资源紧缺、农业劳动力成本高、消费要求较高、水资源供需矛盾等问题意义重大。另一方面，我国南方推广喷微灌技术的条件总体上已经具备：首先，南方地区经济较发达，近些年现代农业发展迅速，特色经济作物种植面积不断扩大，农业生产正在从传统农业向现代农业转型，规模化、集约化不断加强，具备了喷微灌发展的农业生产条件；其次，我国喷微灌设施设备生产也有了长足发展，产品类型趋于多样化，产品质量也有较大提高，为喷微灌的快速发展提供了产品保障；再次，各地多年的试点及推广，使喷微灌已逐步为群众所接受，并建立了较完备的技术人才队伍。

任务二 微灌系统主要设备

一、首部枢纽

首部枢纽是集中安装在微灌系统入口处的过滤器、施肥（药）装置及量测、安全和控制设备的总称，一般由取水阀、止回阀、进排气阀、量测装置、施肥器、过滤器等部分组成。图 4-11 所示是一种简单的首部枢纽图。

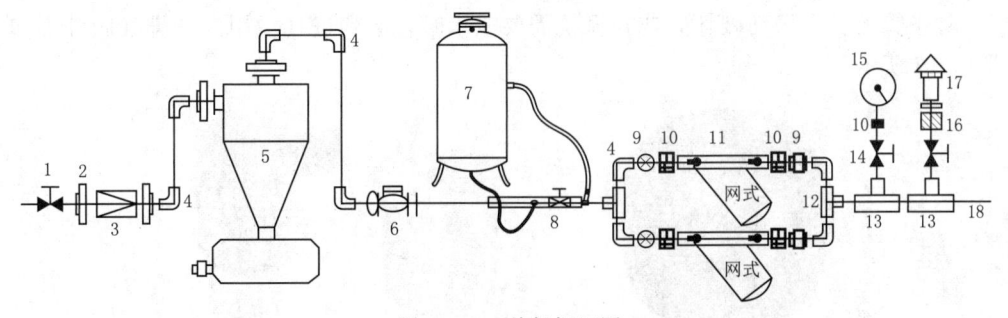

图 4-11 首部枢纽图

1—闸阀；2—法兰盘；3—止回阀；4—弯头；5—离心过滤器；6—螺翼水表；7—压差式施肥罐；8—施肥阀；9—活接头；10—内丝接头；11—筛网过滤器；12—正三通；13—异径三通；14—球阀；15—压力表；16—外丝接头；17—进排气阀；18—干管

1. 取水阀

取水阀起打开取水和闭合断水的作用，常用的取水阀类型有闸阀、蝶阀、球阀等，材质有铸铁、钢质、塑料等。微灌工程中常用的取水阀有以下几种。

（1）闸阀。闸阀具有开启和关闭力小，对水流的阻力小，并且水流可以两个方向流动等优点，但结构比较复杂。50mm以上的阀门多用法兰连接，50mm及以下的阀门用螺纹连接。闸阀外形如图4-12所示。

（2）蝶阀。蝶阀具有结构简单、体积小、重量轻、材料耗用省、安装尺寸小、开关迅速、90°往复回转、驱动力矩小等特点，用于截断、接通、调节管路中的水流，具有良好的流体控制特性和关闭密封性能。蝶阀外形如图4-13所示。

（3）球阀。球阀在微灌系统中应用广泛，主要用在支管进口处。球阀构造简单，体积小，对水流的阻力也小，缺点是如果开启动作太快会在管道中产生水锤。因此在微灌系统的主干管上不宜采用球阀，但可在干、支管末端装上球阀做冲洗之用，其冲洗排污效果好。球阀外形如图4-14所示。

图4-12 闸阀 　　　图4-13 蝶阀 　　　图4-14 球阀

2. 止回阀

止回阀也叫逆止阀或单向阀，水流只能沿一个方向流动。当切断水流时，其用于防止含有肥料的水倒流进水源，还可防止水流倒流引起水泵叶轮倒转，进而保护水泵。止回阀外形如图4-15所示。

3. 进排气阀

进排气阀也叫空气阀，一般安装在微灌系统的最高处，用于放出管网中积累的空气，防止管道发生振动破坏，或在系统需要泄水时，起到进气作用。进排气阀外形如图4-16所示。

图4-15 止回阀 　　　图4-16 进排气阀

4. 量测装置

（1）水表。微灌工程中常用水表来计量管道输水流量大小和计算灌溉用水量的多少。水表一般安装在首部枢纽中过滤器之后的干管上。设计时，根据微灌系统的设计流量大小，选择大于或接近额定流量的水表为宜，绝不能单纯以输水管径大小来选定水表口径，否则，容易造成水表的水头损失过大。

微灌工程中常用的水表有旋翼式水表和螺翼式水表两种。这两种水表的外形、工作水温、允许最大工作压力基本相同，不同之处主要在于：在同样口径个工作压力条件下，螺翼式水表通过的流量比旋翼式水表大 1/3 左右，且水头损失和水表体积都比旋翼式小。水表外形如图 4-17 所示。

（2）压力表。微灌系统中经常使用弹簧管压力表测量管路中的水压力。压力表内有一根椭圆形截面的弹簧管，管的一端固定在插座上并与外部接头相通，另一端封闭并与连杆和扇形齿轮连接，可以自由移动。当被测液体进入弹簧内时，在压力作用下弹簧管的自由端产生位移，这位移使指针偏移，指针在度盘上的指示读数就是被测液体的压力值。测正压力的表称为压力表，测负压力的表称为真空表。压力表外形如图 4-18 所示。

图 4-17　水表 　　　图 4-18　压力表

5. 施肥器

微灌系统中常用的施肥装置有压差式施肥罐、文丘里施肥器、比例施肥泵等。

（1）压差式施肥罐。压差式施肥罐由储液罐、进水管、输水管、调压阀门等部分组成，如图 4-19 所示。

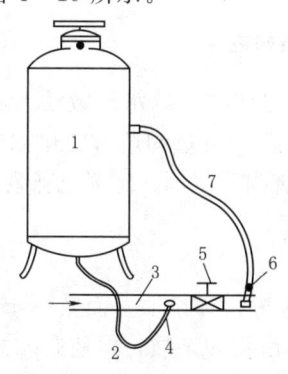

图 4-19　压差式施肥罐

1—储液罐；2—进水管；3—输水管；4—阀门；5—调压阀门；6—供肥管阀门；7—供肥管

压差式施肥罐施肥工作原理与操作过程是：待微灌系统正常运行后，首先把可溶性肥料或肥料溶液装入"1—储液罐"内，然后把罐口封好，关紧罐盖。接通"7—供肥管"并打开其上的"6—供肥管阀门"，再接通"2—进水管"并打开"4—阀门"，此时肥料罐的压力与灌溉输水管道的压力相等。然后关小微灌输水管道上的"5—调压阀门"，使其产生局部阻力水头损失，从而导致阀后输水管道内压力变小，阀前管道内压力大于阀后管道压力，形成一定压差（即"4—阀门"处压力大于"6—供肥管阀门"，可根据施肥量要求调整"5—调压阀门"），受压力控制罐中肥料通过"7—供肥管"进入阀后输水管道中，此时造成化肥罐压力降低，因而阀前管道中的灌溉水由"2—进水管"进入化肥罐内，而罐中肥料溶液又通过输液管进入微灌管网及所控制的每个灌水器，如此循环运行，化肥罐内肥料浓度降至接近零时，即需重新添加肥料或肥溶液，继续施肥。

压差式施肥罐的优点是，加工制造简单，成本较低，不需外加动力设备。其缺点是：溶液浓度变化大，无法实时控制；罐体容积有限，添加肥料次数频繁且较麻烦，输水管道因设有调压阀而调压造成一定的水头损失。

（2）文丘里施肥器。文丘里施肥器可与开敞式肥料罐配套组成一套施肥装置。其构造简单，造价低廉，使用方便，主要适用于小型微灌系统。文丘里施肥器的缺点是如果直接装在骨干管道上注入肥料，则水头损失较大，这个缺点可以通过在管路中并联一个文丘里施肥器来克服。文丘里施肥器构造如图4-20所示。

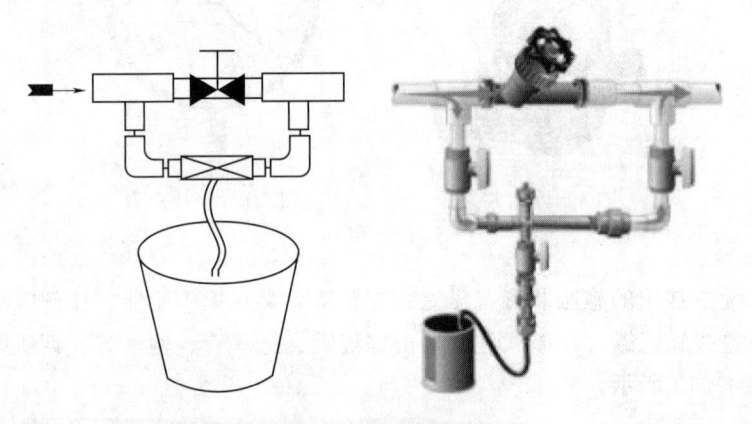

图4-20 文丘里施肥器构造

（3）比例施肥泵。比例施肥泵的特点是：不用电驱动，以水压做动力，肥料的溶液剂量与进入设备的水量严格成比例，无论流经管路的流量和压力变化如何，注入的溶液剂量总是与流经水管的水量成比例，外部可灵活调节比例。比例施肥泵如图4-21所示。

6. 过滤器

微灌技术要求灌溉水中不含造成灌水器堵塞的污物和杂质，而实际上任何水源，如湖泊、库塘、河流和沟溪水中，都不同程度含有污物和杂质，即使是水质良好的井水，也会含有一定数量的砂粒和可能产生化学沉淀的物质。因此对灌溉水进行严格的过滤是微灌工程中首要的步骤，是保证微灌系统正常运行、延长灌水器使用寿命和保证灌水质量的关键措施。

微灌系统中常用的过滤设备有砂石过滤器、离心过滤器、网式过滤器、叠片过滤器等。在选配过滤设备时，主要根据灌溉水源的类型、水中污物种类、杂质含量等，同时考虑所采用的灌水器的种类、型号及流道端面大小等来综合确定。

（1）砂石过滤器。砂石过滤器主要用于水库、塘坝、沟渠、河湖及其他开放水源，可分离水中的水藻、漂浮物、有机杂质及淤泥。砂石过滤器外形如图 4-22 所示。

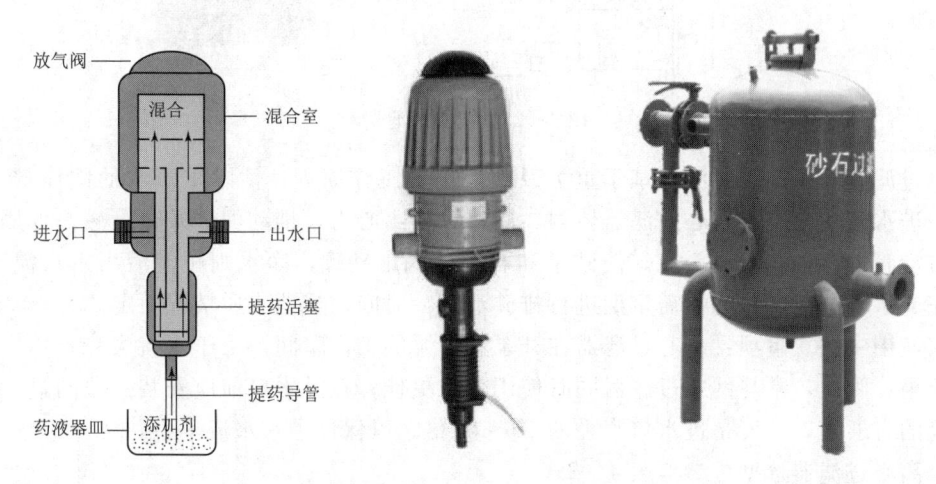

图 4-21　比例施肥泵　　　　图 4-22　砂石过滤器外形

过滤原理：砂石过滤器是通过均质颗粒层进行过滤的，其过滤精度视砂粒大小而定。过滤过程为：水从壳体上部的进水口流入，通过在介质层孔隙中的运动向下渗透，杂质被隔离在介质上部。过滤后的净水经过过滤器里面的过滤元件进入出水口流出。选用时，可以单独使用，也可和其他过滤器组合使用。

使用中应注意事项：要严格按设计流量使用，过大的流量可造成砂床流道效应，导致过滤精度下降；过滤器的清洗通过反冲洗装置进行，砂床表面的最污染层，应用干净砂粒代替，视水质情况而定，一年处理 1~4 次。砂石过滤器的选型参考表 4-1。

表 4-1　　　　　　　　砂石过滤器选型参数

规格型号	连接接口	流量/(m³/h)	外形尺寸/(mm×mm×mm)	质量/kg
50mm	50 螺纹	5~17	600×800×1520	120
80mm	80 法兰	10~35	950×2200×2100	250
100mm	100 法兰	30~70	1900×2200×2100	480
150mm	150 法兰	50~100	2600×2200×2100	780
200mm	200 法兰	80~140	3300×2200×2100	1150

（2）离心过滤器。离心过滤器主要用于含砂水流的初级过滤，可分离水中的砂子和石块。在满足过滤要求的条件下，分离效果：60~150 目砂石 98%~92%。离心过滤器如图 4-23 所示。

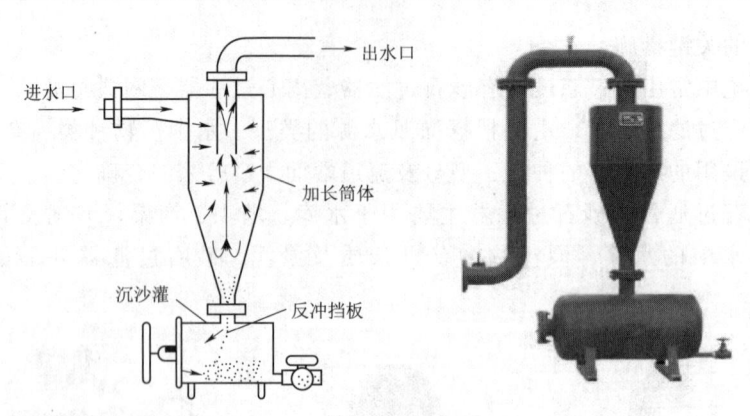

图 4-23 离心过滤器

过滤原理：此类过滤器基于重力及离心力的工作原理，清除重于水的固体颗粒。水由进水管切向进入离心过滤器体内，旋转产生离心力，推动泥砂及密度较高的固体颗粒沿管壁移动，形成旋流，使砂子和石块进入集砂罐，净水则顺流沿出水口流出，即完成水砂分离。过滤器需定期进行排砂清理，时间按当地水质情况而定。

使用中注意事项：离心过滤器在开泵和停泵的工作瞬间，由于水流失稳，影响过滤效果，因此，常与网式过滤器同时使用效果更佳；在进水口前应安装一段与进水口等径的直通管，长度是进水口直径的10~15倍，以保证进水水流平稳。

离心过滤器选型可参考表4-2。

表 4-2　　　　　　　　　　离心过滤器选型参数

规格型号	连接接口	流量/(m³/h)	外形尺寸/(mm×mm×mm)	质量/kg
25mm	25 螺纹	1~8	420×250×550	9
50mm	50 螺纹	5~20	500×300×830	21
80mm	80 法兰	10~40	800×500×1320	51
100mm	100 法兰	30~70	950×600×1700	90
125mm	125 法兰	60~120	1350×1000×2400	180
150mm	150 法兰	80~160	1400×1000×2600	225

（3）网式过滤器。网式过滤器是用筛网滤除灌溉水中杂质的设备，是一种简单而有效的过滤设备，造价也较低，在国内外的微灌系统中使用最为广泛。网式过滤器如图4-24所示。

网式过滤器的种类繁多，如果按安装方式，有立式与卧式两种；按制造材料，有塑料和金属两种；按清洗方式，又有人工清洗和自动清洗两种；按封闭与否则有封闭式和开敞式两种。网式过滤器主要由进水口，滤网、出水口和排污冲洗口等部分组成，安装时，应注意水流方向与过滤器的安装方向一致。

图 4-24 网式过滤器

网式过滤器主要用于过滤灌溉水中的粉粒、砂和水垢等污物,尽管它也能用来过滤含有少量有机污物的灌溉水,但有机物含量稍高时过滤效果很差,尤其是当压力较大时,大量的有机污物会"挤"透过滤网而进入管道,造成微灌系统与灌水器的堵塞。

网式过滤器选型可参考表 4-3。

表 4-3　　　　　　　　　网式过滤器选型参数

规　格	最大过流量/(m³/h)	最大承压/kPa
25mm (1″)	5	800
32mm (1 1/4″)	10	800
40mm (1 1/2″)	10	800
50mm (2″)	20	800
80mm (3″)	50	800

(4)叠片过滤器。叠片过滤器的外形与网式过滤器基本相同,主要不同在于过滤芯,叠片过滤器是由数量众多的片状滤片叠在一起组成,每片滤片上有流道,水从两个滤片之间的"缝隙"穿过,污物被挡在滤片外周,从而达到过滤作用。叠片过滤器外形如图 4-25 所示。

二、管道及附件

微灌系统绝大多数使用塑料管道,常用的有聚氯乙烯、聚丙烯和聚乙烯管。在首部枢纽、穿路、高架等特殊情况也使用一些其他管道,如镀锌钢管等。

1. 聚氯乙烯塑料管

根据我国塑料工业的发展,水利部颁布了行业标准《喷灌用塑料管基本参数及技术条件——硬聚氯乙烯管》(SL/T 96.1—1994),将聚氯乙烯管材的使用压力分为 0.25MPa、0.4MPa、0.63MPa、1.00MPa、1.25MPa 级。聚氯乙烯管外形如图 4-26 所示。

图 4-25　叠片过滤器外形　　　图 4-26　聚氯乙烯管外形

聚氯乙烯管的管道连接主要有专用黏结剂连接和止水圈承插连接两种,一般情况下,管径小于 90mm 的用黏结剂连接,大于 90mm 的用止水圈承插连接。

聚氯乙烯管的管件依次是阀门、三通、90°弯头、45°弯头、直通、变径直通、堵头、内丝接头、法兰盘、活接头、伸缩节、专用黏结剂等,如图 4-27 所示。

(a) 阀门　　(b) 三通　　(c) 90°弯头　　(d) 45°弯头

(e) 直通　　(f) 变径直通　　(g) 堵头　　(h) 内丝接头

(i) 法兰盘　　(j) 活接头　　(k) 伸缩节　　(l) 专用黏结剂

图4-27　聚氯乙烯管的管件

2. 聚乙烯管

聚乙烯管是采用聚乙烯树脂、经挤出工艺生产的管材。依据树脂的密度，聚乙烯管可分为低密度聚乙烯管、中密度聚乙烯管和高密度聚乙烯管。

低密度聚乙烯管具有加工方便和可缠绕运输，易于打孔和连接的优点，因而在微灌系统中广泛应用于支管、毛管，用量往往很大。微灌系统毛管一般置于地面，对聚乙烯管材的抗老化、抗晒、抗磨性能提出了很高的要求。

对于聚乙烯管，目前采用《喷灌用塑料管基本参数及技术条件——低密度聚乙烯管》(SL/T 96.2—1994)，工作压力等级分为0.25MPa和0.40MPa。

目前国内主流市场上的低密度聚乙烯管分内径和外径两大类，低密度聚乙烯管外形如图4-28所示。

3. 聚丙烯管

聚丙烯管是采用共聚聚丙烯、经挤出工艺生产的管材。行业标准为《喷灌用塑料管基本参数及技术条件——聚丙烯管》(SL/T 96.3—1994)。压力等级为0.25MPa、0.4MPa、0.63MPa和1.00MPa级。聚丙烯管及管件外形如图4-29所示。

图4-28　低密度聚乙烯管外形　　图4-29　聚丙烯管及管件外形

三、灌水器

灌水器的种类繁多、各有特点，适用条件也各有差异。按结构和出流形式不同，灌水器主要有滴头、滴灌管（带）、微喷头、微喷带、小管灌水器、渗灌管等。

1. 滴头

通过流道或孔口将毛管中的有压水以水滴状或细流状断续滴出灌水器称为滴头。滴头的作用是消杀经毛管输送来的有压水流中的能量，使其以稳定的速度一滴一滴地滴入土壤。滴头常用塑料压注而成，工作压力为 50～100kPa，流量不大于 12L/h。

（1）种类。

1）按滴头的出水压力不同，滴头分为非压力补偿式滴头和压力补偿式滴头两种。

非压力补偿式滴头：利用滴头内的固定水流流道消能，其流量随压力的增大而增大。

压力补偿式滴头：流量不随压力而变化。在水流压力的作用下，滴头内的弹性体（片）使流道（或孔口）形状改变或过水断面面积发生变化，当压力减小时，增大过水断面积，压力增大时，减小过水断面积，从而使滴头出流量保持稳定，压力补偿滴头同时还具有自清洗功能。压力补偿式滴头及滴箭如图 4-30、图 4-31 所示。

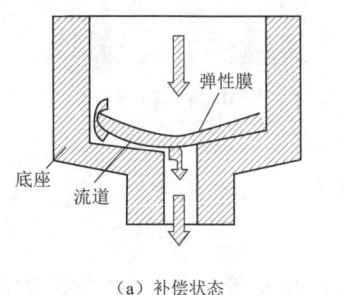

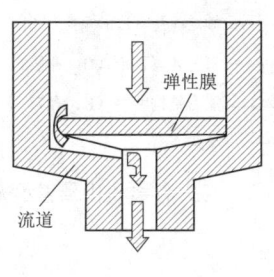

图 4-30 压力补偿式滴头

图 4-31 压力补偿式滴箭

压力补偿式滴头的部分性能如表 4-4 所示。

表 4-4　　　　　　　　　压力补偿式滴头的部分性能

优　点	适　应　性	流量/(L/h)	压力补偿范围/kPa
保持恒流，灌水均匀；自动清洗；抗堵塞；灵活方便，滴头可预先安装在毛管上，也可在施工现场安装	压力补偿式滴头适用于各种地形及作物，适用于滴头间距变化的情况，适用于系统压力不稳定时，适用于大面积控制情况	2	80～400
		4	
		8	
		4	70～350
		4	100～300

2）按结构，滴头分为流道型滴头、孔口型滴头、涡流型滴头三种。

流道型滴头：靠水流与流道壁之间的摩阻消能来调节出水量的大小。

孔口型滴头：靠孔口出流造成的局部摩阻消能来调节出水量的大小。

涡流型滴头：靠水流进入灌水器的涡流室内形成涡流来消能和调节出水量的大小。

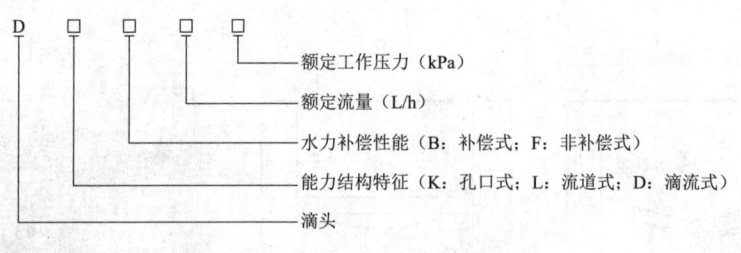

(2) 滴头名称和代号表示。滴头名称和代号表示方法如图 4-32 所示。

图 4-32　滴头名称和代号表示方法

2. 滴灌管（带）

滴头与毛管制造成一个整体，兼具输水和滴水功能的软管（带）称为滴灌管（带）。

按滴灌管（带）的出水压力不同，滴灌管（带）分为非压力补偿式和压力补偿式两种。按滴灌管（带）的结构可分为内镶贴片式滴灌管和内镶圆柱式滴灌管两种。内镶式滴灌管（带）是在毛管制造过程中，将预先制造好的滴头镶嵌在毛管内的滴灌管（带），如图 4-33 所示。

图 4-33　滴灌管（带）

滴灌管（带）的名称和代号表示方法如图 4-34 所示。滴灌管（带）参数见表 4-5。

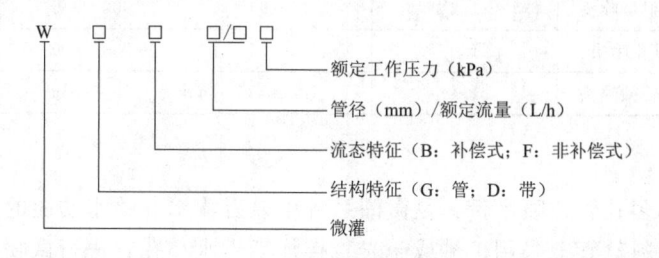

```
W □ □ □/□
        │  └── 额定工作压力（kPa）
        └───── 管径（mm）/额定流量（L/h）
       └────── 流态特征（B：补偿式；F：非补偿式）
      └─────── 结构特征（G：管；D：带）
   └────────── 微灌
```

图 4-34 滴灌管（带）的名称和代号表示方法

表 4-5　　　　　　　　滴灌管（带）参数

外径/mm	壁厚/mm	滴孔间距/m	流量/(L/h)	工作压力/kPa
16	0.3	0.3	2.7	30～120
地埋 16	0.4	0.3	2.7	30～150

3. 微喷头

微喷头是将有压水流粉碎成细小水滴，实行喷洒灌溉的微小喷头。单个微喷头的喷水量一般不超过 250L/h，射程一般小于 7m。微喷头组装结构如图 4-35 所示。

按应用场合，微喷头可分为倒挂微喷头和地插微喷头两种。

按照结构和工作原理，微喷头可分为单侧轮微喷头、双侧轮微喷头、折射式微喷头、旋转式微喷头等。

微喷头外形如图 4-36 所示。

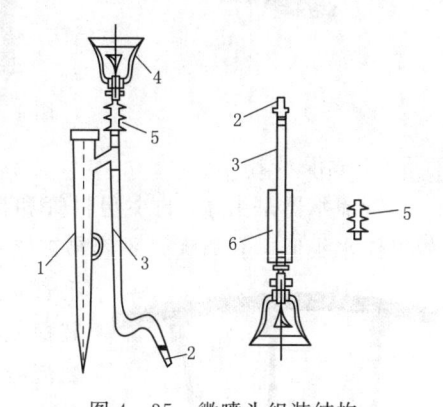

图 4-35 微喷头组装结构
1—插杆；2—接头；3—微管；4—喷头；5—重力管

(a) 单侧轮微喷头　(b) 双侧轮微喷头　(c) 旋转式微喷头　(d) 折射式微喷头

图 4-36 微喷头外形

全圆均匀喷洒的各种微喷头性能参数如表 4-6 所示。

表 4-6　　　　　　　　　全圆均匀喷洒的各种微喷头性能参数

编号	产品名称	喷嘴直径/mm	流量/(L/h)	工作压力/kPa	喷洒半径/m
2020A	双桥折射微喷头	1.2	75~91	200~350	0.75~1.0
2240	十字雾化喷头	1.0	4~7.5	250~400	1.2~3.0
2110	单嘴旋转微喷头	1.4	102~135	150~350	3.0~3.5

4. 微喷带

微喷带又称多孔管、喷水带，是微灌系统中兼有输水和喷水功能的末级管（带），是在可压扁的塑料软管上采用机械或激光直接加工出水小孔，进行微喷灌的设备，微喷带的工作水头为 100~200kPa，微喷带如图 4-37 所示。

图 4-37　微喷带

5. 小管灌水器

小管灌水器是由 $\phi 4$ 的小塑料管和接头连接插入毛管壁而成，如图 4-38 所示。它的工作水头低、孔口大，不容易被堵塞。在使用中，为增加毛管的铺设长度、降低毛管首末端流量的不均匀性，通常在小塑料管上安装稳流器，以保证每个灌水器流量的均匀性。这种稳流器在一定的压力范围内，出流量保持不变。

图 4-38　小管灌水器

6. 渗灌管

渗灌管是用大约 2/3 比例的废旧橡胶（多为旧轮胎）和 1/3 比例的 PE 塑料混合制成可以沿管壁向外渗水的多孔管。使用中常将渗灌管埋入地下，是非常省水的灌溉技术，如图 4-39 所示。

图 4-39　渗灌管

【案例 4-3】 根据调研和有关文献资料，微灌灌水器的市场应用有所不同，例如压力补偿滴灌管适用于地势起伏大的果园和大田；滴头一般适用于果树等大株距作物，可根据果树位置灵活安装；微喷头的用途，一是果树，二是温室地插或悬挂，三是露地园艺种植，此外城市绿化也有应用；微喷带利于移动作业；以稳流器为核心的小管出流技术适宜果树特别是地势起伏的山区果园灌水等。

【分析】 在学习微灌系统的主要设备时，我们将根据微灌系统的各组成部分的功能需求进行分类了解相应设备，例如施肥器、灌水器、输水管材等，每一类的设备都细分了很多品种，在应用和功能上各有特色，针对不同地区、不同作物、不同规模的微灌系统，我们需要从功能适用性、经济合理性、设备可靠性和维修性等多方面综合考量，因地制宜，充分比较后最终做出设备的最优选择方案。

任务三 微灌工程规划设计

一、微灌工程规划设计的内容

（1）勘测和收集资料，包括水源、气象、地形、土壤、作物、灌溉试验、能源与设备、社会经济状况与发展规划等。

（2）论证工程的必要性和可行性。规划要符合当地农业区划和农田水利规划的要求，并与农村发展规划相协调。

（3）根据当地水资源状况和农业生产、乡镇企业、人畜饮水等用水的要求，确定工程的规模。

（4）根据水源、气象、地形、土壤、作物种植、社会经济状况和管理水平等条件，因地制宜地选用滴灌、微喷灌、涌泉灌等微灌方式，合理布置水源工程、微灌枢纽和输配水网络。

（5）提出工程概算。选择灌溉典型地段进行计算，用扩大技术经济指标估算出整个工程的投资、设备、用工和用材种类、数量以及工程效益。

对于大面积的灌溉工程，应根据上述内容进行全面规划，而对于小面积的试验或应用工程，根据实际情况对其中部分内容规划即可。

二、微灌系统的布置

1. 毛管和灌水器布置

毛管和灌水器的布置方式取决于作物种类、生长阶段和所选灌水器的类型。下面分别介绍滴灌系统及微喷灌系统毛管和灌水器的一般布置形式。

（1）滴灌系统毛管和灌水器的布置。

1）单行毛管直线布置。如图 4-40（a）所示，毛管顺作物方向布置，一行作物布置一条毛管，滴头安装在毛管上。这种布置方式适用于幼树和窄行密植作物（如蔬菜），也可用滴灌管（带）代替毛管和滴头。

2）单行毛管环状布置。如图 4-40（b）所示，当滴灌成龄果树时，可沿一行树布置一条输水毛管，围绕每一棵树布置一条环状灌水管，其上安装 4~6 个单出水口滴头。这种布置形式由于增加了环状管，使毛管长度大大增加，增加了工程费用。

3）双行毛管平行布置。如图4-40（c）所示，当滴灌高大作物时，可采用双行毛管平行布置的形式，沿树行两侧各布置一条毛管，每株作物两边各安装2~3个滴头。这种布置形式使用的毛管数量较多。

4）单行毛管带微管布置。如图4-40（d）所示，每一行树布置一条毛管，用微管与毛管相连，在微管上安装滴头，可以大大减少毛管的用量，而微管的价格又很低，故能减少工程费用。

（2）微喷灌系统毛管和灌水器的布置。微喷头的结构和性能不同，毛管和灌水器的布置也不同。根据微喷头喷洒直径和作物的种类，一条毛管可控制一行作物，也可控制若干行作物。图4-41所示是常见的几种布置形式。

2. 干、支管布置

干、支管的布置取决于地形、水源、作物分布和毛管的布置。干、支管布置应达到管理方便、工程费用少的要求。在山丘地区，干管多沿山脊布置，或沿等高线布置。支管则垂直于等高线，向两边的毛管配水。在平地，干、支管应尽量双向控制，两侧布置下级管道，以节省管材和投资。

3. 首部枢纽布置

首部枢纽是整个灌溉系统操作控制的中心，其位置的选择主要是以投资省、便于管理为原则。一般首部枢纽与水源相结合，如果水源较远，首部枢纽可布置在灌区旁边，有条件时尽可能布置在灌区中心，以减小输水干管的长度。

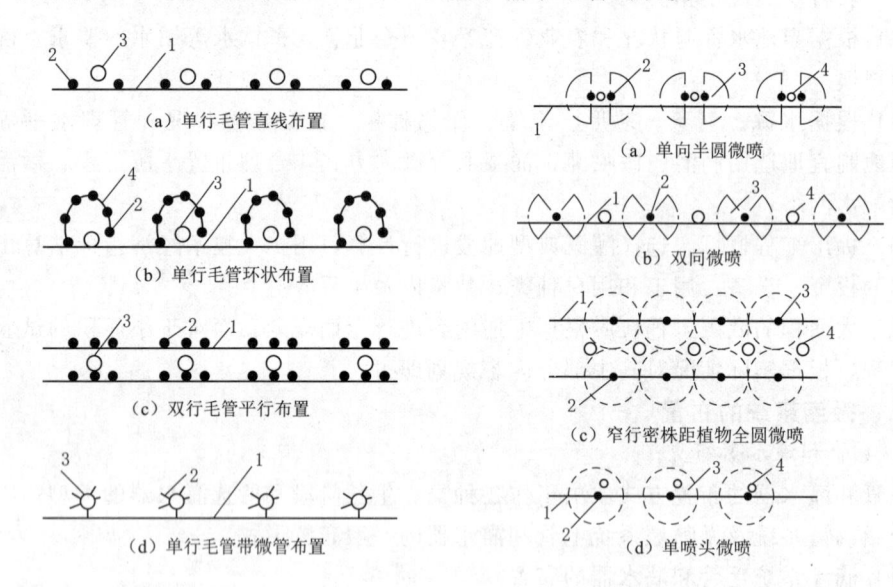

图4-40 滴灌毛管和灌水器的布置形式
1—毛管；2—灌水器；3—果树；4—绕树环状管

图4-41 微喷灌毛管和灌水器的布置形式
1—毛管；2—微喷头；3—土壤湿润带；4—果树

三、规划设计参数的确定

1. 作物需水量计算

作物需水量包括作物蒸腾量和棵间土壤蒸发量。估算作物需水量的方法很多，可参见灌溉与排水工程技术等相关资料。

2. 设计耗水强度

设计耗水强度是指在设计年植物耗水高峰期的日平均耗水量。它是确定微灌系统最大输水能力的依据,设计耗水强度越大,系统的输水能力越强,但系统的投资也就越高;反之亦然。因此,在确定设计耗水强度时,既要考虑作物对水分的需要,又要考虑经济上合理可行。《微灌工程技术标准》(GB/T 50485—2020)规定:应取设计年灌溉季节月平均耗水强度峰值作为设计耗水强度,以 mm/d 计,无资料时可按表 4-7 所示适当选取。

表 4-7　　　　　　　　　作物设计耗水强度参考值　　　　　　　　　单位:mm/d

作　物	滴灌	微喷灌
蔬菜(保护地)	2~4	—
蔬菜(露天地)	4~7	5~8
粮、棉、油等作物	4~7	—
葡萄、树、瓜类	3~7	4~8
冷季型草坪	—	5~8
暖季型草坪	—	3~5
人工种植的紫花苜蓿	5~7	—
人工种植的青贮玉米	5~9	—

注　1. 干旱地区宜取上限值。
　　2. 对于在灌溉季节敞开棚膜的保护地,应按露地选取设计耗水强度值。
　　3. 葡萄、树等选用涌泉灌时,设计耗水强度可参照滴灌选择。
　　4. 人工种植的紫花苜蓿和青贮玉米设计耗水强度参考值适用于内蒙古、新疆干旱和极度干旱地区。

3. 设计土壤湿润比

微灌的土壤湿润比,是指在计划湿润层内,湿润土体与总土体的体积比,通常以底面以下 20~30cm 处湿润面积占总灌溉面积的百分比来表示。

《微灌工程技术标准》(GB/T 50485—2020)规定,微灌的设计土壤湿润比应根据自然条件、植物种类、种植方式及灌水方式,并结合当地试验资料确定。无实测资料时可按表 4-8 选取,并应根据灌水器设计参数和毛管布置方式等对所选取湿润比进行复核。

表 4-8　　　　　　　　　微灌设计土壤湿润比参考值　　　　　　　　　%

作物	滴灌、涌泉灌	微喷灌
果树	30~40	40~60
乔木	25~30	40~60
葡萄、瓜类	30~50	40~70
草灌木(天然)	—	100
人工牧草	60~70	—
人工灌木林	30~40	—
蔬菜	60~90	70~100

续表

作 物	滴灌、涌泉灌	微喷灌
小麦等密植作物	90～100	—
马铃薯、甜菜、棉花、玉米	60～70	—
甘蔗	60～80	—

注　干旱地区取上限值。

4. 设计灌水均匀度

为保证微灌的灌水质量，灌水均匀度应达到一定的要求。在田间，影响灌水均匀度的因素很多，如灌水器工作压力的变化、灌水器的制造偏差、堵塞情况、水温变化、地形变化等。《微灌工程技术标准》（GB/T 50485—2020）将流量（水头）偏差率作为设计灌水均匀度的指标，其中，设计流量偏差率指灌水小区内灌水器的最大、最小流量之差与灌水器设计流量的比值；设计工作水头偏差率指灌水小区灌水器的最大、最小工作压力之差与灌水器设计工作压力的比值；灌水小区指具有独立阀门控制或调压稳压装置，同时灌溉的若干毛管组成的单元。微灌系统灌水小区内灌水器设计允许流量偏差率应符合式（4-1）的规定：

$$[q_v] \leqslant 20\% \qquad (4-1)$$

式中　$[q_v]$——灌水器设计允许流量偏差率，%。

灌水小区内灌水器设计流量偏差率和工作水头偏差率可分别按式（4-2）和式（4-3）计算：

$$q_v = \frac{q_{\max} - q_{\min}}{q_d} \times 100 \qquad (4-2)$$

$$h_v = \frac{h_{\max} - h_{\min}}{h_d} \times 100 \qquad (4-3)$$

式中　q_v——灌水器设计流量偏差率，%；

　　　$q_{\max}$——灌水器最大流量，L/h；

　　　$q_{\min}$——灌水器最小流量，L/h；

　　　q_d——灌水器设计流量，L/h；

　　　h_v——灌水器工作水头偏差率，%；

　　　$h_{\max}$——灌水器最大工作水头，m；

　　　$h_{\min}$——灌水器最小工作水头，m；

　　　h_d——灌水器设计水头，m。

灌水器工作水头偏差率与流量偏差率之间的关系可按式（4-4）表达：

$$h_v = \frac{1}{x} q_v \left(1 + 0.15 \frac{1-x}{x} q_v\right) \qquad (4-4)$$

式中　x——灌水器流态系数。

5. 灌溉水利用系数

灌溉水利用系数是灌到田间用于植物蒸腾蒸发的水量与灌溉供水量的比值。只要设计合理、设备可靠、精心管理，微灌工程就不会产生输水损失、地面径流和深层渗漏。微灌的主要水量损失是由灌水不均匀和某些不可避免的损失造成的。微灌水利用系数一般采用0.9～0.95。《微灌工程技术标准》（GB/T 50485—2020）规定：对于滴灌，灌溉水利用系数应不低于0.9，微喷、涌泉灌应不低于0.85。

【案例4-4】 微灌工程的规划设计参数包括设计耗水强度、设计土壤湿润比、设计灌水均匀度、灌溉水利用系数等，其参数计算方法及参考值均应依据现行国家标准《微灌工程技术标准》（GB/T 50485—2020）中确定。

【分析】 在进行工程规划、设计、施工时，所涉及的参数、计算方法、工序流程、施工方法等均应查找现行国家标准、行业技术标准，这体现出了标准在工程应用中的重要性。标准的制定为工程项目全过程起到了重要的指导、约束作用，从而保证各方参与者在技术上保持高度统一和协调，促进对各类资源的合理利用，保证工程质量。同时要注意标准不是自颁布实施起就一成不变，随着技术进步、行业发展和国家政策的调整，标准会进行阶段性的修订，在实施工程项目时需注意采用现行的标准，保证工程建设质量，做到技术先进、经济合理、运行可靠。

四、微灌系统的设计

1. 灌溉设计保证率

《微灌工程技术标准》（GB/T 50485—2020）中对微灌工程灌溉设计保证率按水源类型分别规定，以地下水为水源的微灌工程，其灌溉设计保证率不应低于90%，其他情况下不应低于85%。

2. 微灌系统灌溉制度的确定

设计灌溉制度是指作物全生育期（对于果树等多年生作物则为全年）中设计条件下的每一次灌水量（灌水定额）、灌水时间间隔（或灌水周期）、一次灌水延续时间、灌水次数和灌水总量（灌溉定额），它是确定灌溉工程规模的依据，也可以作为灌溉管理的参考数据，但在具体灌溉管理时应根据作物生育期内土壤的水分状况而定。

不同的灌溉方法有不同的设计灌溉制度，但对喷灌、微喷灌、滴灌等来说，其原则和计算方法是一样的。由于在整个生育期内的灌溉是一个实时调整的问题，设计中常常只计算一个理想的灌溉过程。

(1) 最大净灌水定额 m_{max}。最大净灌水定额可用式（4-5）计算：

$$m_{max} = \gamma z p (\theta_{max} - \theta_{min}) \quad (4-5)$$

式中　m_{max}——最大净灌水定额，mm；

　　　γ——土壤容重，g/cm³；

　　　z——土壤计划湿润层深度（根据各地的经验，各种作物的适宜土壤湿润层深度：蔬菜为200～300mm，大田作物为300～600mm，果树为1000～1500mm），mm；

　　　θ_{max}——适宜土壤含水率上限（占干土重量的百分比），取田间持水率的80%～100%；

　　　θ_{min}——适宜土壤含水率下限（占干土重量的百分比），取田间持水率的60%～80%；

　　　p——设计土壤湿润比，可用式（4-6）计算：

$$p = N_p S_e W / (S_P S_R) \times 100\% \quad (4-6)$$

式中 N_p——每棵作物滴头数，个；

S_e——滴头沿毛管上的间距，m；

W——湿润带宽度（也等于单个滴头的湿润直径），m；

S_P——作物株距，m；

S_R——作物行距，m。

表 4-9 列出了各类土壤干密度和两种水分常数，可供设计时参考。

表 4-9　　　　　　　　不同土壤干密度和水分常数

土　壤	干密度 /(t/m³)	水　分　常　数			
		质量比/%		体积比/%	
		凋萎系数	田间持水率	凋萎系数	田间持水率
紧砂土	1.45~1.60		16~22		26~32
砂壤土	1.36~1.54	4~6	22~30	2~3	32~42
轻壤土	1.40~1.52	4~9	22~28	2~3	30~36
中壤土	1.40~1.55	6~10	22~28	3~5	30~35
重壤土	1.38~1.54	6~13	22~28	3~4	32~42
轻黏土	1.35~1.44	15	28~32		40~45
中黏土	1.30~1.45	12~17	25~35		35~45
重黏土	1.32~1.40		30~35		40~50

（2）设计灌水周期。设计灌水周期是指在设计灌水定额和设计日耗水量的条件下，能满足作物需要，两次灌水之间的最长时间间隔。这只是表明系统的能力，而不能完全限定灌溉管理时所采用的灌水周期，有时为了简化设计，可采用 1 天。设计灌水周期可按式（4-7）和式（4-8）计算：

$$T \leqslant T_{\max} \quad (4-7)$$

$$T_{\max} = \frac{m_{\max}}{I_b} \quad (4-8)$$

式中 T——设计灌水周期，d；

$T_{\max}$——最大灌水周期，d；

I_b——设计耗水强度，mm/d。

（3）设计灌水定额。设计灌水定额可按式（4-9）和式（4-10）计算：

$$m_d = T I_b \quad (4-9)$$

$$m' = \frac{m_d}{\eta} \quad (4-10)$$

式中 m_d——设计净灌水定额，mm；

m'——设计毛灌水定额，mm；

η——灌溉水利用系数。

(4) 一次灌水延续时间。单行毛管直线布置,灌水器间距均匀的情况下,一次灌水延续时间由式(4-11)确定。在灌水器间距非均匀安装的情况下,可取 S_e 为灌水器的间距的平均值。

$$t=\frac{m'S_eS_l}{q_d} \tag{4-11}$$

式中 t——一次灌水延续时间,h;
S_e——灌水器间距,m;
S_l——毛管间距,m;
m'——设计毛灌水定额,mm;
q_d——灌水器设计流量,L/h。

有多个灌水器绕植物布置时,则一次灌水延续时间由式(4-12)确定:

$$t=\frac{m'S_rS_t}{n_sq_d} \tag{4-12}$$

式中 S_r——植物行距,m;
S_t——植物株距,m;
n_s——每株植物的灌水器个数。

(5) 灌水次数与灌溉定额。使用微灌技术,作物全生育期(或全年)的灌水次数比传统的地面灌溉要多。根据我国使用的经验,北方果树通常一年灌水 15~30 次;在水源不足的山区也可能一年只灌 3~5 次。灌水总量为生育期或一年内(对于多年生作物)各次灌水量的总和。

3. 微灌系统工作制度的确定

微灌系统的工作制度通常分为续灌和分组轮灌两种。不同的工作制度要求的流量不同,因而工程费用也不同。在确定工作制度时,应根据作物种类、水源条件和经济条件等因素综合做出合理的选择。

(1) 续灌。续灌是对系统内全部管道同时供水、对设计灌溉面积内所有作物同时灌水的一种工作制度。它的优点是灌溉供水时间短,有利于其他农事活动的安排。其缺点是:干管流量大、管径粗,增加工程的投资和运行费用;设备的利用率低;在水源流量小的地区,可能缩小灌溉面积。一般只有在小规模的系统,如几十亩的果园才采用续灌的工作制度。

(2) 分组轮灌。较大的微灌系统为了减少工程投资、提高设备利用率、增加灌溉面积,通常采用轮灌的工作制度。一般是将支管分成若干组,由干管轮流向各组支管供水,而支管内部同时向毛管供水。

1) 划分轮灌组的原则。

a. 轮灌组控制的面积应尽可能相等或接近,以使水泵工作稳定、效率提高。

b. 轮灌组的划分应照顾农业生产责任制和田间管理的要求。例如,一个轮灌组包括若干片责任地,尽可能减少农户之间的用水矛盾,并使灌水与其他农业措施如施肥、修剪等得到较好的配合。

c. 为了便于运行操作和管理,通常一个轮灌组管辖的范围宜集中连片,轮灌可通过协商自上而下进行。有时，为了减少输水干管的流量，也采用插花操作的方法划分轮灌组。

2) 确定轮灌组数。按作物需水要求，全系统划分的轮灌组数目如下：

$$N \leqslant CT/t \tag{4-13}$$

式中　N——允许的轮灌组最大数目，取整数；

C——一天运行的小时数，一般为 12～20h，对于固定式系统不低于 16h；

T——设计灌水周期，d；

t——一次灌水持续时间，h。

实践表明，轮灌组过多，会造成农户之间的用水矛盾，按式（4-13）计算的 N 值为允许的最多轮灌组数，设计时应根据具体情况灵活确定合理的轮灌组数目。

3) 轮灌组的划分方法。一个轮灌组可包括一条或若干条支管，即包括一个或若干个灌水小区。

4. 水力计算

微灌管道的水力计算，是在已知所选灌水器的工作压力和流量以及微灌工作制度情况下，确定各级管道通过的流量，计算允许工作水头偏差，从而确定各级管道合理的内径，再根据管径及管材等计算管网的水头损失，确定毛管极限孔数。

(1) 管道流量的计算。

1) 毛管流量的确定。一条毛管的进口流量为灌水器或出水口流量之和，即

$$Q_{毛} = \sum_{i=1}^{N} q_i \tag{4-14}$$

当毛管上灌水器流量相同时：

$$Q_{毛} = Nq_d \tag{4-15}$$

式中　$Q_{毛}$——毛管进口流量，L/h；

N——毛管上灌水器或出水口的数量；

q_i——第 i 个灌水器或出水口的流量，L/h；

q_d——单个灌水器的设计流量，L/h。

2) 支管流量计算。通常支管双向给毛管配水，如图 4-42 所示，支管上有 N 排毛管，由上而下编号为 1、2、…、$N-1$、N，每段编号与下端毛管的编号对应，任一支管段 n 的流量为

$$Q_{支n} = \sum_{i=1}^{N} (Q_{毛Li} + Q_{毛Ri}) \tag{4-16}$$

式中　$Q_{支n}$——支管第 n 段的流量，L/h；

$Q_{毛Li}$、$Q_{毛Ri}$——第 i 排左侧毛管和右侧毛管进口流量，L/h；

n——支管分段号。

当毛管流量相等时，即

$$Q_{支} = 2NQ_{毛} \tag{4-17}$$

3) 干管流量推算。干管流量是由干管同时供水的各条支管流量的总和，即

$$Q_{干} = \sum_{i=1}^{N} Q_{支i} \tag{4-18}$$

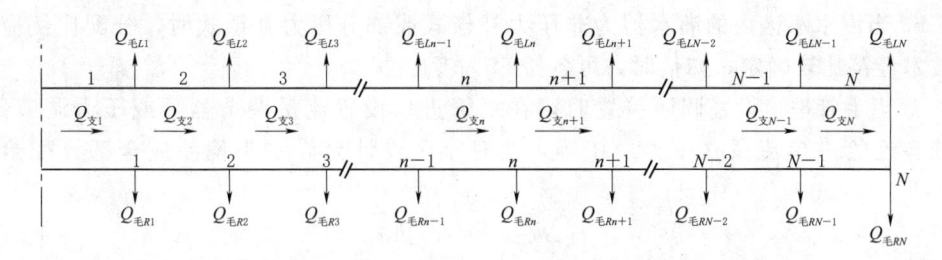

图 4-42 支管配水示意图

式中　$Q_干$——干管流量，L/h；
　　　$Q_{支i}$——各支管的流量，L/h。

(2) 各级管道管径的选择。为了计算各级管道的水头损失，必须首先确定各级管道的管径。管径必须在满足微灌的均匀度和工作制度的前提下确定。

1) 允许工作水头偏差的计算。一般在进行微灌水利计算时，把每条支管上同时运行的毛管所控制的面积看作一个微灌小区，为保证整个小区内灌水的均匀性，对小区内任意两个灌水器的水力学特性有如下要求：

a. 微灌系统灌水小区灌水器流量的平均值等于灌水器设计流量。

b. 当灌水小区内的灌水器为非压力补偿式或部分压力补偿式时，灌水小区内灌水器设计工作压力在其允许的工作压力范围内，且灌水器的流量或水头偏差率满足下列条件：

$$q_v \leqslant [q_v] \quad (4-19)$$
$$h_v \leqslant [h_v] \quad (4-20)$$

式中　q_v——灌水器设计流量偏差率，可按式 (4-2) 中方法计算，%；
　　　h_v——灌水器设计工作水头偏差率，可按式 (4-3) 中方法计算，%；
　　　$[q_v]$——灌水器设计允许流量偏差率，一般取 0.05～0.10；
　　　$[h_v]$——灌水器设计允许水头偏差率，此值可通过式 (4-21) 计算：

$$[h_v] = \frac{1}{x}[q_v]\left(1 + 0.15\frac{1-x}{x}[q_v]\right) \quad (4-21)$$

式中　x——灌水器流态指数。

非压力补偿式或部分压力补偿式灌水器灌水小区内设计允许水头偏差应按式 (4-22) 计算

$$[\Delta h] = [h_v]h_d \quad (4-22)$$

式中　$[\Delta h]$——灌水小区允许水头偏差，m；
　　　h_d——灌水器设计工作水头，m。

c. 采用补偿式灌水器时，灌水小区内设计工作压力应在该灌水器允许的工作压力范围内。

2) 允许工作水头偏差的分配。根据《微灌工程技术标准》(GB/T 50485—2020)，灌水小区内灌水器设计允许工作水头偏差应在支管、毛管间分配。

a. 当采用全压力补偿式灌水器时，允许工作水头偏差分配给支管。

b. 当灌水小区内的灌水器为非压力补偿式或部分压力补偿式时，分配比例应通过技术经济比较确定，初估时，可各按50%考虑。

c. 当毛管进口设置调压装置时，在毛管进口设置流量调节器（或压力调节器）将使各毛管进口流量（压力）相等，此时小区设计允许水头偏差应全部分配给毛管，即

$$[\Delta h]_{毛} = [h_v]h_d \tag{4-23}$$

式中　$[\Delta h]_{毛}$——允许的毛管水头偏差，m。

3) 毛管管径的确定。按毛管的允许水头偏差，初估毛管的内径，计算公式如下：

$$d_{毛} = \sqrt[b]{\frac{KfQ_{毛}^m L}{[\Delta h]_{毛}}} \tag{4-24}$$

$$F = \frac{1}{m+1}\left(\frac{N+0.48}{N}\right)^{m+1} \tag{4-25}$$

式中　$d_{毛}$——初选毛管内径，mm；

　　　K——考虑到毛管上管件或灌水器产生的局部水头损失而加大的系数，一般取1.1~1.2；

　　　F——多口系数；

　　　N——多孔管的总孔数；

　　　f——摩阻系数；

　　　$Q_{毛}$——毛管流量，L/h；

　　　L——毛管长度；

　　　m——流量系数；

　　　b——管径指数。

毛管的直径一般大于8mm，式中各种塑料管材的f、m、b值可按表4-10选用。

表4-10　　　　　　　　各种塑料管材的f、m、b值

管材			f	m	b
硬塑料管			0.464	1.77	4.77
聚乙烯管 (LDPE)	$D>8mm$		0.505	1.75	4.75
	$D\leq 8mm$	$Re>2320$	0.595	1.69	4.69
		$Re\leq 2320$	1.750	1.00	4.00

注　1. Re为雷诺数。
　　2. 微灌用聚乙烯管的f值相应于水温10℃，其他温度时应修正。

4) 支管管径的确定。

a. 毛管进口不设调压装置时，支管管径的初选：按照上述分配跟支管的允许水头差，用式（4-26）初估支管管径$d_{支}$。

按支管的允许水头损失，初估支管的内径，计算公式如下：

$$d_{支} = \sqrt[b]{\frac{KfQ_{支}^m L}{0.45[h_v]h_d}} \tag{4-26}$$

式中　L——支管长度；

　　　K——考虑到支管上管件或灌水器产生的局部水头损失而加大的系数，一般取 1.05～1.1。

其余符号意义同前，f、m、b 值仍从表 4-10 中选取。

b. 毛管进口设置调压装置时，支管管径的初选：由于此时设计允许的水头偏差均分配给了毛管，支管应按经济的水力比降来初选其管径 $d_{支}$：

$$d_{支}=\sqrt[b]{\frac{KfQ_{支}^{m}L}{100i_{支}}} \qquad (4-27)$$

式中　$i_{支}$——支管的经济水力比降，一般为 0.01～0.03。

另外，支管的管径也可按管道经济流速确定：

$$d_{支}=1000\sqrt{\frac{4Q_{支}}{3600\pi v}} \qquad (4-28)$$

式中　$Q_{支}$——毛管流量，m^3/h；

　　　v——塑料管经济流速，m/s，一般取 1.2～1.8。

5) 干管管径的确定。干管管径可按毛管进口安装调压装置时支管管径的确定方法计算确定。

上述 3 级管道管径都计算出来后，还应根据塑料管的规格，最后确定各级管道的管径。必要时还需根据管道的规格进一步调整管网的布局。

微灌系统使用的管材与管件，必须选择其公称压力符合微灌系统设计要求的产品，并且地面铺设的管道应不透光、抗老化、施工方便、连接牢固可靠。

一般情况下，直径 50mm 以上的各级管道和管件可选用聚氯乙烯产品，直径在 50mm 以下的各级管道和管件应选用微灌用聚乙烯产品。

(3) 管网水头损失计算。

1) 沿程水头损失。沿程水头损失采用勃拉休斯公式计算沿程水头损失，计算公式如下：

$$h_f=f\frac{Q_g^m}{D^b}L \qquad (4-29)$$

式中　h_f——沿程水头损失，m；

　　　f——摩阻系数；

　　　Q_g——管道流量，L/h；

　　　D——管道内径，mm；

　　　L——毛管长度，m；

　　　m——流量系数；

　　　b——管径指数。

f、m、b 值仍从表 4-10 中选取。

当支、毛管出流孔口较多时，分段计算将很烦琐，一般可视为等间距、等流量分流管。为简化计算，常以进口最大流量计算沿程水头损失，然后乘以多口系数进行修正，便得多口管道实际沿程水头损失，即

$$h'_f = h_f F \tag{4-30}$$

$$F = \frac{N\left(\dfrac{1}{m+1} + \dfrac{1}{2N} + \dfrac{\sqrt{m-1}}{6N^2}\right) + X - 1}{N + X - 1} \tag{4-31}$$

式中 h'_f——等距、等量分流多孔管道沿程水头损失，m；

F——多口系数；

N——管上出水口数目；

X——多口出流支管首孔位置系数，即自该段支管入口至第一个喷头的距离 L_1 与喷头间距 L 之比，$X = \dfrac{L_1}{L}$；

m——流量系数。

不同管材其多口系数不同，表 3-12 列出了常用管材的多口系数值。

2) 局部水头损失。管道局部水头损失的计算公式为

$$h_j = \sum \xi \frac{v^2}{2g} \tag{4-32}$$

式中 h_j——局部水头损失，m；

ξ——局部阻力系数，可根据表 4-11 选定；

v——管道流速，m/s；

g——重力加速度，9.81m/s²。

当参数缺乏时，局部水头损失也可按沿程水头损失的一定比例估算。支管、毛管的局部水头损失一般为沿程水头损失的 0.1~0.2。

表 4-11　　局 部 阻 力 系 数

类型	直角状进口	喇叭状进口	滤网	滤网带底阀	90°弯头（焊接）
图示					
局部阻力系数	0.5	0.2	2~3	5~8	0.2~0.3（加50%）
类型	45°弯头（焊接）	渐细接头	渐粗接头	逆止阀	闸阀全开
图示					
局部阻力系数	0.1~0.15（加50%）	0.1	0.25	1.7	0.1~0.5
类型	直流三通	折流三通	分流三通	直流分支三通	出口
图示					
局部阻力系数	0.1	1.5	1.5	0.1~1.5	0.1

（4）毛管极限孔数的确定。毛管极限孔数是毛管满足水头偏差要求的最多孔数，设计采用的毛管分流孔数不得大于极限孔数。毛管的极限孔数应按式（4-33）计算：

$$N_m = \text{INT} \left(\frac{5.446[\Delta h_2]d^{4.75}}{kSq_d^{1.75}} \right)^{0.364} \quad (4-33)$$

式中　N_m——毛管极限分流孔数；
　　　INT——将括号内实数舍去小数点取整数；
　　　$[\Delta h_2]$——毛管的允许水头偏差，m；
　　　d——毛管内径，mm；
　　　k——水头损失扩大系数，为毛管总水头损失与沿程水头损失的比值，一般取 1.1～1.2；
　　　S——毛管上分流孔的间距，m；
　　　q_d——毛管上单孔或灌水器的设计流量，L/h。

5. 水泵选型计算

微灌系统的水泵选型配套，主要依据系统的设计扬程、流量和水源取水方式而定。

（1）系统设计扬程的确定。由最不利轮灌组推求的总水头就是系统的设计扬程。设计扬程的计算式为

$$H_{设} = H + h_1 + \sum h_{f泵} + \sum h_{j泵} \quad (4-34)$$

式中　$H_{设}$——配套机泵的设计扬程，m；
　　　H——灌溉系统设计水头，m；
　　　h_1——水源设计水位与系统进口管轴线的高差，m；
　　　$\sum h_{f泵}$——设计水位至系统进口管段的沿程水头损失之和，m；
　　　$\sum h_{j泵}$——设计水位至系统进口管段的局部水头损失之和，m。

（2）系统设计流量。系统设计流量为最不利条件下，系统同时运行的支管入口流量之和，即

$$Q_{设} = \sum_{i=1}^{N} Q_{支i} \quad (4-35)$$

式中　$Q_{设}$——系统设计流量，L/h 或 m³/h；
　　　N——同时运行的支管数；
　　　$Q_{支i}$——不同支管入口流量，L/h 或 m³/h。

（3）机泵选型配套。根据系统设计扬程和流量可以选择相应的水泵型号，一般所选择的水泵参数应略大于系统的设计扬程和流量，然后再由该水泵的性能曲线校核其他轮灌组要求的流量和压力是否满足。

一般水源设计水位或最低水位与水泵安装高度的高差超过 8.0m 时，宜选用潜水泵；反之，选用离心泵等。应根据水泵的要求，选配适宜的动力机，防止出现"大马拉小车"或"小马拉大车"的情况。在电力有保证的情况下，动力机应首选电动力机。

任务四 滴灌工程设计示例

一、工程基本情况

某基地种植葡萄面积118亩,过去采用大水漫灌方式进行灌溉,灌水定额大,水肥损失严重,为此拟采用先进的滴灌灌水方法。

该地块地势平坦,地形规整,葡萄南北向种植,株距0.8m、行距2m。地面以下1m土层为壤土,土壤干容重1.4t/m³,田间持水率24%。

地块东边距离地边50m处有水井一眼(图4-43),机井涌水量为32m³/h,静水位埋深60m,动水位80m,井口高程与地面齐平。据周边村庄引水工程检验分析,机井水质满足《农田灌溉水质标准》(GB 5084—2021),但含砂量稍高,整体看来,可作为滴灌工程水源。

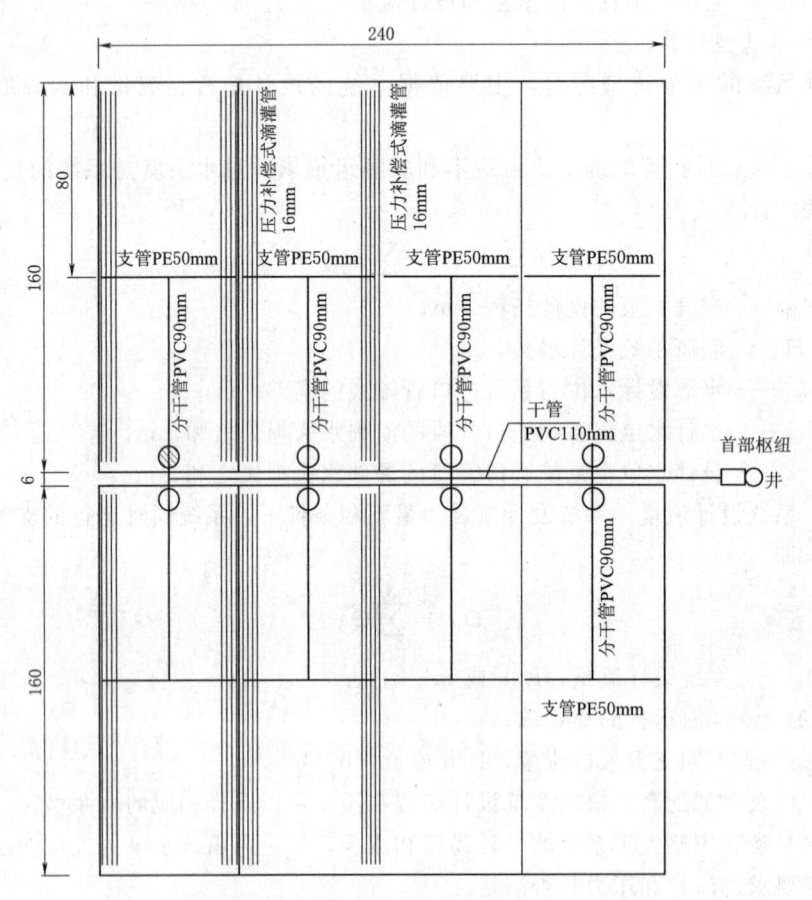

图4-43 平面布置图(单位:m)

380V三相电源已经引至水源处。

二、滴灌系统参数的确定

(1)灌溉保证率不低于90%。

（2）灌溉水利用系数 95%。
（3）设计土壤湿润比 p 不小于 40%。
（4）设计作物耗水强度 $I_a=5.0\text{mm/d}$。
（5）设计允许流量偏差率不大于 20%。
（6）设计湿润层深 0.6m。

三、选择灌水器，确定毛管布置方式

1. 选择灌水器

根据工程使用材料情况比较，本工程采用某公司生产的压力补偿式滴灌管，产品性能如下：滴灌毛管外径 16mm，滴灌毛管进口压力 0.1MPa，滴头间距 0.5m，滴头流量 $q=2.75\text{L/h}$，水平最大铺设长度 90m。

2. 确定毛管布置方式

由于葡萄种植方向为南北向，并且成行成列，非常规整，因此，毛管布置采用每行葡萄铺设一条滴灌管，根据地块实际长度和产品的最大水平铺设长度确定毛管的长度为 80m，毛管直接铺设在葡萄根部附近。

3. 计算土壤湿润比

根据项目四任务三中式（4-6）：
$$p = N_P S_e W / (S_P S_R) \times 100\%$$

其中：

每棵作物滴头数：$N_P = 0.8 \div 0.5 = 1.6$（个）；

灌水器间距：$S_e = 0.5\text{m}$；

湿润带宽度：$W = 0.9\text{m}$；

作物柱距、行距分别为：$S_P = 0.8\text{m}$，$S_R = 2\text{m}$。

代入公式计算得：$p = 45\%$，满足设计土壤湿润比不小于 40% 的要求。

四、管网系统布置

根据工程范围内的地形图，干管沿区内生产路布置，自水井向西至最末端；分干管沿葡萄种植行与干管垂直布置，直至地块中点；支管沿垂直分干管（垂直葡萄行方向）左右两侧等距离至轮灌区边界；毛管沿葡萄种植方向布置。具体见图 4-43。

五、灌溉制度、工作制度及灌水均匀度

1. 灌溉制度

（1）最大净灌水定额。最大净灌水定额可用项目四任务三中式（4-5）计算：
$$m_{\max} = \gamma z p (\theta_{\max} - \theta_{\min})$$

其中：

土壤容重：$\gamma = 1.4\text{t/m}^3 = 1.4\text{g/cm}^3$；

土壤计划湿润层深度：$z = 0.6\text{m} = 600\text{mm}$；

土壤湿润比：$p = 45\%$；

适宜土壤含水率上限：$\theta_{\max} = 24\% \times 90\% = 21.6\%$；

适宜土壤含水率下限：$\theta_{\min} = 24\% \times 70\% = 16.8\%$。

代入公式计算得：$m_{\max} = 18.14\text{mm}$。

(2) 设计灌水周期。设计灌水周期可按项目四任务三中式（4-7）、式（4-8）计算：

$$T \leqslant T_{\max}$$

$$T_{\max} = \frac{m_{\max}}{I_b}$$

其中：

最大净灌水定额：$m_{\max} = 18.14 \text{mm}$；

设计作物耗水强度：$I_b = 5.0 \text{mm/d}$；

最大灌水周期：$T_{\max} = \dfrac{m_{\max}}{I_b} = \dfrac{18.14}{5} = 3.63 \text{(d)}$；

因此，取设计灌水周期：$T = 3\text{d}$。

(3) 设计灌水定额。设计净灌水定额 m_d、设计毛灌水定额 m' 可分别按项目四任务三中式（4-9）、式（4-10）计算：

$$m_d = T I_b$$

$$m' = \frac{m_d}{\eta}$$

其中：

设计灌水周期：$T = 3\text{d}$；

设计作物耗水强度：$I_b = 5.0 \text{mm/d}$；

灌溉水利用系数：$\eta = 95\%$。

代入公式计算得：$m_d = 3 \times 5 = 15 \text{(mm)}$，$m' = \dfrac{15}{0.95} = 15.79 \text{(mm)}$。

(4) 一次灌水延续时间。一次灌水延续时间由项目四任务三中式（4-11）确定：

$$t = \frac{m' S_e S_l}{q_d}$$

其中：

设计毛灌水定额：$m' = 15.79 \text{mm}$；

灌水器间距：$S_e = 0.5 \text{m}$；

毛管间距：$S_l = 2 \text{m}$；

灌水器设计流量：$q_d = 2.75 \text{L/h}$；

代入公式计算得：$t = \dfrac{15.79 \times 0.5 \times 2}{2.75} = 5.74 \text{(h)}$。

2. 系统工作制度

本工程拟采用轮灌方式进行灌溉，日工作时间 18h，则最大允许轮灌组数目按项目四任务三中式（4-13）计算：

$$N \leqslant CT/t$$

其中：

设计灌水周期：$T = 3\text{d}$；

日工作时间：$C = 18\text{h}$；

一次灌水延续时间：$t=5.74h$；

代入公式计算得：$N \leqslant CT/t = 18 \times 3/5.74 = 9.41$（个）。

根据实际资料，本工程设计分为 8 个轮灌区，每个轮灌区毛管数为 30 条（双向，即 $N_1=30$），每根毛管长 $=80 \times 2 = 160(m)$，则滴头数 $N_2 = L/S_e = 160/0.5 = 320$（个），故每个轮灌组的流量为

$$Q = N_1 N_2 q_d/(1000\eta) = 30 \times 320 \times 2.75/(1000 \times 0.95) = 27.79(m^3/h)$$

小于水井供水流量 $32m^3/h$，满足要求。

【案例 4-5】 在上文中本工程系统工作制度制定设计时，根据计算结果，最大允许轮灌组数目为 9 个。但从项目实际资料可知：葡萄园区地形规整，葡萄南北向种植，干管沿区内生产路布置，自水井向西至最末端；分干管沿葡萄种植行与干管垂直布置，直至地块中点；支管沿垂直分干（垂直葡萄行方向）左右两侧等距离至轮灌区边界；毛管沿葡萄种植方向布置。设计轮灌组分组沿东西向划分，并以干管（生产路）为轴线对称布置，从平面布置图中可知园区东西向（垂直葡萄行方向）总长 240m，为了平均布置每个轮灌组毛管数量，所以在设计时将本工程设计分为 8 个轮灌组，而非 9 个。

【分析】 在进行工程设计时应考虑实事求是、因地制宜的原则，大家要在学习和实践中注意经验积累，提高自身职业素养。同时这也是"工匠精神"着眼于细节、精益求精的内涵体现。

3. 灌水均匀度

由于采用了压力补偿式滴头，滴头出流量保持恒定，可满足灌水器设计允许流量偏差率不大于 20% 的要求。

六、流量计算及管径确定

1. 各级管道流量计算

（1）每条毛管流量：

$$\sum q = q_d/(1000\eta) = 320 \times 2.75/(1000 \times 0.95) = 0.93(m^3/h)$$

（2）每条支管的流量：

$$Q_i = 15 \times \sum q = 15 \times 0.93 = 13.89(m^3/h)$$

（3）干管的流量：

$$Q = 2 \times Q_i = 2 \times 13.89 = 27.78(m^3/h)$$

2. 管径的确定

根据输送流量、经济流速（<2m/s）等，选取各级管道直径如下。

干管：流量为 $27.78m^3/h$，选取 110mm PVC 管道（承压 0.63MPa，壁厚 3.2mm），流速为 0.915m/s。

干支管：流量为 $27.78m^3/h$，选取 90mm PVC 管道（承压 0.63MPa，壁厚 2.7mm），流速为 1.373m/s。

支管：最大流量为 $13.89m^3/h$，选取 50mm PE 管道（承压 0.4MPa，内径 50mm），属于多孔出流管。

毛管：为 16mm 压力补偿式滴灌管。

七、系统扬程的确定

1. 毛管水头损失计算

由于采用了压力补偿式滴头，允许水头在 10~40m 范围内变化，根据厂家提供的铺设长度要求，不再进行毛管损失计算，毛管进口处要求水头为 10m 水柱高。

2. 支管水头损失计算

支管选用 50mm PE 管（内径 50mm），负担 30 条毛管的供水任务，双向铺设，支管单向承担 15 个出水口。

根据任务 4.3 中等距、等量分流多孔管道沿程水头损失计算式（4-29）、式（4-30）计算支管沿程水头损失：

$$h_f = f \frac{Q_g^m}{D^b} L$$

$$h_f' = h_f F$$

其中：

查表 4-10 得：$f=0.505$、$m=1.75$、$b=4.75$；

查表 4-11 得：$F=0.378$；

管道流量：$Q_i = 13.89 \text{m}^3/\text{h} = 13.89 \times 10^3 \text{L/h}$；

支管长度：$L=30\text{m}$；

管径：$D=50\text{mm}$；

代入公式计算得：$h_f' = 0.505 \times \frac{(13.89 \times 10^3)^{1.75}}{50^{4.75}} \times 30 \times 0.378 = 0.867(\text{m})$，局部水头损失取沿程水头损失的 11%，即：$h_j = 0.11 \times h_f' = 0.11 \times 0.867 = 0.095(\text{m})$。

则支管水头损失为

$$h_支 = h_f' + h_j = 0.867 + 0.095 = 0.962(\text{m})$$

支管进口压力为

$$H_支 = 10 + 0.962 = 10.962(\text{m})$$

3. 干支管、干管水头损失计算

沿程水头损失 h_f 计算公式和支管计算一样，查表 4-10 得：$f=0.464$、$m=1.77$、$b=4.77$；局部水头损失按沿程水头损失的 11% 考虑，即 $h_j = 0.11 \times h_f$。

(1) 干支管。干支管流量 $Q=27.78\text{m}^3/\text{h}=27.78 \times 10^3 \text{L/h}$，选取 90mm PVC 管道（承压 0.63MPa，壁厚 2.7mm），$d=90-5.4=84.6\text{mm}$，$L=86\text{m}$，则

$$h_f = 0.464 \times \frac{(27.78 \times 10^3)^{1.77}}{84.6^{4.77}} \times 86 = 1.874(\text{m})$$

干支管水头损失为

$$h_{干支} = h_f + h_j = 1.874 \times (1+0.11) = 2.08(\text{m})$$

干支管入口处的进口压力为

$$H_{干支} = H_支 + h_{干支} = 10.962 + 2.08 = 13.042(\text{m})$$

(2) 干管。干管流量 $Q=27.78\text{m}^3/\text{h}=27.78 \times 10^3 \text{L/h}$，选取 110mm PVC 管道（承压 0.63MPa，壁厚 3.2mm），$d=110-6.4=103.6(\text{mm})$，$L=260\text{m}$，则

$$h_f = 0.464 \times \frac{(27.78 \times 10^3)^{1.77}}{103.6^{4.77}} \times 260 = 1.928(\text{m})$$

干管水头损失为

$$h_{干} = h_f + h_j = 1.928 \times (1 + 0.11) = 2.121(\text{m})$$

干管入口处的进口压力为

$$H_{干} = H_{干支} + h_{干} = 13.042 + 2.121 = 15.163(\text{m})$$

4. 系统扬程确定

首部枢纽由离心＋筛网组合过滤器、闸阀、水表、施肥装置、弯头等组成，过滤器水头损失可由产品说明书查得：$h_{滤} = 10\text{m}$；其他管件局部水头损失取 2m。$h_{滤首} = 10 + 2 = 12(\text{m})$。

泵管选用 DN80 镀锌管道，$L = 87\text{m}$，则

$$h_{井} = 1.1 \times 0.861 \times \frac{(27.78 \times 10^3)^{1.74}}{80^{4.77}} \times 87 = 3.718(\text{m})$$

系统扬程为

$$H = H_{干} + h_{滤首} + h_{井} + H_{井} = 15.163 + 12 + 3.718 + 80 = 110.881(\text{m})$$

八、首部枢纽设计

1. 水泵选型

根据 $Q = 27.78\text{m}^3/\text{h}$、$H = 110.881\text{m}$，查阅水泵型号表，选取井用潜水泵型号为 175QJ32-120/10，电机功率 $N = 18.5\text{kW}$。

2. 过滤器

根据水源水质状况，水中含有少量的沙，选用 1 台 3″离心过滤器、2 台 3″筛网过滤器（过滤等级为 200 目）并联，进行组合过滤。

3. 施肥系统

选用压差式施肥罐进行施肥。

4. 其他附件

止回阀、闸阀、螺翼水表、进排气阀、压力表等。

九、工程预算

该工程的材料预算见表 4-12。

表 4-12　　　　　　　　葡萄滴灌工程材料预算清单

序号	设备	型号	数量	单位	单价/元	复价/元	备注
	首部枢纽					31263.0	
1	水泵	175QJ32-120/10	1	台	7200.0	7200.0	带 3m 电缆
2	镀锌钢管	DN80	88	m	46.0	4048.0	
3	钢法兰盘	DN80	2	个	45.0	90.0	
4	铸铁闸阀	DN80	1	个	388.8	388.8	
5	止回阀	DN80	1	个	288.0	288.0	
6	PVC 法兰盘	90mm	12	个	56.0	672.0	

续表

序号	设备	型号	数量	单位	单价/元	复价/元	备注
7	离心过滤器	LX-DN80	1	套	7800.0	7800.0	
8	螺翼水表	DN80	1	个	570.0	570.0	水平式
9	压差式施肥罐		1	套	4200.0	4200.0	
10	施肥阀	DN80	1	个	480.0	480.0	
11	PVC活接头	90mm	4	个	85.0	340.0	
12	PVC内丝接头	90mm×3″	4	个	32.0	128.0	
13	筛网过滤器	120目3″	2	个	1500.0	3000.0	塑料材质
14	PVC正三通	90mm	2	个	40.8	81.6	
15	PVC异径三通	90mm×50mm	2	个	31.0	62.0	
16	PVC异径直通	50mm×32mm	1	个	6.2	6.2	
17	PVC平口球阀	32mm	1	个	13.7	13.7	
18	PVC异径直通	32mm×20mm	1	个	1.0	1.0	
19	PVC内丝接头	20mm×1/2″	1	个	1.0	1.0	
20	压力表	0.63MPa	1	个	38.0	38.0	
21	进排气阀	40mm	1	个	56.0	56.0	
22	PVC外丝接头	50mm×11/2″	1	个	4.5	4.5	
23	PVC平口球阀	50mm	1	个	25.0	25.0	
24	PVC异径直通	110mm×90mm	1	个	25.6	25.6	
25	PVC90°弯头	90mm	16	个	33.0	528.0	
26	PVC管	110mm/0.63MPa	4	m	33.8	135.2	带承插口
27	PVC管	90mm/0.63MPa	12	m	23.4	280.2	带承插口
28	辅材		1	批	800.0	800.0	
	地下管网					32104.0	
1	PVC管	110mm/0.63MPa	264	m	33.8	8923.2	带承插口
2	PVC直通	110mm	6	个	28.9	173.4	
3	PVC伸缩节	110mm	1	个	45.0	45.0	
4	PVC90°弯头	110mm	2	个	56.0	112.0	
5	PVC堵头	110mm	1	个	21.6	21.6	
6	PVC异径三通	110mm×90mm	8	个	74.8	598.4	
7	PVC法兰盘	90mm	16	个	56.0	896.0	
8	铸铁闸阀	DN80	8	个	388.8	3110.4	
9	PVC管	90mm/0.63MPa	688	m	23.4	16064.8	带承插口
10	PVC堵头	90mm	8	个	14.5	116.0	

续表

序号	设备	型号	数量	单位	单价/元	复价/元	备注
11	PVC异径三通	90mm×63mm	8	个	35.6	284.8	
12	PVC管	63mm/0.63MPa	16	m	11.7	187.2	
13	PVC平口球阀	63mm	2	个	35.7	71.4	泄水阀
14	辅材		1	批	1500.0	1500.0	
	地上管网及灌水器					69626.0	
1	PVC90°弯头	63mm	8	个	10.1	80.8	
2	PVC内丝接头	63mm×2″	8	个	6.9	55.2	
3	PE螺软变接头	50mm	8	个	12.0	96.0	
4	PE正三通	50mm	8	个	8.9	71.2	
5	PE管(防老化)	50mm/0.4MPa	480	m	9.4	4531.2	内径管
6	PE直通	50mm	4	个	6.4	25.6	
7	PE堵头	50mm	16	个	4.0	64.0	
8	卡箍		16	个	1.0	16.0	
9	旁通接头	滴灌管专用	496	个	1.9	942.4	
10	滴灌管	2.75L/h，0.5m	38600	m	1.6	61760.0	
11	滴灌管堵头	16mm	480	个	0.8	384.0	
12	辅材		1	批	1600.0	1600.0	
	其他附件					3910.0	
1	PVC胶水	1kg	30	瓶	78.0	2340.0	
2	打孔器	旁通专用	5	个	120.0	600.0	
3	螺栓螺母	M16	180	套	5.0	900.0	
4	生料带		20	盘	3.5	70.0	
	材料费总计					136903.0	

注 此清单不含土建、运费及安装等费用，材料单价随市场价格波动，只供参考。

任务五 微灌工程施工安装

一、施工要求

（1）施工前深入规划灌区，全面踏勘、调查了解施工区域情况，认真分析工作条件，编写施工计划。大工程还应按照要求制订施工组织设计。

（2）施工安装必须按批准的设计进行，需要修改设计或变更工程材料时，应提前与设计部门协商研究，较大的工程必要时还需经有关部门审批。

（3）微灌工程施工涉及工种较多，必须加强各工种间协作，按照工序有组织、有计划地施工。

(4) 全面了解专用设备结构特点及用途，严格依照技术要求安装。因地制宜地采用先进可行的施工技术，在保证施工质量的前提下提高工效，按期完成工程建设。

(5) 开工前应先了解施工准备工作情况，检查施工现场条件，对影响安全之处必须采取可行措施，同时加强安全教育，确保施工安全。

二、施工前的准备工作

(1) 全面了解和熟悉微灌工程的设计文件，包括灌区地形、供水、首部枢纽、管网系统等全部设计图及对灌水器的选择方案；同时核对有关设计技术参数，对不理解或达不到施工工艺部分，应在开工前向设计部门提出，以统一认识，合理地修订设计。

(2) 根据工程规模编制相应的简明施工计划，指导各工种有条不紊地进行施工。计划内容应包括以下几方面：

1) 建立施工组织，确定分管技术、后勤的工作人员，明确各自职责。
2) 拟定放样、定线各项施工顺序。
3) 依照各工种工作特点，编拟工种劳力组合及全部工程所需劳力计划。
4) 编制工程材料、设备供应计划。
5) 明确施工的进度、检查质量的方法和有关措施。
6) 组织领导和安全措施等。

(3) 核查设备器材：开工前必须逐项查对设计文件中所提出的各种设备、工程材料，主要是首都控制枢纽、供水配水管网，灌水器的规格、质量、数量及组装构件是否成套。大工程还应检查水泥、钢材、砂石备料等，发现问题及时采取措施解决，以便顺利施工，确保工程的质量。

(4) 施工与设备安装工具准备：微灌工程施工包括土建和专用设备安装两大部分。

土建工程施工应视工程规模、施工难易、工程量等准备施工设备。为了提高工作效率和质量，大型系统除一般工具外，有条件地区应提供平整、开沟、牵引管道、混凝土拌和等施工机械。小工程只需准备施工用铁镐、铁锹、运输、夯实等工具。

三、施工与安装

1. 施工放线与土石方开挖

(1) 放线。根据设计图上标定工程部位，按照由整体到局部、先首部控制后尾部原则放线。为了便于控制、监测工程标准，较大工程系统应在施工现场设置施工测量控制网。从首部枢纽开始，画出枢纽控制室轮廓线，标定干管（或主管）出水口位置、设计标高，由此点起用经纬仪对干、支管进行放线。

(2) 蓄水池、首部枢纽基础开挖。根据放线标桩、设计高程开挖土石方。

为了保证工程质量和安全施工，在动工前应先具体了解工作段地质、土壤状态。挖方较深、土质松散地段，可加宽开挖线，必须保证边坡稳定。

枢纽房基础一般需挖至底板以下，中型动力机泵［3in（1in＝2.54cm）泵、10kW 电机以上设备］基座必须浇筑在未搅动的原状土上。清基开挖基槽应四周留有余地，便于施工作业。

蓄水池施工前应先清基，在大于设计池底面积内打深孔，预测有无隐患，了解地质结构。挖基中做好施工记录，针对具体条件采用相应技术措施，把水池修建在可靠地基上。

(3) 管槽开挖。依照放线中心和设计槽底高程开挖。平坦地区布干、支管，管槽开口宽 30cm 左右，地形复杂、挖方较深工段，应视地质条件适当加宽开挖面，以达到边坡稳定，防止滑塌。管槽深一般为 60cm 左右，寒冷地区应视当地具体情况加深至冻土层以下，防止冻胀影响管道。

管槽底部应当一次整平，清除石块、瓦砾、树根等硬质杂物。开挖土料堆放一侧，虚土不得堆得过高，以防塌入沟内造成返工浪费。为了便于排除管内积水，一般管槽应有 1‰～3‰ 坡降；按照设计高程开挖土料，不得超挖；管槽通过岩石、砖砾等硬物易顶伤管道地段，可将沟底超挖 10～15cm，清除石块，再用砂和细土回填整平夯实至设计高程。沿管槽计划修阀门池、镇墩处必须照设计标准一次做完土石方，四周留有余地，夯实、整平底部，方便下道工序施工作业。

2. 首部安装

我国当前微灌工程首部枢纽设备一般由水泵、电机、蓄水调节池、控制阀门、调压阀、化肥罐、压力表、过滤器和量测仪表等组成。在水源位置高、有自压条件的地方，通过压力管道将水直接引入枢纽房。在高于供水设施水面处装上开敞式化肥罐并与系统连接，这样就构成一个较完整的自压微灌枢纽。为了达到坚实耐用、确保正常运行，必须严守技术操作规定，精心安装。安装时应做到以下六点：

(1) 全面熟悉枢纽设计图上各系统组装结构，了解设备性能，按具体要求施工。

(2) 详细核查各种设备。由整体到零部件全面核对数量、规格、质量、达到系统完整。发现毛刺阻水、口径变形、密封不严等构件，必须全面检修或由生产厂更换才可安装。

(3) 微灌系统是有压输水，各种设备必须安装严紧，胶垫孔口应与管口对准，防止遮口挡水。法兰盘螺丝应平衡紧固，螺纹连接口需加铅油上紧，达到整个系统均不漏水。

(4) 压力表连接管应采用螺纹形缓冲管加上仪表阀门再与水管连接，以防水锤损坏仪表。

(5) 电机水泵组装必须达到同一轴线，用螺栓平稳紧固于混凝土基座上，同时按照电机安装说明接通地线，确保运行安全。

(6) 在易积水处应加排水通道和阀门，以便冬季排除余水，防止冻坏设备。

3. 管道安装

微灌系统输、配水管网大都采用塑料制品。大型微灌工程输水管道亦有采用水泥制品管或金属管。这类管道安装与一般工程规定相同，可参照有关标准中的规定进行施工，这里只重点阐述几种塑料管道的施工安装方式。

微灌工程上用的塑料管一般有聚氯乙烯或聚乙烯硬管，支、毛管用聚乙烯半软管。干、支管埋于地下；毛管除移动式灌水系统铺设在作物行间外，为了防止老化和损坏，大多数也设置于地下。

对于塑料管，施工前应选择符合微灌系统设计的管道，检查质量和内径尺寸。为了保证工程质量，对有破裂迹象、口径不正、管壁薄厚不匀、管端老化等管道不能使用。

塑料管连接方法较多，除正常用配套管件连接外，还有承插连接、开水煮浴法连接、热熔对口粘接等多种连接形式。

对于管道铺设，根据设计标准，由枢纽起沿主、干管管槽向下游逐根联结，夏天施工应在清早或傍晚进行，以免在烈日下施工时塑料管受热膨胀、晚间变凉管道收缩而导致接头脱落、松动、移位，造成漏水。

连接管道时，可每距8m左右在绕开接头部位处先回填少量细土，压稳管位，以便施工。

铺设聚乙烯半软管，应将管道以圆盘形沿管槽慢慢滚动把管子放在沟内，禁止扭折或随地拖拉，以防磨损管道。为了防止泥土进入管内，施工前应将管子两端暂时封闭。或将上端管口先与输水接口连接紧，再由上向下铺放管道。

微灌系统主、干管道多用硬质聚氯乙烯塑料管，PVC管对温度变化反应比较灵敏，热应力易引起热胀冷缩变化，宜采取安装伸缩节方法予以补偿，以免导致管道与设备附件拉脱、移位。为此，温差变化较大的地区连接管长超过60m时宜安装伸缩节。

对于小管径半软管，管道铺放时不应拉得过紧，可以放松让其呈自由弯曲状设置于管槽内，以补偿温度差引起的变化影响管路。总之，无论哪种管道，施工时都应选择天凉、温差变化不大时向管沟覆土，尽量减少温度对管道施工质量的影响。

附件安装包括调压控水阀、螺纹接头、分水三通、活动接头、通气阀等部件，根据设计要求在便于施工作业条件下铺设管道时一次组装，达到位置准确、连接牢靠、不漏水。3in以上阀门应设置在砖砌底座上，斜坡上施工可用卡箍固定，2in以下阀门装置时底部可悬空，一般距阀门底10cm左右。采用螺纹口连接阀门，一般应安装活接头，便于检修时装卸。阀门上口应加钢筋混凝土盖板，板上预留钢筋提手，方便起闭和检修，冬季加盖亦可防冻。

4. 毛管安装

(1) 毛管布置数量多、较集中。一般施工顺序是先主、干管再支、毛管，以便全面控制，分区试水。支管与干管组装完成后再照垂直于支管方向铺设毛管。移动式毛管必须沿等高线或梯地设置在地面上，固定式系统大多数把毛管埋没在果树行间，为了避免冻害和机耕影响，毛管埋深约40cm或埋在冻土深度线以下。

(2) 按照设计标准将毛管沿果树宽行向或等高线方向顺序摆放整齐、铺放时必须将两端暂时封闭，严防泥土、砂粒等杂物进入管道而引起灌水器堵塞。

(3) 安装旁通和毛管。沿着已布置好的支管，按照设计规格，用小于旁通插头1mm左右的钻头在支管上由上而下打孔，打孔时钻头必须垂直于支管，不能钻斜孔，防止由旁通插管处漏水。

为了预防打孔和安装旁通时，泥土、砂粒进入支管，采取打一个孔即装一个旁通。为使旁通与支管紧密连接，防止漏水，安装旁通时先给旁通插管周围涂黏合胶，或者装上薄橡皮垫片，然后将旁通安在支管上，随即用细铁丝或专用管卡扎牢固，同时往旁通接头段上装根毛管，让其竖直通向地面，上端封闭以防泥土灌入管内。一条支管装完旁通和毛管连接段后便将支管放入管槽内，放水冲洗、试压后即可覆土填管槽。

5. 灌水器安装

（1）微管安装：按设计长度准确地剪取微管。按照规定间距用平头打孔锥在毛管上垂直打孔，只能打通一面管壁，严防锥通毛管两壁造成漏水。为防止微管管口变形，需用锋利剪刀剪断微管，微管一端宜剪成斜面以便插入毛管，微管插入深度为毛管管径的1/4为宜，各条微管插深应当一样，另一端安装滴头，并用插杆将滴头固定在所需位置上。对成年果树灌水时，一般将微管以辐射状布置于果树周围，或者将微管以缓弯曲形式均匀布设；移动式微灌密植作物时，应将微管绕缠于毛管上，绕管时严禁弯折，必须以缓弯形绕管，再用塑料细线绑扎在毛管上。

（2）管上式滴头安装：用直径小于孔口滴头接口外径约1mm锥子（又称打孔器）在毛管上按设计距离打孔，随即装上滴头。

（3）管间式滴头安装：这种滴头连接于两段毛管之间，先将毛管剪成段，然后与滴头连续接起来形成一条滴水毛管。滴头安装时应注意将有进水口一端向上游，滴头接头应全部插入毛管中，与之紧密连接，以防漏水和脱落。天气较凉时安装滴头比较困难，可将已剪的毛管头部放在热水中浸热变软随即取出与滴头插接。

（4）微灌管（带）安装：一般是把微灌管（带）与旁通连接即可。

灌水器形式有多种，安装方法同中有异，可参照安装说明书进行安装，总的要求是插接处不漏水，灌水器稳固，便于维修保养。

6. 冲洗与试运行

冲洗与试运行的目的是尽量避免泥土、砂粒和钻孔时塑料粉末等污物随水进入管道而堵塞灌水器，影响灌水质量，这也是考核微灌设备制造和施工安装质量的一种综合性检测方式。为此，在工程建成后未投入使用前，应对全系统进行冲洗与试压和试运行，经测试符合设计标准时才允许交付生产单位正式使用。

（1）冲洗与试压：对已安装好的微灌系统，应当集中时间抓紧冲洗、试水检测。一般是先冲洗后试压，冲洗时待最远处管内全部出清水、杂物彻底清除后方可堵上堵头。若工程较大、首部流量不够，可分区冲洗。发现质量问题必须及时解决，使工程尽快交付使用。

（2）试运行：当全系统所有设备冲洗干净、试水正常后就可进行系统试运行。试运行时可使各级管道和滴头及相应附属装备都处于工作状态，连续运转4个小时以上，选择有代表性的2～3条毛管用仪表检测技术性能，对运行水压、滴水量、均匀性等进行全面观测，并对结果进行计算评价。待全系统运转正常、基本指标都达到设计规定值，认为符合质量要求，整个系统才可交付使用。

（3）回填：全系统经冲洗、试压和试运行，证明工程质量符合要求，才能将各级沟槽回填。

7. 竣工验收

竣工验收工作是全面检查和评价微灌工程质量的关键工作，可考核工程建设是否符合设计标准和实际条件，能否正常运行并交付生产单位应用。竣工验收是整个工序中一个重要环节，不论大小工程都应进行。

（1）验收前应由业务主管部门负责协调和组织设计单位、施工单位、使用单位或用户代表参加的工程验收小组，进行各项验收工作。

（2）对工程进行全面了解，由水源直到田间灌水器逐一检查施工安装质量。

（3）为了具体了解所建工程实际运行状态，在进行图纸对照检查的同时，可实地抽样检测，例如对机泵设备进行2~3次启动试验运转，注意观察是否安全可靠、方便操作，机体是否稳定和声音是否正常等，抽查调压阀门、池管端与阀门安装质量，是否有漏水现象，同时分上、中、下游抽几条毛管在有代表性部位实测灌水器的出水量和系统的灌水均匀度。

（4）按照上述工作程序和内容全面进行验收，同时由竣工验收小组对验收结果进行整理分析和总结，编写竣工验收报告。

为便于查阅，全套文件及资料应由设计、施工、使用单位各保存一套，做好技术归档工作，以备查阅。

【岗位分析】微灌工程施工管理人员要具备良好的职业道德和高度的岗位责任感，在工作中应牢记"严谨规范，质量第一，安全第一"的职业行为准则，实事求是，规范操作，根据任务分工协调统一，通过团队协作最终完成工程项目的施工建设。

任务六　微灌工程运行管理

一、一般规定

（1）微灌工程必须对每种设备按产品说明书规定和设计条件分别编制正确的操作规程和运行要求。

（2）微灌工程应按设计工作压力要求运行。

（3）微喷灌工程应在设计风速范围内作业。

（4）应认真做好运行记录，内容应包括：设备运行时间、系统工作压力和流量、能源消耗、故障排除、收费、值班人员及其他情况。

二、首部枢纽的运行管理

（1）水泵应严格按照其操作手册的规定进行操作与维护。

（2）每次工作前要对过滤器进行清洗。

（3）在运行过程中若过滤器进出口压力差超过正常压力差的25%~30%，要对过滤器进行反冲洗或清洗。

（4）必须严格按过滤器的设计流量与压力进行操作，不得超压、超流量运行。

（5）施肥罐中注入的固体颗料不得超过施肥罐容积的2/3。

（6）定期对施肥罐进行清洗。

（7）系统运行过程中，应认真做好记录。

三、水泵管理

（1）水泵在启动前应进行一次详细的检查，主要检查以下几点：

1）水泵与电机的联轴器或皮带轮是否同心或对正。

2）润滑油位是否合适，油质是否洁净。

3）各部分的螺丝有无松动现象。

4）需要灌水的水泵，启动前要灌清水，不可在无水状态下启动。

5）离心泵启动前应关闭出水管路上的闸阀，以降低启动电流。

（2）水泵在运行中的检查和维护主要做到以下两点：

1）检查各种测量仪表的读数是否在规定值的范围内，水表读数是否与水泵流量一致。

2）检查水泵和管道各部分有无漏水和进气的情况，应保证吸水管不漏气。

四、过滤器的运行管理

1. 网式过滤器的工作原理及使用须知

网式过滤器在结构上比较简单，当水中悬浮颗粒的尺寸大于过滤网的孔径尺寸时，就会被截流，但当网上积聚了一定量的污物后，过滤器进出口之间会发生压力差，当进出口压力差超过原压差 0.02MPa 时，就应对网芯进行清洗。清洗方法如下：

（1）将网芯抽出清洗，同时用清水冲洗两端的保护密封圈，也可用软毛刷刷洗，但不能用硬物刷洗。

（2）当网芯内外清洗干净后，再将过滤网金属壳内的污物用清水洗净，由排污口排出。

（3）由于过滤器的网芯很薄，所以在清洗时不要用力过大，以免弄破。一旦网芯破损，不可继续使用，必须立即更换。

（4）按要求重新装配好过滤器。重新装好网芯封盖。安装封盖时不可压得过紧，由此可延长橡胶使用寿命。

2. 离心式过滤器的使用须知

工作原理：由水泵供水经水管切向进入离心体内，旋转产生离心力，推动旋流，促使泥砂进入集砂罐，清水则顺流进入出水口。由此完成了第一级的水砂分离，清水经出口、弯管、阀门进入网式过滤器，再进行后面的过滤。

使用要求如下：

（1）离心式过滤器通常用做较差水质情况下的前端过滤，因此会产生较多的沉淀泥砂，它下面的集砂罐设有排砂口，使用时要不断地进行排砂。

（2）排砂时首先关闭出水阀，打开排污阀，启动水泵进行排水、排砂直到井内出清水为止。然后停止水泵，关闭排污阀，打开出水阀，启动水泵，滴灌系统可以工作。正常工作时要视水质情况，经常检查集砂罐，避免罐中砂量太多使离心式过滤器不能正常工作。

（3）在进入冬季之前，为防止整个系统冻裂，要打开各级设备所有阀门，把存水排干净。

3. 过滤器运行前的准备

(1) 开启水泵前认真检查过滤器各部位是否正常，各个阀门此时都应处于关闭状态，确认无误再启动水泵。

(2) 在系统运行之前，打开网式过滤器，检查网芯内有无砂粒和破损，确认其网面无破损后装入壳内，不得与任何坚硬物质碰撞。

(3) 水泵开启应使其运转3~5min，使系统中空气由排气阀排出，待完全排空后，打开压力表旋塞，检查系统压力是否在额定的排气压力范围内，当压力表针不再上下摆动、设备无噪声时，可视为正常，过滤器可进入工作状态。

4. 过滤器运行操作程序

(1) 打开通向各个砂石过滤器之间的控制阀门，与前一阀门处于同一开启位置，不要完全打开，以保证砂床稳定，提高过滤器的使用精度。

(2) 缓慢开启砂石过滤器后过的控制阀门，与前一阀门处于同一开启程度，让水流平稳通过，使砂床稳定压实，检查过滤器两压力表之间的压力差是否正常。确认无误后，将第一道阀门缓缓打开，开启第二道阀门将流量控制在设计流量的60%~80%，一切正常后方可按设计流量进行。

(3) 过滤器工作完毕后，应缓慢关闭砂石过滤器后过的控制阀门，再关水泵以保持砂床的稳定，也可在灌溉完毕后进行反复的反冲洗，每组中的两罐交替进行直到过滤器冲洗干净，以备下次再用。如果过滤介质需要更换或部分更换也应在此时进行。砂石过滤器冲洗干净后，在没有上冻的情况下应充满干净水。

5. 注意事项

(1) 过滤器要按设计水处理能力运行，以保证过滤器的使用性。

(2) 过滤器安装前，应按过滤站的外形尺寸做好基础处理，以保证地面平整、坚实，做混凝土基础并留有排砂及冲洗水流道。

(3) 应有熟知操作规程的人负责过滤器的操作，以保证过滤器设备的正常运行。

(4) 在露天安装的过滤器，在冬季不工作时必须排掉过滤器内的所有积水，以防止冻裂，压力表等仪表装置应卸掉妥善保管。

(5) 过滤器在运行中出现意外事故时，应立即关泵检查，对异常声响应检查原因。使其正常后再进行工作。

五、施肥装置的使用管理

1. 施肥装置的结构及使用

(1) 压差式施肥装置。本装置是由专用施肥阀、施肥罐和连接管组成，是根据压力差的原理进行施肥的。首先将稀释过的无机肥装入罐内，调节施肥专用阀，使之形成一定的压力差，打开施肥专用阀旁的两个小阀门，将罐内的肥料压入灌溉系统中进行施肥。

注意事项如下：使用时应缓慢启闭施肥阀旁的小阀门。每次施完肥后应将两个小阀门关闭，并将罐体冲洗干净，不得将肥料留在罐内，以免造成腐蚀，影响使用寿命。在施肥装置后应加网式过滤设备，以免将未完全溶解的肥料带入系统中，造成灌溉设施的堵塞。施肥装置与水源之间一定要安装逆止阀，防止农药污染水源；施肥完毕应继续灌溉10～20min，用清水冲净管道内的肥料（药）。

（2）文丘里施肥器。本装置是由阀门、文丘里、三通、弯头连接而成的，体积小，结构简单。施肥时，适当关小球阀让水从施肥器中流过，施肥器开始施肥。

（3）注射泵。微灌系统常使用活塞泵或隔膜泵向管道中注入肥料或农药。根据驱动水泵的动力来源，其又可分为水驱动和机械驱动两种形式。

1）活塞施肥泵：泵进口通过软管插入肥料桶中，泵出口与管道相连。

2）水动施肥泵：又名注肥器，直接安装在供水管道上，不用电驱动，以水压做动力，通过软管与肥料桶连接，施肥时按设定的比例自动吸入肥料。

2．施肥装置的操作程序

（1）打开施肥罐，将所需滴施的肥（药）倒入施肥罐中。

（2）打开进水阀门，进水至罐容量的1/2后停止进水，并将施肥罐上盖拧紧。

（3）滴施肥（药）时，先开施肥罐出水阀门，再打开其进水阀门，稍后缓慢关闭两阀门之间（干管上）的闸阀，使其前后压力表差比原来压力增加约0.05MPa，通过增加的压力差将罐中肥料带入系统管网之中。

（4）滴肥（药）20～40min即可完毕。具体情况根据罐体容积大小和肥（药）量的多少判定。

（5）滴施完一个轮灌组后将两侧阀门关闭，先关进水阀，后关出水阀。将罐底球阀打开，把水放尽，再进行下一轮灌组。

3．操作过程中的注意事项

（1）罐体内肥料必须充分溶解后，才能进行滴施，否则影响滴施效果，引起罐体堵塞。

（2）滴施肥（药）应在每个轮灌小区滴水1/3时间后才可滴施，并且在滴水结束前半小时必须停止施肥（药）。

（3）滴施肥（药）结束，更换下一个轮灌组前，应有0.5h的管网冲洗时间，即进行0.5h滴纯水冲洗，以免肥料在管内沉积。

六、管网的运行管理

（1）系统在第一次运行前，需进行调试。可通过调整球阀的开启度进行调压，使系统各支管进口压力大致相同。调试完后，在球阀开启的相应位置上做好标记，以保证在以后的运行中，其开启度能维持在该水平。

（2）系统每次工作前要进行冲洗，在运行过程中，要检查系统水质情况，视水质情况对系统随时进行冲洗。

（3）定期对管网进行巡视，检查管网有无泄漏情况、各区毛管滴水是否均匀，如有漏水和滴水不均匀现象，要立即处置。

（4）系统运行时，必须严格控制压力表读数，应将系统控制在设计压力范围内，以保证系统能安全、有效地运行。

（5）进行分区轮灌时，每次开启一个轮灌组，当一个轮灌组结束后，应先开启下一个轮灌组再关闭上一个轮灌组，严禁先关后开。

（6）每年灌溉季节应对管地埋管进行检查，灌溉季节结束后，应对损坏处进行维修，冲净泥沙，排干存水。管网系统常见故障与排除方法见表 4-13。

表 4-13　　　　　　　　管网系统常见故障与排除方法

常见故障	可能产生的原因	排除方法
1. 压力不平衡 （1）第一条支管与最后一条支管压差＞0.04MPa。 （2）毛管首端与末端压差＞0.02MPa。 （3）首部枢纽进口与出口压力差大，系统压力降低，全部滴头流量差小	（1）出地管闸阀的开启位置欠妥。 （2）支（毛）管或连接部位漏水。 （3）过滤器堵塞，机泵功率不够。 （4）系统管网级数设计欠妥	通过调整出地管闸阀开关位置至平衡，检查管网并处理反冲洗过滤器，清洗过滤网，排污及检修机泵或电源电压，增加面积时考虑调整设计，每次滴水前调整各条支管的压力
2. 滴头流量不均匀，个别滴头流量减小	（1）系统压力过小。 （2）水质不符合要求，泥沙过大，毛管堵塞。 （3）毛管过长，滴头堵塞，管道漏水	调整系统压力，滴水前或结束时冲洗管网，排除堵塞杂质，分段检查，更新管道
3. 毛管漏水	毛管有砂眼，迷宫磨损变形	酌情更换部分毛管，播种机铺设毛管导向轮成 90°，且导向轮环转动灵活，各部分与毛管接触处应顺畅无阻
4. 毛管边缝渗水或毛管爆裂	（1）压力过大，超压运行。 （2）毛管制造时部分边缝粘不牢	调整压力，使毛管首端小于 0.1MPa；更换毛管
5. 系统地面有积水	（1）毛管或支件部分漏水。 （2）毛管流量选择与土质不匹配	检查管网，更换受损部件，测定土壤入渗强度，分析原因。缩短灌水延续时间

七、微灌灌水器的运行管理

（1）灌水前应对灌水器及其连接进行检查和补换。

（2）灌水时应认真查看，对堵塞和损坏的灌水器应及时处理和更换，必要时应打开毛管尾端放水冲洗。

（3）灌溉季节后，应对微喷头、滴头和滴灌管（带）等进行检查，修复或更换损坏和已被堵塞的灌水器。

（4）灌溉季节后，应打开滴灌管（带）末端进行冲洗，必要时应进行酸洗。移动式滴灌管（带）宜卷盘收回室内保管。

【岗位分析】微灌工程运行管理人员应具有良好的职业素养和责任意识，严格遵守日常运行、养护操作规程，遇到故障时能够快速有效地分析故障原因，科学制订合理的故障排除方案。

【能力训练】

1. 什么是微灌？其特点是什么？
2. 微灌系统由哪几部分组成？

3. 微灌系统可分为哪几类？
4. 微灌灌水器可分为几类？
5. 微灌工程规划设计一般包括哪些基本内容？
6. 微灌工程设计参数一般包括哪些内容？如何确定？
7. 什么是微灌的土壤湿润比？
8. 滴灌时毛管和灌水器如何布置？
9. 微喷灌时毛管和灌水器如何布置？
10. 什么是微灌系统的灌溉制度？其包括哪些内容？如何确定？
11. 微灌系统工作制度有哪些？

【知识链接】

1. 中国节水灌溉网
2. 《微灌工程技术标准》（GB/T 50485—2020）
3. 《灌溉与排水工程设计标准》（GB 50288—2018）

项目五

管道输水灌溉工程技术

学习目标

通过学习管道输水灌溉工程的布置和设计，让学生能独立或协同进行管道灌溉工程的规划和设计，培养学生吃苦耐劳、爱岗敬业、团队协作和诚实守信的精神，深刻理解灌溉对于农业生产的重要性，进一步强化学生对水利行业从业人员岗位的职业认同感，增强职业自豪感和使命感。

学习任务

1. 熟悉管道布置原则。
2. 掌握管道输水灌溉工程设计内容。
3. 掌握管道输水灌溉工程设计参数的确定方法。
4. 学会管道灌溉工程规划设计。

管道输水灌溉是以管道代替明渠输水灌溉的一种输水工程措施，通过一定的压力，将水直接由管道分水口分水输水进入田间沟畦或在分水口处连接软管输水进入沟畦，对农田实施灌溉。

管道输水灌溉相比土渠输水灌溉具有很多优点。管道输水系统有效地防止了输水过程中水的渗漏和蒸发损失，使输水效率达95%以上，比土渠、砌石渠道、混凝土板衬砌渠道分别多节水约30%、15%和7%；对于井灌区，由于减少了水的输送损失，可使从井中抽取的水量大大减少，因而可减少能耗25%以上；另外，以管代渠，可以减少输水渠道占地，使土地利用率提高2%～3%；它还具有管理方便、输水速度快、省工省时、便于机耕和养护等许多优点。

着眼于我国土地资源紧缺、人均耕地不足1.5亩的现实，管道输水灌溉具有显著的社会效益和经济效益。因此，对于地下水严重超采的北方地区，井灌区应大力推行管道输水技术，特别是新建井灌区，要力争实现输水管道化；2017年以来，南方经济条件允许的渠灌区也在大力推广管灌。由于管道输水灌溉技术的一次性投资较低（与喷灌和微灌相比），要求设备简单，管理方便，农民易于掌握，故特别适合于我国农村当前的经济状况和土地经营管理模式，深受广大农民的欢迎。

本章主要介绍工作压力低于0.2MPa、自成独立灌溉系统的管道输水灌溉工程技术。

任务一　管道输水灌溉工程布置原则

一、管道输水特点

1. 节水、节能

管道输水可减少渗漏损失和蒸发损失，与土垄沟相比，输水损失可减少 5%，水的利用率比土渠提高了 30%～40%，比混凝土等衬砌方式节水 5%～15%。对机井灌区，节水就意味着降低能耗。

2. 省地、省工

用土渠输水，田间渠道用地一般需占灌溉面积的 1%～2%，有的多达 3%～5%，而管道输水只需占灌溉面积的 0.5%，提高了土地利用率。同时管道输水速度快，避免了跑水、漏水现象，缩短了灌水周期，节省了巡渠和清淤维修用工。

3. 投资小、效益高

管道灌溉投资较低，一般每亩在 100～300 元左右。同等水源条件下，由于方便调节，能适时适量灌溉，满足作物生长期需水要求，因而起到增产增收作用。

4. 适应性强

压力管道输水，可以越沟、爬坡和跨路，受地形限制较少，施工安装方便，便于群众掌握，便于推广。配上田间地面移动软管，可解决零散地块浇水问题，适合当前农业生产责任制形式。

二、管道输水灌溉工程布置原则

根据《管道输水灌溉工程技术规范》（GB/T 20203—2017），管道输水灌溉工程有如下布置原则。

1. 工程规划原则

（1）应准确收集项目所在地的水源、水文地质与工程地质、气象、地形、土壤、作物，以及水利、农业、交通、电力、社会经济和生态环境等方面的基本资料。

（2）规划应符合当地农业发展规划、水利发展规划及现代灌溉发展规划。

（3）规划应与道路、林带、供水、供电、通信一级居民点等相协调，并充分利用已有水利工程设施。

（4）应将水源、输水管道系统及田间灌排工程作为一个整体统一规划，并进行多方案技术经济比较。

（5）山区、丘陵地区宜利用地形落差进行自压输水灌溉。

2. 设计原则

（1）管道系统布置应与排水、道路、林带等规划紧密结合，统筹安排。

（2）合理确定支管间距与出水口间距，适应田间灌水要求。

（3）系统运行可靠，维护管理方便。

（4）节省投资与运行管理费用，因地制宜地选择管材，管线顺直，进行必要的方案比较。

3. 管道输水管网布置原则

(1) 管道系统类型及管网布置形式应根据水源位置、地形、地貌和田间灌溉型式等合理确定。

(2) 管道系统宜采用单水源系统布置。当采用多水源汇流管道系统时，应经技术经济论证。

(3) 管道布置宜平行于沟、渠、路，应避开填方区和可能产生滑坡或受山洪威胁的地带，支管走向宜平行于作物种植行方向。

(4) 管道级数应根据系统控制灌溉面积、地形条件等因素确定。

(5) 管道布置应与地形坡度相适应。

(6) 管道布置宜总长度短、管线平直，并应减少折点和起伏。

(7) 给水装置间距应根据畦田规格确定，宜为 40~80m。

(8) 管道系统首部及干支管进口应安装控制和量水设施。

(9) 管道埋深应大于冻土层深度，且不宜小于 700mm。

任务二　管道输水灌溉工程设计内容

一、管道输水灌溉系统的组成和分类

1. 管道输水灌溉系统的组成

管道输水灌溉系统由水源与取水工程、输水配水管网系统和田间灌水系统三部分组成，如图 5-1 所示。

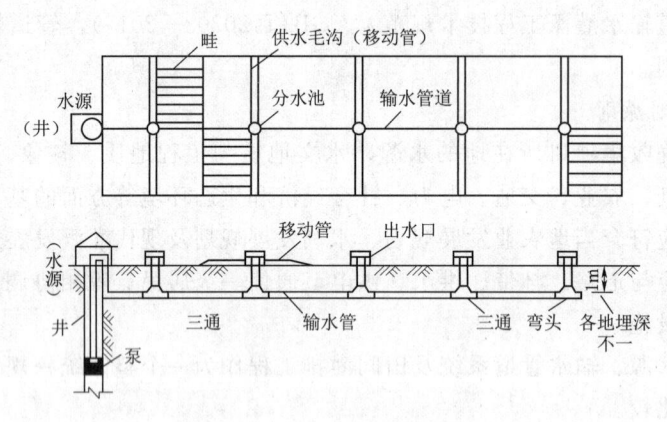

图 5-1　管道输水系统组成图

(1) 水源与取水工程。管道输水灌溉系统的水源有井、泉、沟、渠道、塘坝、河湖和水库等。水质应符合《农田灌溉水质标准》(GB 5084—2021)，且不含有大量杂草、泥沙等杂物。除有自然落差水头可进行自压管道输水灌溉外，一般需用水泵或动力机提水加压。

井灌区的取水工程应根据用水量和扬程大小，选择适宜的水泵和配套动力机、压力表及水表，并建有管理房。自压灌区或大中型提水灌区的取水工程还应改进水闸、分水闸、拦污栅及泵房等配套建筑物。

(2) 输水配水管网系统。输水配水管网系统是指管道输水灌溉系统中的各级管道、分水设施、保护装置和其他附属设施。在面积较大灌区，管网可由干管、分干管、支管和分支管等多级管道组成。目前，工程中采用最多的管材是硬质塑料管材。给配水装置，包括由地下输水管道伸出地面的竖管、连接竖管向田间畦沟配水的出水口或连接竖管和地面移动管道的给水栓；为防止管道系统运行时可能发生的水锤等破坏，在管道系统的首部或适当位置安装调压、限压及进排气阀等装置。

(3) 田间灌水系统。田间灌水系统指出水口以下的田间部分，它仍属地面灌溉，包括：田间农渠、毛渠，田间闸管系统，田间波涌灌控制器等。作为完整的节水型管道输水灌溉系统，田间灌水设施十分重要，否则，田间灌水浪费现象会依然存在。灌溉田块应进行平整，畦田长宽适宜，灌水沟长度不宜过长；为达到灌水均匀、减小灌水定额的目的，通常将长畦改为短畦，长沟改为短沟。

2. 管道输水灌溉系统的分类

管道输水灌溉系统按其压力获取方式、管网形式、管网可移动程度的不同等可分为以下类型。

(1) 按压力获取方式分类。按压力获取方式，管道输水灌溉系统可分为机压（水泵提水）输水系统和自压输水系统。

1) 机压（水泵提水）输水系统。水源水位不能满足自压输水，需要利用水泵加压将水输送到所需要的高度后，方可进行灌溉。机压输水系统分两种形式：一种形式是水泵直流式，即水泵直接将水送入管道系统，然后通过分水口进入田间；另一种形式是蓄水池调蓄式，即经水泵加压通过管道将水输送到某一高位蓄水池，然后由蓄水池通过管道自压向田间供水。截至2023年年底，井灌区管道系统大部分采用水泵直送式。

2) 自压输水系统。当水源较高时，可利用地形自然落差所提供的水头作为管道输水所需要的工作压力。在水源或渠道位置较高（如丘陵地区）的自流灌区多采用这种形式。

(2) 按管网形式分类。按管网形式，管道输水灌溉系统可分为树状管网和环状管网两种类型。

1) 树状管网。管网呈树枝状，水流通过"树干"流向"树枝"，即从干管流向支管、分支管，只有分流而无汇流，如图5-2 (a) 所示。

2) 环状管网。管网通过节点将各管道连接成闭合的环状。根据出水口（给水栓）位置和控制阀启闭情况，水流可做正方向或逆方向流动，如图5-2 (b) 所示。

环状管网供水的保证率较高，但管材用量大，投资高，只在一些试点地区应用，国内管网形式目前主要为树状管网。

(3) 按固定方式分类。按固定方式，管道输水灌溉系统可分为移动式、半固定式和固定式。

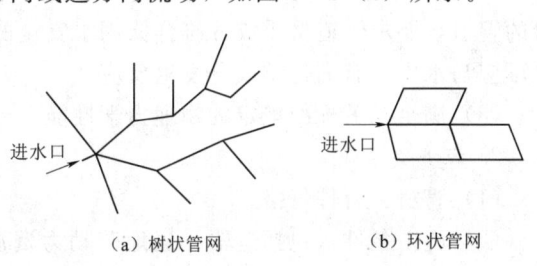

图5-2 管网系统示意图

1) 移动式。除水源外，管道及分水设备都可移动，机泵有的固定，有的也可移动，管道多采用薄膜塑料软管（小白龙）或维纶涂塑软管，简便易行，一次性投资低，使用灵活，适应性强，能够跨沟过路任意转弯。但软管不耐用，易破损，寿命一般只有1～2年。在高秆作物生长后期，因为作物长得高，在行间地垄里移动软管有困难。目前其多在井灌区临时抗旱时应用。

2) 半固定式。其管道灌溉系统的一部分固定，另一部分移动。一般是水源固定，干管或支管为固定地埋管，由分水口连接移动软管输水进入田间。这种形式支管间距较大，出水口间距也大，相应也减少了固定地埋管用量，降低了单位面积投资，使工程投资介于移动式和固定式之间，比移动式劳动强度低，但比固定式管理难度大，经济条件一般的地区，宜采用半固定式系统。

3) 固定式。管道灌溉系统中的水源和各级管道及分水设施均埋入地下，固定不动。给水栓或分水口直接分水进入田间沟畦，没有软管连接。田间毛渠较短，固定管道密度大，标准高。这类系统一次性投资大，但运行管理方便，灌水均匀。有条件的地方应逐渐推行这种形式。

二、管材与管件

管材是管道输水灌溉系统的重要组成部分，其投资比重一般约占工程总投资的70%～80%，直接影响到管灌工程的质量和造价。

1. 技术要求

(1) 管道输水灌溉工程所用管材应根据工程特性，通过技术经济比较进行选择。管材允许工作压力应为管道最大正常工作压力的1.4倍。当管道可能产生较大水锤压力时，管材的允许工作压力应不小于水锤时的最大压力。

(2) 同一区域宜选用同一种管材，管壁要均匀一致，壁厚误差应不大于5%。

(3) 满足运输和施工的要求，地埋管道应能承受一定的局部沉陷应力，在农业机具和车辆等外荷载的作用下塑料硬管的径向变形率不得大于5%。

(4) 管材内壁光滑，内外壁无可见裂缝，耐土壤化学侵蚀，耐老化，使用寿命满足设计年限要求。

(5) 管材与管材、管材与管件连接方便，连接处应满足工作压力、抗弯折、抗渗漏、强度、刚度及安全等方面的要求。

(6) 移动管道要轻便，易快速拆卸，耐碰撞，耐摩擦，不易被扎破及抗老化性能好等。

(7) 当输送的水流有特殊要求时，还应考虑对管材的特殊需要。如灌溉与饮水结合的管道，要求管道材质成分符合饮用水安全的要求；输送中水灌溉时，管道材质成分不应与水中含有的化学成分发生反应。

(8) 满足相关标准规定的物理力学性能。

2. 经济要求

(1) 管材、管件价格。

(2) 施工条件，包括运输、当地劳动力资源、施工辅助材料及施工设备等状况，施工难易程度等。

(3) 工程设计使用年限。

(4) 建成后管理、维护等费用。

3. 选择方法

管材选择时首先要遵循经济适用、因地制宜、就地取材、减少运输和方便施工等原则，同时，还应考虑生产厂家的生产能力、产品质量和商业信誉等，以避免不必要的纠纷。

一般情况下，在经济条件较好的地区，固定管道可选择价格相对较高但施工、安装方便及运行可靠的硬PVC管，移动管道可选择涂塑软管；在经济条件较差的地区，可选择价格较低但质量可靠的管材，如固定管可选素混凝土管、水泥砂土管等地方管材，移动管道可选用塑料薄膜软管。

在水泥、砂石料可就地取材的地方，选择自行生产的素混凝土管较经济；在缺乏或远离砂石料的地方，选择塑料管则可能更经济。

另外，选择管材还要考虑施工环境及应用条件的特殊要求。在管道可能出现较大不均匀沉降的地方，不宜选择刚性连接的素混凝土管，可选择柔性较好的塑料硬管；在丘陵和砾石较多的山前平原，管沟开挖回填较难控制，可选择外刚度较高的双壁波纹PVC-U（硬聚氯乙烯）管，不宜选择薄壁PVC管；在跨沟、过路的地方，可选择钢管、铸铁管；在矿渣、炉渣堆积的工矿区附近，可利用矿渣、炉渣就地生产混凝土预制管，既发展了节水灌溉，又有利于环境保护；对将来可能发展喷灌的地区，应选择承压能力较高的管材，便于发展喷灌时利用；对于山区果园灌溉，将来可能发展微灌的地方，则可部分选择PE管材。

4. 管材种类

目前井灌区管道输水工程所用管材，主要有硬塑料管、水泥类预制管、现场连续浇筑混凝土管等。

（1）硬塑料管。硬塑料管具有性能质量稳定、重量轻、易搬运、内壁光滑、耐腐蚀、输水阻力小、能适应一定的不均匀沉降、施工安装方便等特点。硬塑料管抗紫外线性能差，多埋于地下，以减缓老化速度，在地埋条件下，管道使用寿命可达20年以上，是一种值得提倡采用的管材。井灌区管道输水灌溉工程常用的硬塑料管有普通聚氯乙烯管、聚乙烯管、聚丙烯管、双壁波纹管和加筋聚氯乙烯管等。硬管道输水灌溉工程中，可优先选用PE管材。另外，PE管材由于耐低温性能优于硬聚氯乙烯，且质地较软，因此在高寒地区输水中应用较多。

聚丙烯管材是以聚丙烯树脂为基料，加入其他材料，经挤出成型而制成的性能良好的共聚改性管材。这种管材的性能、适用条件与高密度聚乙烯（HDPE）混合炭黑管类似。

（2）水泥类预制管。水泥类预制管种类很多，用于井灌区的主要为素水泥预制管材，它是用立式制管机作为主要制管工具，以砂、土、石屑、炉渣等作为主要配料挤压而成的。常用的有水泥砂管、水泥砂土管、水泥土管、水泥石屑管、水泥炉渣管等。这类管材水泥用量少，在有原材料来源的地方，可就地生产，因此造价低廉，但施工安装中管道接头多，施工速度慢，劳动强度大，安装技术要求高，接头处质量不易保证，容易漏水。

（3）现场连续浇筑混凝土管。现场连续浇筑混凝土管是在施工现场挖好的沟里直接浇成型的混凝土管。这种方法无接头处理工序，无运输、搬运损坏等问题，但非专业施工压现场浇筑时，其质量难以控制。

（4）金属管。如各种钢管、铸铁管、铝合金管和薄壁钢管等，均为硬管材，钢管、铸铁管用作固定管道，铝合金管、薄壁钢管用作移动管道。

（5）其他材料管。如缸瓦管、陶瓷管、灰土管等，均属硬管，一般用作固定管道。

【例 5-1】 随着我国城镇化率突破 60%，我国对城市建设的标准也越来越高。在城市给排水建设中，HDPE 管道正在取代寿命较短、耐腐性较差的水泥管和传统铸铁管。为了更好地守护管道这一城市生命线，生产出能承受更高压力、强度的厚壁管道产品，从而满足更大规模的市政和超级工程的建设需求，某公司深耕创新研发，克服大口径厚壁 HDPE 管道产品加工难题，早在 2018 年就研发出了大口径厚壁 HDPE 管道，选用更结实、更耐腐蚀的专用树脂材料，经加工后，大口径管道壁厚更大、抗压力更高，引领了管道行业升级发展。在强大的科技实力与创新能力的双重保障下，某公司实力稳健提升，不断刷新联塑速度，也赢得了大众的口碑。未来，某公司将依托先进的材料、优异的性能，继续守护人们的日常生活，为中国基建贡献力量。

【分析】 除了满足城市建设的基础需求，某公司大口径厚壁 HDPE 管道还能适配更大规模的国家战略工程，在雄安新区地下综合管廊建设，港珠澳大桥排水、消防建设上发挥积极作用。这些世界瞩目的超级工程，是中国向世界展示的一份份成绩单。"隐秘"的大口径厚壁 HDPE 管道，在"中国工匠"的共同努力下，不仅撑起一项项国家级工程，更撑起了中国的"面子"。

三、管道附属设施

管道附属设施是指与管道配合使用的一些设施，属于确保管道安全运行并实施科学管理的装置，包括给水（出水）装置、安全保护装置（含调压井）、分（取）水控制装置和量测设施等。

1. 给水（出水）装置

给水（出水）装置是连接三通、立管、给水栓（或出水口）的统称。通常所说的给水（出水）装置一般是指出水口或给水栓。出水口是指把地下管道系统的水引出地面进行灌溉的放水口，它一般不能连接地面移动软管；能与地面移动软管连接的出水口称为给水栓。给水栓（出水口）各地有定型产品，可根据需要选用，也可自行制造。给水栓有坚固耐用、密封性能好、不漏水和软管安装拆卸方便等特点。

（1）给水（出水）装置选用原则。

1）应选用经过质量检测、产品质量认证，或专家鉴定并定型生产的给水装置。

2）根据设计出水量和工作压力，选择的规格应在适宜流量范围内，局部水头损失小且密封压力满足系统设计要求。

3）在管道输水灌溉系统中，给水装置用量大，使用频率高，长期置于田间，因此在选用时还应考虑耐腐蚀、操作灵活和运行管理方便等因素。

4）根据是否与地面软管连接来选择给水栓或出水口；根据保护难易程度选择移动式、半固定式或固定式。

（2）给水（出水）装置分类。给水（出水）装置有多种分类方法，本书主要介绍按阀体结构形式分类。

按阀体结构形式，给水装置可分为移动式、半固定式、固定式三类。

1）移动式给水装置。移动式给水装置也称分体移动式给水装置，它由上、下栓体两大部分组成。其特点是：止水密封部分在下栓体内，下栓体固定在地下管道的立管上，下栓体配有保护盖出露在地表面或地下保护池内；系统运行时不需停机就能启闭给水栓、更换灌水点；上栓体移动式使用，同一管道系统只需配2~3个上栓体，投资较省；上栓体的作用是控制给水、出水方向。常用移动式给水栓有平阀型和球阀型几种型号，如GY系列给水栓，如图5-3~图5-6所示。

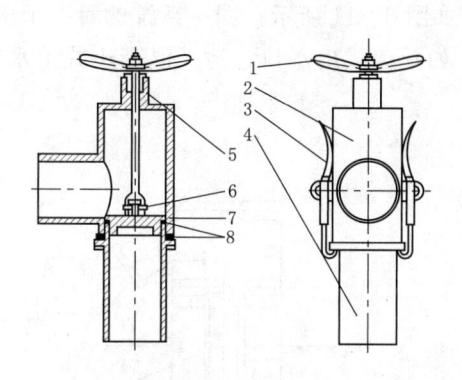

图5-3 G2Y1-G型平板阀移动式给水栓
1—阀杆；2—上栓壳；3—连接装置；4—下栓壳；
5—填料；6—销钉；7—阀瓣；8—密封胶垫

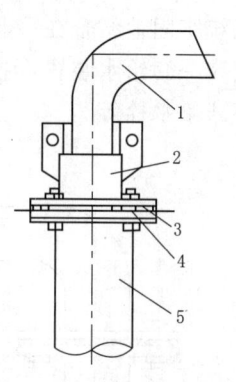

图5-4 G2Y2-H型系列平板阀移动式给水栓
1—上栓体；2—插座；3—密封胶垫；
4—橡胶活舌；5—立管

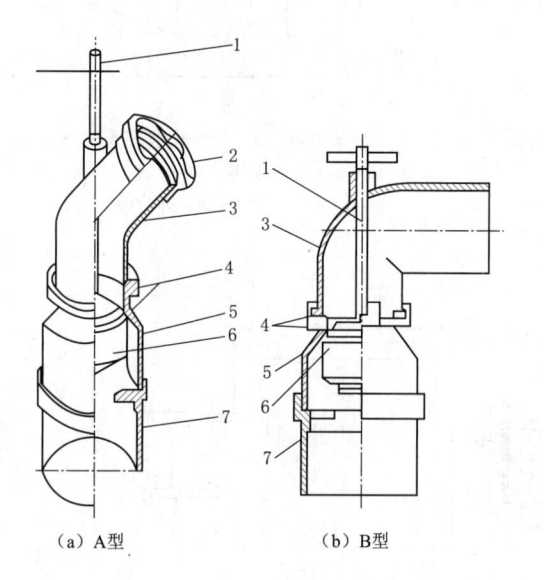

图5-5 G1Y5-S型球阀移动式给水栓
1—操作杆；2—快速接头；3—上栓壳；
4—密封胶圈(垫)；5—下栓壳；
6—浮子；7—连接管

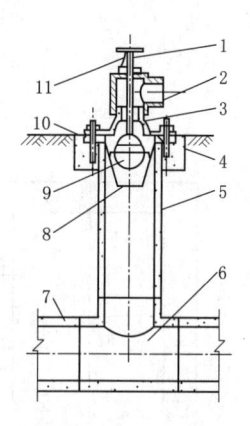

图5-6 G3Y5-H型球阀移动式给水栓
1—操作杆；2—上栓壳；3—下栓壳；4—预埋螺栓；
5—立管；6—三通；7—地下管道；8—球篮；
9—球阀；10—底盘；11—固定挂钩

2) 半固定式给水装置。它的特点：一般情况下，集止水、密封、控制、给水于一体，有时密封面也设在立管上；栓体与立管螺纹或法兰连接，非灌溉期可以卸下室内保存；同一灌溉系统计划同时工作的出水口必须在开机运行前安装好栓体，否则更换灌水点时需停机；同一灌溉系统也可按轮灌组配备，通过停机而轮换使用，不需每个出水口配一套，与固定式给水装置相比投资较省。如螺杆活阀式给水栓、LG 型系列给水栓、球阀半固定式给水栓等，如图 5-7 所示。

3) 固定式给水装置。固定式给水装置也称整体固定式给水装置，如图 5-8～图 5-10 所示。它的特点：集止水密封、控制给水于一体；栓体一般通过立管与地下管道系统牢固地结合在一起，不能拆卸，如图 5-11 所示；同一系统的每一个出水口必须安装一套给水装置，投资相对较大。如丝盖式出水口、地上混凝土式给水栓、自动升降式给水栓等。

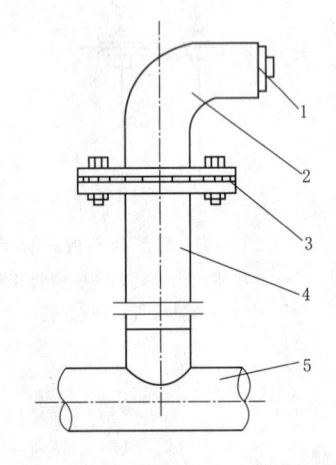

图 5-7 C2B2-H 型丝堵半固定式出水口
1—丝堵；2—弯头；3—密封胶垫；
4—法兰立管；5—地下管道

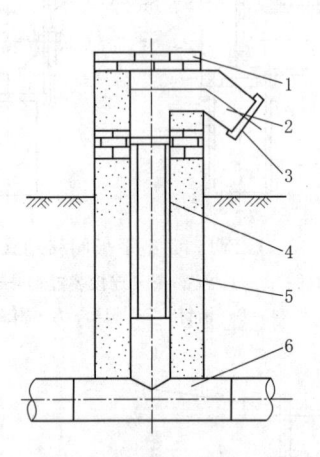

图 5-8 C2G7-S/N 型丝盖固定式出水口
1—砌砖；2—放水管；3—丝盖；4—立管；
5—混凝土固定墩；6—硬 PVC 三通

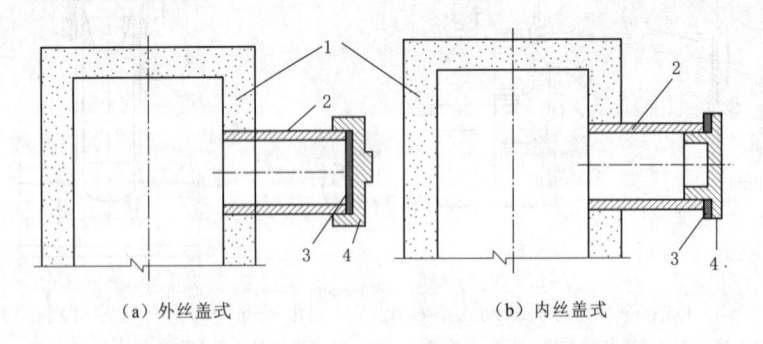

（a）外丝盖式　　（b）内丝盖式

图 5-9 C7G7-N 型丝盖固定式出水口
1—混凝土立管；2—出水横管；3—密封胶垫；4—止水盖

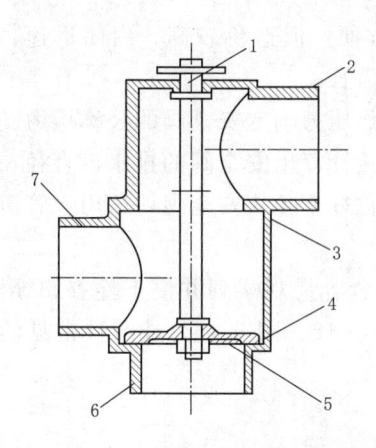

图 5-10　C2G1-G 型平板阀固定式给水栓
1—操作杆；2—出水口；3—上密封面；
4—下密封面；5—阀瓣；6—下游管道进水口；
7—上游管道进水口

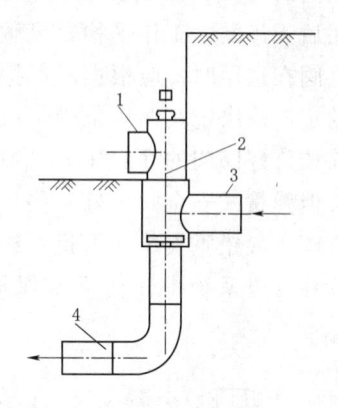

图 5-11　C2G1-G 型平板阀固定式
给水栓安装示意图
1—出水口；2—阀杆；3—进水口
（接上游的管道）；4—接下游的管道

2. 安全保护装置

管道输水灌溉系统的安全保护装置主要有进（排）气阀、安全阀、调压阀、逆止阀、泄水阀和多功能保护装置等，其主要作用为破坏管道真空，排除管内空气，减小输水阻力，以及超压保护，调节压力，防止管道内的水回流入水源而引起水泵高速反转等。

本书主要介绍管道输水灌溉系统常用的进（排）气阀、安全阀、调压装置和多功能保护装置等安全保护装置的结构和特点。对于逆止阀和泄水阀，由于市场上定型产品很多，在此不再赘述。

（1）进（排）气阀。进（排）气阀按阀瓣结构可分为球阀式、平板阀式两大类；按材料分为铸铁、钢和塑料进（排）气阀。

进（排）气阀的工作原理：管道充水时，管内气体从进（排）气口排出，球（平板）阀靠水的浮力上升，在内水压力作用下封闭进（排）气口，使进（排）气阀密封而不渗漏，排气过程完毕。管道停止供水时，球（平板）阀因虹吸作用和自重而下落，离开球（平板）口，空气进入管道，破坏了管道真空或使管道水的回流中断，避免了管道真空破坏或因管内水的凹流引起的机泵高速反转。

进（排）气阀一般安装在顺坡布置的管道系统首部、逆坡布置的管道系统尾部、管道系统的凸起处、管道朝水流方向下折及超过 10°的变坡处。

（2）安全阀。安全阀是一种压力释放装置，安装在管路较低处，起超压保护作用。管道灌溉系统中常用的安全阀按其结构形式可分为弹簧式、杠杆重锤式两大类。

安全阀的工作原理：将弹簧力或重锤的质量加载于阀瓣上来控制、调节开启压力（即整定压力）。在管道系统压力小于整定压力时，安全阀密封可靠，无渗漏现象；当管道系统压力升高并超过整定压力时，阀门则立即自动开启排水，使压力下降；当管道系统压力降低到整定压力以下时，阀门及时关闭并密封如初。

安全阀的特点：结构比较简单，制造、维修方便，但造价较高；启闭迅速、及时，关闭后无渗漏，工作平稳，灵敏度高；使用寿命长。

安全阀在选用时，应根据所保护管路的设计工作压力确定安全阀的公称压力。由计算出的定压值决定其调压范围，根据管道最大流量计算出安全阀的排水口直径，并在安装前校订好阀门的开启压力。弹簧式安全阀和杠杆重锤式安全阀均适用于管道灌溉系统，但弹簧式安全阀更好一些。

安全阀一般铅垂安装在管道系统的首部，操作者容易观察到并便于检查和维修，也可安装在管道系统中任何需要保护的位置。图5-12、图5-13是两种常见的安全阀。

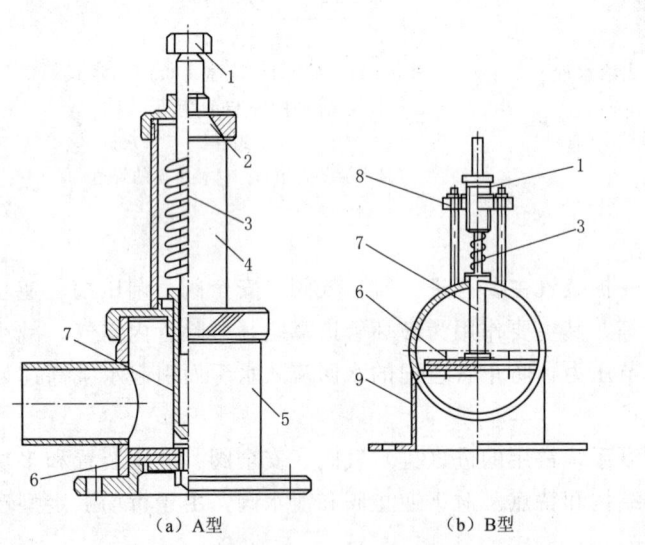

图5-12 A3T-G型弹簧式安全阀
1—调压螺栓；2—压盖；3—弹簧；4—弹簧壳室；5—阀壳室；6—阀瓣；7—导向套；8—弹簧支架；9—法兰管

图5-13 A1T-G型弹簧式安全阀
1—调压螺栓；2—弹簧壳室；3—弹簧；4—阀瓣室；5—阀瓣；6—阀座管

（3）调压装置。调压管又称调压塔、水泵塔、调压进（排）气井，其结构见图5-14。其作用是当管内压力超过管道的强度时，调压管自动放水，从而保护管道安全，因此，它可代替进（排）气阀、止回阀和安全阀。调压管（塔）有2个水平进、出口和1个溢流口，进口与水泵上水管出口相接，出口与地下管道系统进水口相连，溢流口与大气相通。其主要特点是取材方便，建造容易，功能多，综合造价较低，适宜于顺坡和高差不太大的逆坡布置的管道系统。

调压管（塔）设计时应注意以下几个问题：

1）调压管（塔）溢流水位应不大于系统管道的公称压力。

2）为使调压管（塔）起到进气、止回水作用，调压管（塔）的进水口应设在出水口之上。

3）调压管（塔）的内径应不小于地下管道的内径。为减小调压管（塔）的体积，其横断面可以在进水口以上处开始缩小，但当系统最大设计流量从溢流口排放时，在

(a) 调压管　　　(b) 调压进(排)气井　　　(c) 水泵塔

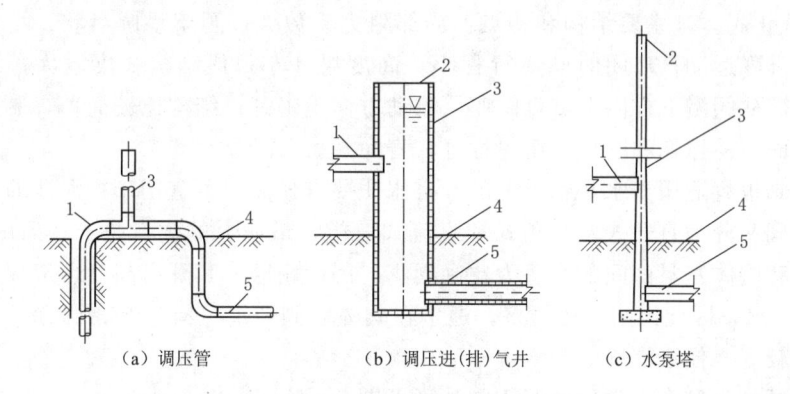

图 5-14　调压管（塔）的结构示意图

1—水泵上水管；2—溢流口；3—调压管［调压进（排）气井、水泵塔］；4—地面；5—地下管道

缩小断面处的平均流速不应大于 3.05m/s。

4）水源含沙量较大时，调压管（塔）底部应设沉沙池。

5）调压管（塔）的进水口前应装设拦污栅，防止污物进入管道。

（4）多功能保护装置。多功能保护装置主要是针对管道输水灌溉系统研制的，集进（排）气、止回水和超压保护等两种以上功能于一体的安全保护装置，有的还兼有灌溉给水和其他功能。其最大特点是结构紧凑，体积小，连接和安装比较方便。但其设计比较复杂，安装位置和使用条件有一定的局限性。常用的多功能保护装置有 AJD 型多功能保护装置、Y 式三用阀、DH 式自动保护器和 DAF 型多功能保护装置。

3. 分（取）水控制装置

管道灌溉系统中常用的分（取）水控制装置主要有闸阀、截止阀以及结合管道系统特点研制的一些专用控制装置等。闸阀和截止阀大部分是工业通用产品，本书仅做简单介绍。本书重点介绍多年来各地结合管道输水灌溉特点研制的一些结构比较简单、适用、造价较低及功能较多的水流、水量控制装置。

（1）常用的工业阀门。管道输水灌溉系统常用的工业阀门主要是公称压力不大于 1.6MPa 的闸阀和截止阀，主要作用是接通或截断管道中的水流。设计时，应根据使用目的，阀件的公称压力，操作、安装方式，水流阻力系数大小，维修难易，价格等情况，同时参照制造商提供的产品性能参数来选择阀门。

1）闸阀。其主要结构和特点：闸板呈圆盘状，在垂直于阀座通道中心线的平面内做升降运动；局部阻力系数小；结构长度小；介质流动方向不受限制；启闭较省力；高度尺寸大，启闭时间长；结构较复杂，制造维修困难，成本较高。

闸阀主要用于对水质要求不是很高、可用于含泥沙的水流，见图 5-15。

图 5-15　闸阀

2) 截止阀。其主要结构和特点：局部阻力系数大；阀瓣呈圆盘状，沿阀座通道中心线做升降运动；启闭时阀瓣行程小、高度尺寸小，但结构长度较大；启闭较费力；介质需从阀瓣下方向上流过阀座，流动方向受限制；结构比较简单，制造比较方便；密封面不易擦伤和磨损，密封性好，寿命长。

截止阀也有适用于水平管道上的，对水质要求较高，不宜用于含泥沙的水流。

截止阀又分为直通式、直角式和直流式三类，最明显的优点是：在启闭过程中，由于阀瓣和阀体密封面间的摩擦力比闸阀小，因而耐磨。其开启高度一般仅为阀座通道直径的 1/4，因此比闸阀小得多。通常在阀体和阀瓣上只有一个密封面，因而制造工艺性比较好，便于维修。

截止阀种类较多，常用的截止阀外形见图 5-16。

(a) J41TWHF16 型截止阀　　(b) 中压锻钢截止阀　　(c) 法兰截止阀

图 5-16　常用的截止阀外形

(2) 管道输水灌溉系统用典型控制装置。这些控制装置多为结合管道系统特点研制的一些专用装置，包括箱式控水阀、简易分水闸门、简易分流闸和多功能配水阀等，本书仅在此介绍箱式控水阀和多功能配水阀。

1) 箱式控水阀。箱式控水阀是针对管道输水灌溉系统特点研制的一种集控制、调节、汇水和分水于一体的控制装置，其主要特点和性能：水力性能较好；体积小、质量轻，安装操作方便；结构简单，制作容易；阀瓣呈圆盘状，沿阀座通道中心线做升降运动。

箱式控水阀有两通、三通和四通等形式，即分别有两个、三个、四个进出水口。两通式控水阀主要安装在直线管道上，起接通、截断水流的作用；三通式、四通式控水阀均主要安装在管道系统的分支处，起接通、截断、分流和汇流等作用；箱式控水阀与同样功能的工业闸阀相比，可降低投资 30%～60%。

2) 多功能配水阀。多功能配水阀主要由阀体（三通壳体）、上下盖、扇形阀片、转向杆、凸轮轴、橡胶止水、手轮、连杆、方向指针和弹簧等组成。

多功能配水阀安装在输水干管与支管分水处，起控制水流量大小和水流方向、封闭管道和三通、弯头等作用。其主要有如下特点：质量轻，造价低；水力性能好，直流时局部阻力系数为 1.88，直角流时局部阻力系数为 2.15；结构简单，维修方便，功能多，集三通、弯头、阀门于一体，结构紧凑合理，野外可现场维修；适用流量范围大，密封压力高，适宜流量范围为 20~120m³/h，压力不大于 0.20MPa 时，无渗漏现象；安装操作方便，坚固耐用；与地下管道承插式连接，安装方便；扇形阀片转动灵活，止水方向准确；材料主要为铸铁，耐锈蚀。

多功能配水阀的工作原理与机动车刹车和发动机缸体气门的原理相似。非工作状态下，扇形阀片与阀室内壁之间保持 2~3mm 间隙。转动凸轮轴，压迫连杆推动扇形阀片使其紧贴阀室内壁而止水，配水阀关闭。回转凸轮时，在弹簧的反作用下拉回扇形阀片，使其与阀室内壁分离，配水阀开启。利用转向杆控制扇形止水阀片，旋转转向杆和转动凸轮轴，可任意调节输水方向。

4. 量测设施

为实现计划用水、按量计征水费、促进节约用水，需要在管道输水系统中安装量水设备。目前我国还没有专用的农用水表，在管道输水灌溉系统中通常采用工业与民用水表、流量计、流速仪和电磁流量计等进行量水。井灌区常用的量水设备为水表，水表可以累计用水量，量水精度可以满足计量需求，且牢固耐用，便于维修。

在选用水表时，应遵循以下原则：

（1）根据管道的流量，参考厂家提供的水表流量-水头损失曲线进行选择，尽可能使水表经常使用流量接近公称流量。

（2）用于管道灌溉系统的水表一般安装在野外田间，因此选用湿式水表较好。

（3）水平安装时，选用旋翼式或水平螺翼式水表。

（4）非水平安装时，宜选用水平螺翼式水表。

四、管道灌溉工程规划与设计

1. 管网系统布置

管网系统布置是管道输水工程设计的关键内容之一。一般管网工程投资占管道系统总投资的 70% 以上。管网系统布置的合理与否，对工程投资、运行和管理维护都有直接的影响。因此，应从技术、经济和运行管理等方面，对管网系统的布置方案进行充分、科学的论证比较，最终确定合理方案，以减少工程投资并保证系统可靠运行。

（1）管网系统布置的原则。

1) 井灌区的管网一般以单井控制灌溉面积作为一个完整单元。在井群统一管理调度的情况下，也可采用多井汇流管网系统，但应进行充分的技术经济论证。渠灌区应根据地形条件、地块形状、水源位置、作物布局和灌溉要求等分区布置管网。

2) 应根据水源位置（机井位置或管网入口位置）、地块形状、种植方向及原有工程配套等因素，通过比较，确定采用树状管网或环状管网。

3) 管网布置应满足地面灌溉技术指标的要求，在平原区，各级管道尽可能采用双向供水。

4) 管网布置应力求控制面积大，且管线平顺，减少折点和起伏。若管线布置有起伏，应避免管道内产生负压。

5）管网布置应紧密结合水源位置、道路、林带、灌溉明渠和排水沟以及供电线路等，统筹安排，以适应机耕和农业技术措施的要求，避免干扰输油、输气管道及电信线路等。

6）管网布置时应尽量利用现有的水利工程，如穿路倒虹吸和涵管等。

7）管道级数，应根据系统灌溉面积（或流量）和经济条件等因素确定。井灌区旱作物区，当系统流量小于 $30m^3/h$ 时，可采用一级固定管道，系统流量在 $30\sim 60m^3/h$ 时，可采用干管（输水）、支管（配水）两级固定管道，系统流量大于 $60m^3/h$ 时，可采用两级或多级固定管道；渠灌区，目前主要在支渠以下采用管道输水灌溉技术，其管网级数一般为斗管、分管、引管三级；对于渗透性强的砂质土灌区，末级还应增设地面移动管道；在梯田上，地面移动管道应布置在同一级梯田上，以便移动和摆放。

8）管线布置应与地形坡度相适应。如在平坦地形，为充分利用地面坡降，干（支）管应尽量垂直等高线布置；若在山丘区，地面坡度较陡时，干（支）管布置应平行等高线，以防水头压力过大而需增加减压措施。田间最末一级管道，其布置走向应与作物种植方向和耕作方向一致，移动软管或田间垄沟垂直于作物种植行。

9）给水栓和出水口的间距应根据生产管理体制、灌溉方法及灌溉计划确定，间距宜为 $50\sim 100m$，单口灌溉面积宜为 $0.25\sim 0.6hm^2$，单向浇地取较小值，双向浇地取较大值。在山丘区梯田中，应考虑在每个台地中设置给水栓，以便灌溉管理。

10）在已确定给水栓位置的前提下，力求管道总长度最短、管径最小。

11）充分考虑管路中量水、控制和安全保护装置的适宜位置。渠灌区、丘陵自压灌区、河网提水灌区的取水工程根据需要可设置进水闸、分水闸、拦污栅、沉砂池。

（2）管网规划布置的步骤。根据管网布置原则，按以下步骤进行管网规划布置：

1）根据地形条件分析确定管网形式。

2）确定给水栓的适宜位置。

3）按管道总长度最短布置原则，确定管网中各级管道的走向与长度。

4）在纵断面图上标注各级管道桩号、高程、给水装置、保护设施、连接管件及附属建筑物的位置。

5）对各级管道、管件、给水装置等，列表分类统计。

（3）管网布置形式。

1）井灌渠管网典型布置形式。当给水栓位置确定时，不同管道连接形式将形成管道总长度不同的管网，因此工程投资也不同。在我国井灌区管道输水灌溉的发展过程中，许多研究人员和施工人员根据水源位置、控制范围、地面坡降、作物种植方向和地块形状等条件，总结出如图 5-17～图 5-24 所示的几种常见布置形式。

当机井位于地块一侧，控制面积较大且地块近似成方形，可布置成图 5-19 所示的形式。这些布置形式适合于井出水量 $60\sim 100m^3/h$、控制面积 $10\sim 20hm^2$、地块长宽比约等于 1 的情况。

(a) 圭字形布置

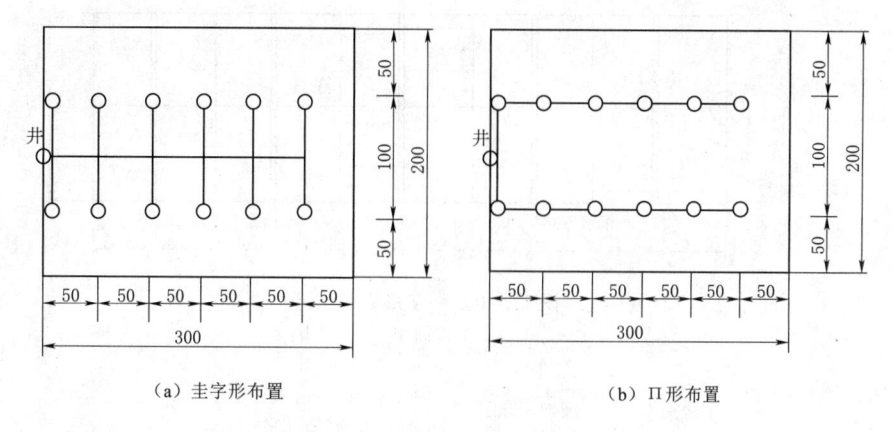

(b) Π形布置

图 5-17　给水栓向一侧分水示意图（一）（单位：m）

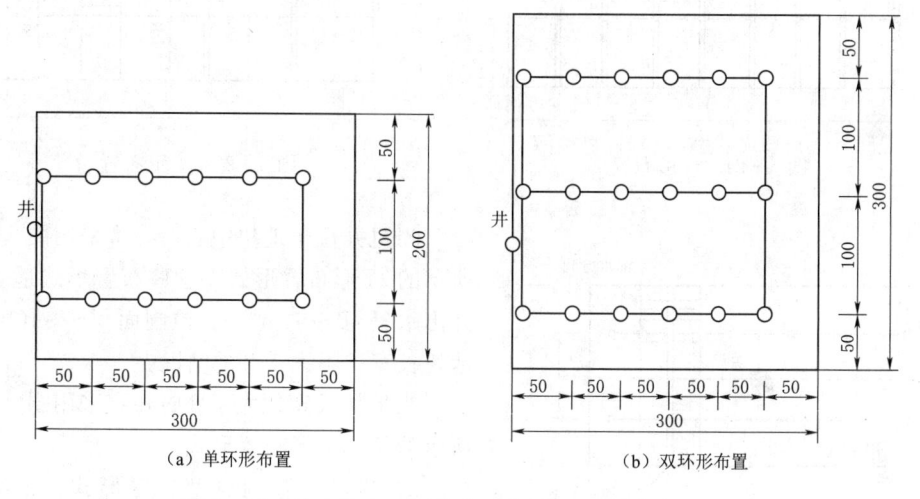

(a) 单环形布置

(b) 双环形布置

图 5-18　给水栓向一侧分水示意图（二）（单位：m）

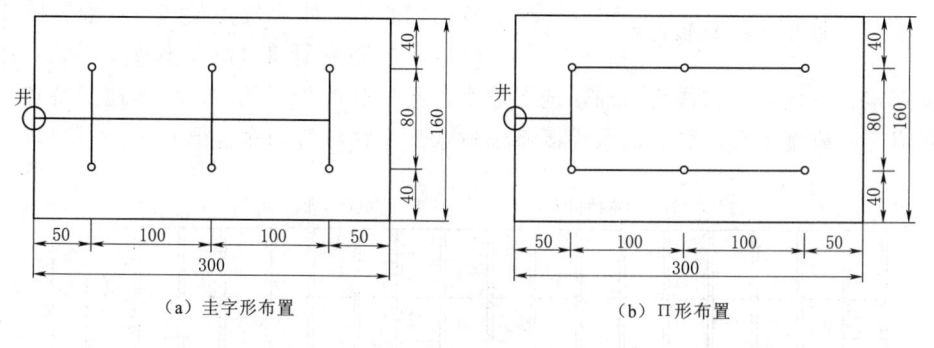

(a) 圭字形布置

(b) Π形布置

图 5-19　给水栓向两侧分水示意图（单位：m）

当机井位于地块一侧，地块呈长条形，可布置成一字形、L形、T形，如图5-20～图5-22所示。这些布置形式适合于井出水量20～40m³/h、控制面积3～7hm²、地块长宽比不大于3的情况。

123

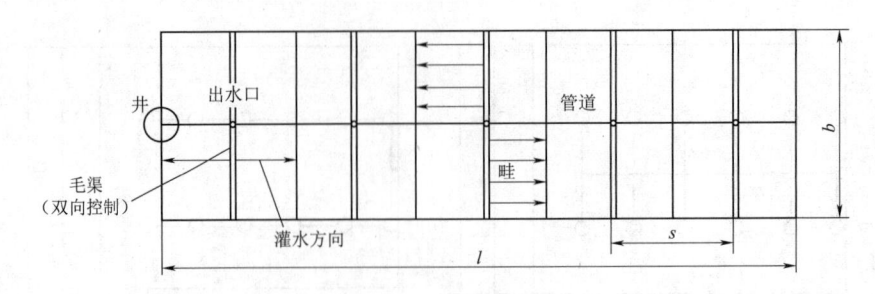

图 5-20 一字形布置

s—毛渠间距

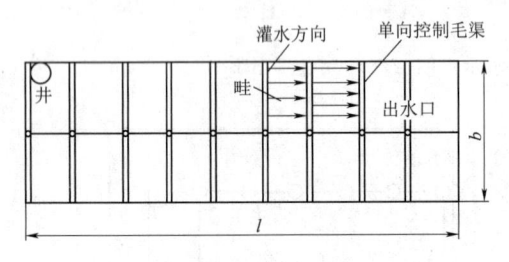

图 5-21 L 形布置

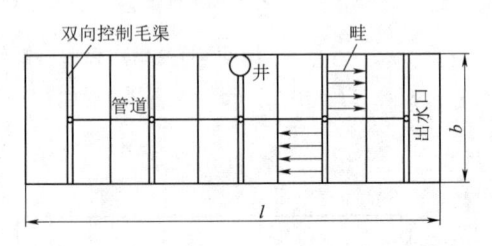

图 5-22 T 形布置

当机井位于地块中心时，常采用图 5-23 所示的 H 形布置形式。这些布置形式适合于井出水量 40~60m³/h、控制面积 7~10hm²、地块长宽比不大于 2 的情况。

当地块长宽比大于 2 时，宜采用图 5-24 所示的长一字形布置形式。

2）渠灌区管网典型布置形式。渠灌区管灌系统主要采用树状管网，影响其具体布置的因素有：水源位置及其与管灌区的相对位置，控制范围和面积大小及其形状，作物

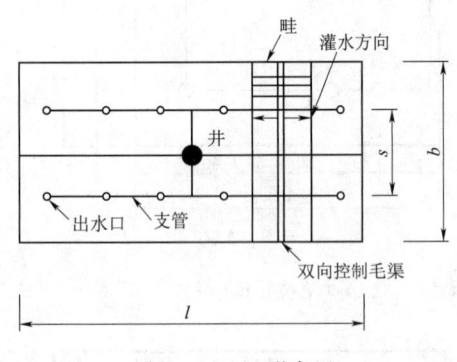

图 5-23 H 形布置

种植方式、耕作方向和作物布局，地形坡度、起伏和地貌等条件。根据地形特点，以下介绍三种典型渠灌区管道输水灌溉系统输水配水树状管网布置形式。

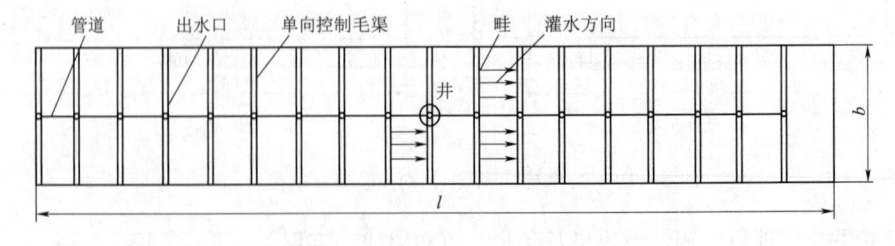

图 5-24 长一字形布置形式

梯田管灌区树状管网的布置形式如图 5-25 所示。由于管灌区地形坡度陡，因此

置干管沿地形坡度走向，即干管垂直等高线布置。这样干管可双向布置支管，支管均沿田地块方向，平行等高线布置。每块梯田布置一条支管，各自独立由干管引水。支管上给水栓或出水口只能单向输水垄沟或闸孔管输水，对畦沟则可双向进行灌溉。

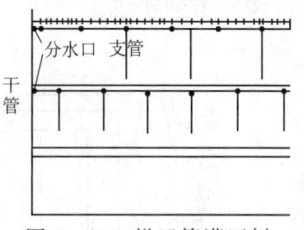

山丘区提水渠灌区管网系统呈辐射树状管网的布置形式（图 5-26）。该管灌区地形起伏，坡度陡，水源位置低，故需建泵站提水加压，经干管（泵站压力水管）、支管输水，由于干管实际上是泵站的扬水压力管道，因此必须垂直等高线布置，以使管线最短。支管平行于等高线布置，但要注意，既要使管线布置顺直、少弯折，也要考虑尽量减少土方量，减轻管线挖填强度，同时因地形起伏，故布置斗管以辐射状由支管给水栓分出，并沿山脊线垂直等高线走向。斗管上布置出水口或给水栓，其平行于等高线双向配水或灌水浇地。

图 5-25 梯田管灌区树状管网的布置

在平坦地形，管道输水灌溉区控制面积大，并有均一坡度情况下的典型树状管网的布置形式（图 5-27），其管网由四级地埋暗管组成，即干管、斗管、分管和引管，干管为输水管道，斗管、分管和引管为配水管道。田间灌水可采用输水垄沟或地面移动软管，由引管引水。由于该类管灌区地形既有纵向坡度，又有横向坡度，而且地形坡度总趋势纵横均为单一较均匀地向下游的坡向，因此管网只能单向输水和配水。

图 5-26 山丘区管灌辐射树状管网布置 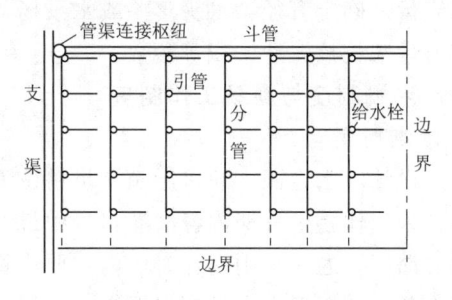　　图 5-27 典型树状管网梯田管灌区布置

3）丘陵区管网的布置。对于谷深坡平、耕地相对集中、相对高差在 50m 以内、水低田高的丘陵地区，可利用管道逆坡远距离输水灌溉。该灌溉系统由水源、机泵、管路系统和田间工程四部分组成，工作压力一般在 0.2~0.4MPa 之间，灌溉面积的确定要遵循"以供水能力确定面积"的原则。管网布置形式有树枝形、马鞍形和鱼骨形等。干管较长，一般在 1000m 左右，垂直于等高线布置；支管沿等高线布置。

丘陵区自流管道输水灌溉系统。自渠道取水时，干管（一级管）尽量沿山脊或中间高处顺坡布置，支管（二级管）尽量沿等高线布置；直接自水库、引水坝取水的，干管尽量沿等高线布置，支管尽量沿山脊或中间高处布置。支管间距一般取 100~200m。

4）河网提水灌区管网的布置。河网提水灌区管道输水灌溉系统的泵站大多位于河、沟、渠的一边，这就决定了河网提水灌区管道输水灌溉系统主要有以下两种布置形式：

a. 梳齿式。如图 5-28（a）所示，干管沿河（沟）岸布置，支管垂直于干管排列，形成二级管网。

b. 鱼骨式。如图 5-28（b）所示，干管垂直河（沟）岸，支管垂直于干管，沿河（沟）方向布置。

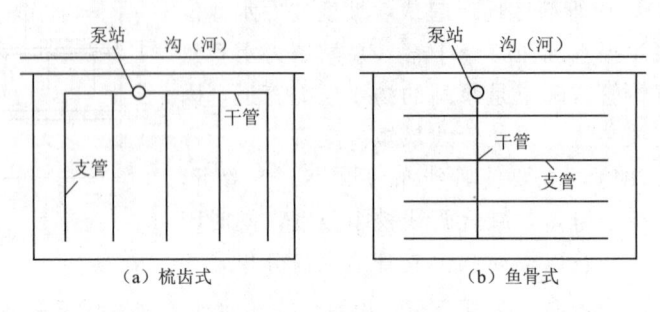

图 5-28　河网提水灌区管网布置示意图

[5.3] 管道输水灌溉工程设计参数的确定方法

任务三　管道输水灌溉工程设计参数的确定方法

管网设计流量是管道灌溉工程设计的基础。灌溉规模确定后，根据水源条件、作物灌溉制度和灌溉工作制度计算灌溉设计流量。然后，以灌溉期间的最大流量作为管网设计流量来确定管径、水头落差或水泵扬程、装机容量等参数，以最小流量作为系统校核流量来校核泥沙淤积等参数。

一、灌溉制度与灌溉工作制度

1. 灌溉制度

（1）设计灌水定额。灌水定额是指单位面积一次灌水的灌水量或水层深度。管网设计中，采用作物生育期内各次灌水量中最大的一次作为设计灌水定额，对于种植不同作物的灌区，通常采用设计时段内主要作物的最大灌水定额作为设计灌水定额。

作物各生育期灌水定额应根据当地灌溉试验资料确定。水稻灌水定额也可根据时段初适宜水层上限与时段末适宜水层下限之差确定，小麦、棉花和玉米等旱作物各生育期灌水定额也可按式（5-1）计算获得。

冬小麦、棉花、玉米不同生育期灌水湿润层深度 h 和适宜含水率可参考表 5-1。

表 5-1　冬小麦、棉花、玉米不同生育期灌水湿润层深度 h 和适宜含水率

冬小麦			棉花			玉米		
生育阶段	h/cm	土壤适宜含水率/%	生育阶段	h/cm	土壤适宜含水率/%	生育阶段	h/cm	土壤适宜含水率/%
出苗	30~40	45~60	幼苗	30~40	55~70	幼苗	40	55
三叶	30~40	45~60	现蕾	40~60	60~70	拔节	40	65~70
分蘖	40~50	45~60	开花	60~80	70~80	孕穗	50~60	70~80
拔节	50~60	45~60	吐絮	60~80	50~70	抽穗	50~80	70

续表

冬小麦			棉花			玉米		
生育阶段	h/cm	土壤适宜含水率/%	生育阶段	h/cm	土壤适宜含水率/%	生育阶段	h/cm	土壤适宜含水率/%
抽穗	50～80	60～75				开花	60～80	
扬花	60～100	60～75				灌浆		
成熟	60～100	60～75				成熟		

注 土壤适宜含水率以田间持水率的百分数计。

$$m = 1000\gamma_s h(\beta_1 - \beta_2) \quad (5-1)$$

式中 m——设计净灌水定额，m³/hm²；

h——计划湿润层深度，m，一般大田作物取 0.4～0.6m，蔬菜取 0.2～0.3m，果树取 0.8～1.0m；

γ_s——计划湿润层土壤的干容重，kN/m³；

β_1——土壤适宜含水率（质量百分比）上限，取田间持水率的 85%～95%；

β_2——土壤适宜含水率（质量百分比）下限，取田间持水率的 60%～65%。

(2) 设计灌水周期。设计灌水周期应根据灌水试验和当地灌水经验确定，具备必要的基础资料时也可通过计算确定。

根据灌水临界期内作物最大日需水量值按式 (5-2) 计算理论灌水周期，因为实际灌水中可能出现停水，故设计灌水周期应小于理论灌水周期，即

$$T_{理} = \frac{m}{10E_d}, T < T_{理} \quad (5-2)$$

式中 $T_{理}$——理论灌水周期，d；

m——灌水定额，mm；

E_d——控制区内作物最大日需水量，mm/d；

T——设计灌水周期，d。

2. 灌溉工作制度

灌溉工作制度是指管网输配水及田间灌水的运行方式和时间，是根据系统的引水流量、灌溉制度、畦田形状及地块平整程度等因素制定的。有续灌、轮灌和随机灌溉三种方式。

(1) 续灌。灌水期间，整个管网系统的出水口同时出流的灌水方式称为续灌。在地形平坦且引水流量和系统容量足够大时，可采用续灌方式。

(2) 轮灌。灌水期间，灌溉系统内不是所有管道同时通水，而是将输配水组，以轮灌组为单元轮流灌溉。系统只有一个出水口出流时称为集中轮灌；有两个或两个以上的出水口同时出流时称为分组轮灌。井灌区管网系统通常采用这种灌水方式。

系统轮灌组数目可根据管网系统灌溉设计流量、每个出水口的设计出水量以及整个系统的出水口个数按式 (5-3) 计算，当整个系统各出水口流量接近时，式 (5-3) 化为式 (5-4)。

$$N = \text{int}\left(\sum_{i=1}^{n} \frac{q_i}{Q_0}\right) \quad (5-3)$$

$$N = \text{int}\left(\frac{nq}{Q_0}\right) \quad (5-4)$$

式中 N——系统轮灌组数目；

q_i——第 i 个出水口设计流量，m^3/h；

Q_0——管网系统灌溉设计引水流量，m^3/h；

int——取正符号；

n——系统出水口总数；

轮灌组数划分的原则：每个轮灌组内工作的管道应尽量集中，以便于控制和管理；各个轮灌组的总流量尽量接近，离水源较远的轮灌组总流量可小些，但变动幅度不宜太大；地形地貌变化较大时，可将高程相近地块的管道分在同一轮灌组，同组内压力应大致相同，偏差不宜超过20%；各个轮灌组灌水时间总和不能大于灌水周期；同一轮灌组内作物种类和种植方式应力求相同，以方便灌溉和田间管理；轮灌组的编组运行方式要有一定规律，以利于提高管道利用率并减少运行费用。

（3）随机灌溉。随机灌溉是指管网系统各个出水口在启闭时间和顺序上不受其他出水口工作状态的约束，管网系统随时都可供水，用水单位可随时取水的灌溉方式。这种运行方式多在用水单位使用，作物种植结构复杂及取水随意性大的大灌区中采用，本书不做详细介绍。

二、水力计算

管道工程设计是依据水源供水条件、田间需水要求和管网规划布置等资料，进行管道设计流量计算、管径选择、水头损失计算和水源压力水位推算及管道变形与强度等力学指标验算等多项工作，以寻求在确保管道安全运行的条件下取得最大的经济效益。

1. 管道设计流量

根据设计灌水定额、灌溉面积、灌水周期和每天的工作时间可计算灌溉设计流量。在井灌区，灌溉设计流量应小于单井的稳定出水量。当管灌系统内种植单一作物时，按式（5-5）计算灌溉设计流量：

$$Q_0 = \frac{amA}{\eta T t} \quad (5-5)$$

式中 Q_0——管灌系统的灌溉设计流量，m^3/h；

η——灌溉水利用系数，取 0.80~0.90；

t——每天灌水时间，取 18~22h（尽可能按实际灌水时间确定）。

当 Q_0 大于水泵流量时，应取 Q_0 等于水泵流量，并相应减小灌溉面积或种植比例。这里的灌溉设计流量不一定就是管道的设计流量，更不一定就是管道的运行流量。在管网系统中，多数场合都是以水泵扬水作为水源，此时进入管网的总流量即为水泵出水量。

2. 经济管径

由于管道系统的设计流量只有一个固定值，所以整个管网也仅有一个管径值。为此，管网管径的确定实质上是单管管径的确定，其有别于给水管网管径的计算，即根据设计流量确定的管径就是整个管网的管径。在初估算时，可按表 5-2 选择管内流速，按式（5-6）计算。

$$D = \sqrt{\frac{4Q}{\pi v}} \tag{5-6}$$

式中　D——管道直径，mm；
　　　v——管内流速，m/s；
　　　Q——计算管段的设计流量，m^3/s。

表5-2　　　　　　　　　　管　内　流　速　　　　　　　　　　单位：m/s

管材	混凝土管	石棉水泥网	水泥砂土管	硬塑料管	移动软管
流速	0.5～1.0	0.7～1.3	0.4～0.8	1.0～1.5	0.5～1.2

3. 沿程水头损失

确定管网中的水头损失也是设计管网的主要任务。知道了管道的设计流量和经济管径，便可以计算水头损失。

在管道输水灌溉管网设计计算中，根据不同材料管材使用流态，通常采用式（5-7）的通式计算有压管道的沿程水头损失：

$$h_f = f \frac{Q^m}{d^b} L \tag{5-7}$$

式中　h_f——沿程水头损失，m；
　　　Q——管道设计流量，m^3/s；
　　　L——管道长度，m；
　　　d——管道直径，mm；
　　　f——沿程水头损失摩阻系数；
　　　m——流量指数；
　　　b——管径指数。

不同管材的 f、m、b 值见表5-3。

表5-3　　　　　　　　　不同管材的 f、m、b 值

管道 种类		$f(Q:m^3/s, d:m)$	$f(Q:m^3/h, d:m)$	m	b
混凝土及当地材料管	糙率=0.013	0.00174	1.312×10^6	2.00	5.33
	糙率=0.014	0.00201	1.516×10^6	2.00	5.33
	糙率=0.015	0.00232	1.749×10^6	2.00	5.33
旧钢管、旧铸铁管		0.00179	6.250×10^5	1.9	5.10
石棉水泥管		0.00118	1.455×10^5	1.85	4.89
硬塑料管		0.000915	0.948×10^5	1.77	4.77
铝质管及铝合金管		0.000800	0.861×10^5	1.74	4.74

对于地面移动软管，由于软管壁薄、质软并具有一定的弹性，输水性能与一般硬管不同。过水断面随充水压力而变化，其沿程阻力系数和沿程水头损失不仅取决于雷诺数、流量及管径，而且明显受工作压力影响，此外还与软管铺设地面的平整程度及

软管的顺直状况等有关。在工程设计中，地面软管沿程水头损失通常采用塑料硬管计算公式计算后乘以1.1~1.5的加大系数，该加大系数根据软管布置的顺直程度及铺设地面的平整程度取值。

4. 局部水头损失

在工程实践中，经常根据水流沿程水头损失和局部水头损失在总水头损失中的分配情形，将有压管道分为长管和短管两种。计算时，局部水头损失一般以流速水头乘以局部水头损失系数来表示。管道的总局部水头损失等于管道上各局部水头损失之和。在实际工程设计中，为简化计算，总局部水头损失通常按沿程水头损失的10%~15%考虑，如式（5-8）所示。

$$h_j = \sum \frac{\xi v^2}{2g} \tag{5-8}$$

式中　h_j——局部水头损失，m；

ξ——局部水头损失系数，可由相关设计手册中查出；

v——断面平均流速，m/s；

g——重力加速度，$g=9.81\text{m/s}^2$。

三、水泵扬程计算与水泵选型

1. 管道系统设计工作水头

管道系统设计工作水头按式（5-9）计算：

$$H = \frac{H_{\max} + H_{\min}}{2} \tag{5-9}$$

其中，

$$H_{\max} = Z_2 - Z_0 + \Delta Z_2 + \sum h_{f2} + \sum h_{j2} \tag{5-10}$$

$$H_{\min} = Z_2 - Z_0 + \Delta Z_1 + \sum h_{f1} + \sum h_{j1} \tag{5-11}$$

式中　　H——管道系统设计工作水头，m；

$H_{\max}$——管道系统最大工作水头，m；

$H_{\min}$——管道系统最小工作水头，m；

Z_0——管道系统进口高程，m；

Z_1——参考点1地面高程，在平原井区，参考点1一般为距水源最近的出水，m；

Z_2——参考点2地面高程，在平原井区，参考点2一般为距水源最远的出水，m；

ΔZ_1、ΔZ_2——参考点1与参考点2处出水口中心线与地面的高差，m，出水口中心线高程，应为所控制的田间最高地面高程加0.15m；

$\sum h_{f1} + \sum h_{j1}$——管道系统进口至参考点1的管路沿程水头损失与局部水头损失，m；

$\sum h_{f2} + \sum h_{j2}$——管道系统进口至参考点2的管路沿程水头损失与局部水头损失，m。

2. 水泵扬程计算

水泵设计扬程（管道系统设计扬程）由管路系统的水头损失、机井动水位和至试区内供水最高点的高差等确定，一般情况下，按式（5-12）计算：

$$H_P = H_0 + Z_0 - Z_d + \sum h_{f0} + \sum h_{j0} \tag{5-12}$$

式中 H_P——管道系统设计扬程，m；

           Z_d——机井动水位，m；

$\sum h_{f0} + \sum h_{j0}$——水泵吸水管进口和管道进口之间的管道沿程水头损失与局部水头损失，m。

3. 水泵选型

根据以上计算的水泵扬程和系统设计流量选取水泵，然后根据水泵的流量-扬程曲线和管道系统的流量-水头损失曲线校核水泵工作点。

为保证所选机泵在高效区运行，对于按轮灌组运行的管网系统，可根据不同轮灌组的流量和扬程进行比较，选择水泵。若各轮灌组流量与扬程差别很大且控制面积大，可采用变频调节，选择两台或多台水泵并联或串联，分别对应各轮灌组提水灌溉，以节省运行费用。

任务四　管道灌溉工程施工与运行管理

管道输水灌溉工程具有工程隐蔽、投资较低、使用时间长等特点。为保证工程投入使用后正常运行，必须从设计、安装施工和运行管理等环节进行严格把关。设计是基础，安装施工是保证，运行管理是关键，发挥效益是目的。安装施工具有承上启下的作用，实施时必须制订详细的施工计划，严格按照施工程序，认真执行设计意图，精心施工，为今后的运行管理和效益发挥提供保障；同时在保证管道系统建设质量的前提下，只有管好、用好这些工程，才能充分发挥农业增产效益，因此管道的运行管理也显得尤为重要，要加强管理，必须建立、健全管理组织和管理制度，实施管理责任制，做好工程运行、维修与灌溉用水管理。

一、施工程序、条件与安装要求

1. 管道施工程序

（1）熟悉图纸和有关技术资料。

（2）测量放线。

（3）管槽开挖。

（4）管道铺设与安装。

（5）附属设施安装与管道连接。

（6）首部工程安装。

（7）试压及冲洗。

（8）管槽回填。

（9）试运行。

（10）竣工验收。

（11）工程移交与运行管理。

2. 管道施工应具备的条件

（1）设计图纸及其他技术文件完整齐全，确认具备施工条件。

（2）供水、供电等设施已能满足施工要求。

（3）制订的施工计划和方案已确认可行，技术交底和必要的技术培训工作已经完成，并填写施工技术交底记录表。

（4）管材、管件及其他设备已备齐，并经检验符合设计要求。

（5）与管道安装有关的施工机具已经就位，且能满足施工技术及进度要求。

3. 管道安装的一般要求

（1）管道安装前，应对管材、管件进行外观检查，不合格者不得就位。

（2）管道安装宜按从首部向尾部，从低处向高处，先干管后支管；承插口管材，插口在上游，承口在下游，依次施工。

（3）管道中心线应平直，不得用木垫、砖垫和其他垫块。管底与管基应紧密接触。

（4）管道穿越铁路、公路或其他建筑物时，应加套管或修涵洞等加以保护。

（5）安装带有法兰的阀门和管件时，法兰应保持同轴、平行，保证螺栓自由穿行入内，不得用强紧螺栓的方法消除歪斜。

（6）管道系统上的建筑物，必须按设计要求施工，地基应坚实，必要时应进行夯实或铺设垫层。出地竖管的底部和顶部应采取加固措施。

（7）管道安装应随时进行质量检查。分期安装或因故中断应用堵头将此敞口封闭，不得将杂物留在管内。

二、管槽开挖

1. 测量放线

测量放线就是按设计图纸要求，将各级管道、建筑物的位置落实到地面上。一般用经纬仪、水准仪或 GPS（全球定位系统）定出管槽开挖中心线和宽度，用石灰标出开挖线。在管道中心线每隔 30～50m 打桩标记，在管线的转折处、有建筑物和安装附属设备的地方及其他需要标记的地方也要打桩。同时还需要绘制管线纵横断面图、建筑物和附属设备基坑开挖详图等。

2. 管槽开挖

（1）管槽断面形式和尺寸。管槽的断面形式根据现场土质、地下水位、管材的种类和规格、最大冻土层深度及施工安装方法而定。目前，管道铺设多采用沟埋式，其断面形式主要有矩形、梯形和复式三种，本书主要介绍矩形断面，其宽度可由式（5-13）计算：

$$B \geqslant D + 0.5 \tag{5-13}$$

式中 B——管槽宽度，m；

D——管材外径，m。

（2）管槽开挖应注意的几个问题。

1）根据当地土质，所用管材及管径、地下水位和埋深等确定断面开挖形式。既要考虑节省土方量，又要有利施工，同时保证质量和安全。一般情况下，土质较松、地下水位较高时，宜采用梯形槽；土质坚实、地下水位较低时，可采用直槽；管径小、沟槽深时，宜采用梯形槽，反之可采用矩形槽。当管槽底为弧形时，管的受力情况最好，因此应尽可能将管基挖成弧形。

2) 根据管材规格、施工机具和操作要求确定管材开挖宽度。

3) 槽深应按中心桩标明的设计高程进行开挖，不得超挖。如局部超挖，则应用相同的土壤填补夯实至接近天然密实度。

4) 宜使管道工作在冻土层以下，且埋深不应小于70cm。如冻土层中埋设应经技术论证，并有相应措施。

5) 管线应尽量避开软弱、不均匀地带和岩石地带。如无法避开，必须进行基础处理。遇软弱地基应进行加固处理；沟槽经过岩石、卵石等容易损坏管道的地方，应将槽底再挖15～30cm，并用砂或旧土回填至设计槽底高程。

6) 对于塑料管、钢管、铸铁管或石棉水泥管一般采用原土地基即可。

7) 管槽弃土应堆放在管槽一侧300mm以外。管槽开挖完毕后经检查合格后方可铺设管道。

三、管道系统安装

1. 塑料管道安装

节水灌溉工程常用的塑料管材是硬聚氯乙烯管、聚乙烯管和聚丙烯管。其连接方法有承插粘接、橡胶圈连接、螺纹连接、法兰连接和热熔焊接等。

（1）承插粘接。

1) 根据不同的管材，选择合适的黏合剂。

2) 被粘接管端应清除污迹，并进行配合检查。

3) 插头和承口均匀涂上黏合剂，应适时承插，并转动管端，使黏合剂填满间隙。

4) 承插管轴线应重合，插头应插至承口底部。

5) 管子粘接后固化前，管道不得移位。

6) 塑料管连接后放入沟槽中，除接头外，均应覆土20～30cm。

（2）橡胶圈连接。橡胶圈连接是目前最常用的PVC-U管连接方式。利用橡胶圈将PVC-U管连接成整体，通过承口端内壁与插头端外壁之间的橡胶圈进行止水。

施工时应注意如下几点：

1) 采用密封胶圈连接时，密封胶圈规格与塑料管应匹配，密封圈装入套管槽内不得反向、扭曲和卷边。

2) PVC-U管材受温差变化影响，相对来说伸缩量较大，所以安装时管材插入深度应随温度变化适当掌握，夏季温度最高时可插到底，气温低时应留下10mm余量。

3) 用塞尺检查密封胶圈在连接处是否错位，如有错位，用钢锯锯开重新连接。须在插口端另行倒角，并应画出插入长度标线，然后进行连接。

4) 管道安装，宜先干管后支管。承插口管材，插口在上游，承口在下游，依次施工。

（3）螺纹连接。螺纹连接多用于PVC-U管材与其他种类的管材、阀门和仪表的连接。其连接形式是将被连接管材的外（内）螺纹端与另一端需连接件的内（外）螺纹连接。

螺纹连接一般应符合下列要求：

1）严禁在塑料管上套丝扣。

2）采用聚四氟乙烯生料带做填料，不得使用丝麻和稠白漆。

3）专用过渡件的管径不宜大于 63mm。

4）在包上聚四氟乙烯生料带后将管件旋到另一丝扣管件上，若需要可采用特殊工具，如管钳或扳手旋紧螺纹。

（4）法兰连接。管道法兰连接一般用在 PVC-U 管材与其他种类的管材、阀门和设备的连接以及管路系统需要临时维修拆卸或在安装工地无法进行黏结连接时。

（5）热熔焊接。较大口径的聚氯乙烯管和改性聚丙烯管可用对焊法连接。其主要工具是圆形电烙铁和碰焊机。热熔焊接的要求如下：

1）热熔对接管子的材质、直径和壁厚应相同。

2）焊接前应将管端锯平，并清除杂质、污物。

3）应按设计温度加热至充分塑化而不烧焦，加热板应清洁、平整、光滑。

4）加热板的抽出及合拢应迅速，两管端面应完全对齐，四周挤出树脂应均匀。

5）冷却时应保持清洁。自然冷却应防止尘埃侵入；水冷却应保持水质清洁；完全冷却前管道不应移动。

6）对接后，两管端面应熔接牢固，并按 10% 进行抽检；若两管端对接不齐，应切开重新加工对接。

2. 软管的连接

软管的连接方法有揣袖法、套管法、管件连接法和快速接头法等。

（1）揣袖法。揣袖法就是顺水流方向将前一节软管插入后一节软管内，插入长度视输水压力的大小决定，以不漏水为宜。该法多用于质地较软的聚乙烯软管的连接，特点是连接方便，不需专用接头或其他材料，但不能拖拉。连接时，接头处应避开地形起伏较大的地段和管路拐弯处。

（2）套管法。套管法一般用长 15～20cm 的硬塑料管作为连接，将两节软管套结在硬塑料管上，用活动管箍固定。该法的特点是接头连接方便，承压能力高，拖拉时不易脱开。

（3）管件连接法。管件连接法就是用厂家生产的与管子配套的管件进行连接。该法的特点是连接方便，承压稳定，安装时无须设备。

（4）快速接头法。软管的两端分别连接快速接头，用快速接头对接。该法连接速度快，接头密封压力高，使用寿命长，是目前地面移动软管道输水灌溉系统应用最广泛的一种连接方法，但接头价格较高。

3. 水泥制品管道安装

（1）钢筋混凝土管。对于承受压力较大的钢筋混凝土管可采取承插式连接，连接方式有两种：一种用橡胶圈密封做成柔性连接；一种用石棉水泥和油麻填塞接口。后一种接口施工方法同铸铁管安装。

钢筋混凝土管柔性连接应符合下列要求：
1）承口向上游，插口向下游。
2）套胶圈前，承插口应刷干净，胶圈上不得粘有杂物，套在插口上的胶圈不得扭曲、偏斜。
3）插口应均匀进入承口，回弹就位后，仍应保持对口间隙10～17mm。
4）在沟槽土壤或地下水对胶圈有腐蚀性的地段，管道覆土前应将接口封闭。
5）水泥制品管配用的金属管件应进行防锈防腐处理。

（2）混凝土管。对承受压力较小的混凝土管应按下列方法连接：
1）平口（包括楔口）式接头宜采用纱布包裹水泥砂浆法连接，要求砂浆饱满，纱布砂浆结合严密。严禁管道内残留砂浆。
2）承插式接头，承口内应抹1:1水泥砂浆，插管后再用1:3水泥砂浆抹封口。接管时应固定管身。
3）预制管连接后，接头部位应立即覆20～30cm厚湿土。

4. 普通铸铁管的连接

铸铁管的连接方式多为承插式，其接头形式有刚性接头和柔性接头两种。连接安装前，应检查管子有无裂纹、砂眼或结疤等缺陷，用喷灯或氧-乙炔焰烧掉管承内和插口外的沥青，并用钢丝刷将承插口清理干净。

承插接头常用的填料有水泥、青铅、油麻和橡胶圈等。通常把油麻、橡胶圈等称为嵌缝材料，把水泥、青铅等称为密封材料。

铸铁管的安装应按下列规定进行：
（1）安装前应清除承口内部及插口外部的沥青块及飞刺、铸砂等其他杂质；用小锤轻轻敲打管子，检查有无裂缝，如有裂缝，应予更换。
（2）铺设安装时，对口间隙、承插口环形间隙及接口转角，应符合表5-4的规定。

表5-4　　　　对口间隙、承插口环形间隙及接口转角值

项目	对口最小间隙/mm	对口最大间隙/mm D_g100～D_g250	对口最大间隙/mm D_g300～D_g3500	承插口标准环形间隙/mm D_g100～D_g200	承插口标准环形间隙/mm D_g250～D_g350	每个允许转角/(°)
沿直线铺设	3	5	6	10	$+3 \atop -2$	11	$+4 \atop -2$	—
沿曲线铺设安装	3	7～13	10～14	—	—	2

注　D_g为管公称内径。

（3）管道安装就位后，应在每节管子中部两侧填土，将管道稳固。
（4）安装后，承插口应填塞，填料采用膨胀水泥或石棉水泥和油麻等。
1）采用膨胀水泥时，填塞深度为接口深度的2/3，填塞时应分层捣实，压平并及时养护。

2) 采用石棉水泥和油麻时,应将油麻拧成辫状填入,麻辫搭接长度应为10~15cm,油麻填入深度应为接口深度的1/3~1/2,要仔细打紧,然后填石棉水泥(石棉水泥不可太干或太湿,以用手攒成团,松手后散裂为度),分层捣实、打平,并及时养护。

5. 其他金属管道安装

(1) 金属管道安装前应进行外观质量和尺寸偏差检查,并宜进行耐水压试验,其要求符合铸铁直管及管件、低压流体输送用镀锌焊接钢管、喷灌用金属薄壁管等现行标准的规定。

(2) 镀锌钢管安装应按《工业金属管道工程施工规范》(GB 50235—2010)执行。

(3) 镀锌薄壁钢管、铝管及铝合金管安装,应按安装使用说明书的要求进行。

6. 阀门安装及与金属管件的连接

(1) 金属阀门与塑料管连接,直径大于65mm的管道亦用金属法兰连接。法兰连接管外径大于塑料管内径2~3mm,长度不小于2倍的管径,一端加工成倒齿状,另一端牢固焊接在法兰一侧。

(2) 将塑料管端加热后及时套装在带倒齿的法兰接头上,并用管箍上紧。塑料管与金属管件的连接可采用同样的方法。

(3) 直径小于65mm的可用螺纹连接,并应装活接头。

(4) 直径大于65mm的阀门应安装在底座上,底座高度宜为10~15cm。

(5) 截止阀与逆止阀应按流向标志安装,不得反向。

7. 管道附属装置的施工与安装

(1) 出水口的安装。井灌区的管灌工程所用出水口直径一般均小于110mm,可直接将铸铁出水口与竖管承插,用14号铁丝把连接处捆扎牢固。在竖管周围用红砖砌成40cm×40cm的方墩,以保护出水口不致松动。方墩的基础,要认真夯实,防止产生不均匀沉陷。

河灌区管灌工程采用水泥预制管时,有可能使用较大的出水口。施工安装时,首先在出水竖管的管口抹一层灰膏,座上下栓体并压紧,周围用混凝土浇筑使其连成一整体;然后再套一截0.2m高的混凝土预制管作为防护,最后填土至地表即可。

(2) 分水闸的施工。用于砌筑分水闸的砂浆标号不低于M10号,砖砌缝砂浆要饱满,抹面厚度不小于2cm。闸门要启闭灵活,止水抗渗。

(3) 管网首部的施工安装。井灌区水泵与干管间为防止机泵工作时产生振动,可采用软质胶管来连接。河灌区机泵与干管间的连接及各种控制件、安全件的安装,可参照图5-29进行。在管网首部及管道的各转弯、分叉处,均应砌筑镇墩,防止管道工作时产生位移。

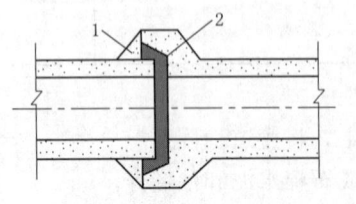

图5-29 干管接头示意图
1—封口体;2—灰膏

四、试水、回填与竣工验收

管道系统铺设安装完毕后,必须进行水压试验(俗称试水),符合设计要求后方可回填和验收。

1. 试水

(1) 试水的目的与检验内容。

1) 试水的目的。试水的目的是试验检查管道的强度、接口或接头的质量等是否符合设计要求，并及时处理出现的问题，防患于未然。

2) 试水的检验内容。试水的检验内容主要包括强度试验和渗漏量试验：强度试验主要检查管道的强度和施工质量，试验压力一般为管道系统的设计压力，保压时间与管道的类型有关，对于塑料管道和水泥预制管，其保压时间一般要求不少于 1h；渗漏量试验主要检查管道的漏水情况。

(2) 管道试压。全部管道安装完毕，管道系统和建筑物达到设计强度后，应对各条管路逐一进行试水。试水前应安装好压力表，检查各种仪表是否正常，并将管网各转折处填土加固，防止充水后压力增大将接头推开漏水。要将末端出水口打开，以利排除管道内的气体。然后向管道内徐徐充水，当整个管道系统充满水后，关闭打开的出水口，把管道压力逐渐增至设计压力水头，并保持 1h 以上。沿管路逐一进行检查，重点查看接头处是否有渗漏，然后对各渗漏处做好标记，根据具体情况分别进行修补处理。

(3) 试水验收标准。试验过程中，如未发生管道破坏，且渗漏量符合要求，即认为试水合格，可回填。

试水时，应沿线检查渗漏情况，做好记录并标记，以便于维修。试水不合格的管段应及时修复，待修复处达到试水要求后，可重新试水，直至合格。

2. 回填

管槽回填应严格按设计要求和程序进行。回填的方法一般有对称夯实法、水浸密实法和分层压实法等，但不论采用哪种方法，管道周围的回填土密实度都不能小于最大密实度的 90%。

(1) 塑料管材的回填。因塑料管的刚度较之水泥预制管小得多，为防止管材变形过大，土料回填时应特别小心，严格控制回填方法、工序和质量，力求使管材的扁平度不超过 5%，回填土的容重接近原状土，以确保和改善管材的水力学性能和力学性能。

土料要求：含水率适中，不得含有直径大于 2.5cm 的砖瓦碎片、石块及干硬土块。

回填顺序：依次为管口槽、管材两侧和管顶上部。

回填方法：管口槽和管材两侧采用对称夯实法，后用水浸密实法回填，待 1~2 天土料干硬后，再分层回填管顶上部的土料，分层厚度宜控制在 30cm 左右，层层水浸密实，填土至略高出地表。

施工要求：土料回填前应先将管道充满水并使其承受一定的内水压力；夏季施工宜在气温较低的早晨或傍晚回填，以防止填土前后管道温差过大，对连接处产生不利影响。

(2) 水泥预制管的回填。土料回填应该先从管口槽开始，边回填边捣实。分层回填到略高出地表为止。每层回填土厚度不宜大于 0.3m。视土质情况，回填土料的密实可分别采用夯实法和水浸密实法。

3. 竣工验收

工程施工结束后,应由主管部门组织设计、施工、使用单位成立工程验收小组,对工程进行全面检查验收。工程未验收移交前,应由施工单位负责管理和维护。

工程验收前应提交下列文件:规划设计报告和图纸、工程预算和决算、试水和试运行报告、施工期间检查验收记录、运行管理规程和组织、竣工报告和竣工图等。

对于管道输水灌溉工程的验收,应包括下列内容:

(1) 审查技术文件是否齐全,技术数据是否正确、可靠。

(2) 审查管道铺设长度、管道系统布置和田间工程配套、管道系统试水及试运行情况是否达到设计要求;机泵选配是否合理、安装是否合格;建筑物是否坚固。

(3) 工程验收后应填写"工程竣工验收证书",由验收组负责人签字,加盖设计、施工、使用单位公章,方可交付使用。

五、运行管理

工程建成后,效益能否充分发挥,关键在于管理。管道输水灌溉工程的运行管理主要包括组织管理、用水管理和工程管理等项内容。

1. 组织管理

管道输水灌溉工程的管理运行首先应建立管理组织。一般实行专业管理和群众管理相结合,统一管理和分级负责相结合的形式。组织管理可具体归纳为:"分级管理、分区负责、专业承包、责任到人"的组织管理办法。可由当地水利主管部门成立领导小组,具体指导县(区)管道输水灌溉工程的规划设计、施工,并制订详细的维修养护及运行管理细则;行政村设"灌溉服务站",统管全村管道灌溉工作。可由村委会负责人兼任服务站站长,村水利员、农机员、农电员等为成员,其主要任务是执行上一级制订的工程维修养护及运行管理细则,协调灌区内作物种植安排及计收水费等工作。各灌区设灌水管理员,实行村灌溉服务站领导下的管理员负责制。管理员由村民组推选出责任心强、有文化、懂技术的农民担任。管理员同时也是一名机手,其具体任务如下。

(1) 管理和使用管道系统及配套建筑物,保证完好能用。

(2) 按编制好的用水计划及时开机,保证作物适时灌溉。

(3) 按操作规程开机放水,保证安全运行。

(4) 按时记录开、停机时间,水泵出水量变化,能耗及浇地亩数等。

管理体制有多种形式,但无论哪种形式都应做到层层责、权、利明确,报酬同管理质量、效益挂钩,逐级签订合同。

2. 用水管理

灌溉用水管理的主要任务,是通过对管道灌溉系统中各种工程设施的控制、调度、运用,合理分配与使用水源的水量,并在田间推行科学的灌溉制度和灌水方法,以达到充分发挥工程作用,合理利用水资源,促进农业高产稳产和获得较高的经济效益的目的。

(1) 合理灌溉、计划用水。灌区管理部门应根据灌区所在地区的试验资料和当地丰产灌溉的经验，制订各种作物的灌溉制度。然后，结合水源可供给的水量、作物种植面积、气象条件、工程条件等，制订灌水次数、灌水定额、每次灌水所需的时间及灌水周期、灌水秩序、计划安排等。同时，在每次灌水之前还要根据当时作物生长及土壤墒情的实际情况，对计划加以修正。

(2) 灌水计划实施措施。

1) 建立健全用水管理组织和制度。为了加强管理，必须建立健全用水管理组织和制度，实行"统一管理，统一浇地""计划供水，按方收费"的办法，管好工程，用好水。

2) 平整土地、调整作物布局。农村实行农业生产承包责任后，地块零散。为保证灌水计划的有效实施，应对灌区内的承包耕地进行合理调整，并尽可能连片种植同一作物。

3) 推广田间节水技术。管灌工程的田间灌水技术应克服传统的大水漫灌的落后灌水方法，推广节水灌水技术，实行小定额灌溉。

4) 及时定额计收水费。管灌工程可实行"以亩定额配水，以水量收费，超额加价收费"的用水制度。这样可促使群众自觉平整土地，搞好田间工程配套，采用灌溉新技术，节约用水。

5) 合理安排配水顺序。在配水顺序上，应做到先浇远田，后浇近田；先灌成片，后灌零星田；先急用，后缓用等用水原则。

6) 加强管理人员培训。为了用好、管好管灌工程，提高管理水平，应加强管理人员的技术培训和职业道德教育。

(3) 建立工程技术档案。为了评价工程运行状况、提高管理水平和进行经济核算，应建立工程技术档案和运行记录制度，及时填写机泵运行和田间灌水记录表。每次灌水结束后，应观测土壤含水率、灌水均匀度、湿润层深度等指标。根据记录进行有关技术指标的统计分析，以便积累灌水经验，修改用水计划。

3. 工程管理

工程管理的基本任务是保证水源工程、水泵、输水管道及建筑物的正常运行，延长工程设备的使用年限，发挥最大的灌溉效益。

(1) 水源工程的使用和保护。对多水源的管道输水灌溉工程，应根据当地不同水源的状况，合理调配各种水源。地表水可利用水资源在质和量上均能满足管道输水灌溉要求时，宜首先考虑地表水作为灌溉水源；在地下水较丰富、机井条件较好的地方，可建立以井灌为主的管道输水灌溉，也可将地表水与地下水联合运用，保证水资源的可持续利用。

对水源工程除经常性的养护外，每当灌溉季节结束和下次灌溉之前，都应及时清淤、除障或整修，灌溉中也应及时清除水源中的杂草和漂浮物，保证灌溉用水。以井为水源时，当井中抽水量超过井的设计出水量时，可能出现大量涌砂，应及时调整，防止管道淤积和堵塞，机井塌陷；从河道、池塘等地表水取水时，要采取一定的措施防止杂草、污物和泥砂进入管网。同时，还应在管道中每隔一定距离，结合管道排水设置排污（砂）阀，定期排除沉积在管道内的泥砂。

(2) 水泵的运行与维修。在开机前应对机泵进行一次全面、细致的检查，检查各固定部分是否牢固、转动部分是否灵活；开机后应观察机泵是否正常运行，出水量、轴承温度、机泵运转声音及各种仪表是否正常，如不正常或出现了故障，应立即检修；停机时，应先关闭启动器，后拉电闸；停机后，应该把机泵表面的水迹擦净以防锈蚀；长期停机或冬季使用水泵后，要打开泵壳下面的放水塞，把水放净，防止水泵冻坏或锈蚀。

(3) 管道的运行与维修。

1) 固定管道的运行与维修。

a. 安全操作程序。在管道充水和停机时，由于水锤作用，管道压力会急剧上升或下降，易发生炸管。因此，应严格按照管道安全运行程序操作。具体应注意以下几点：

(a) 开机时，严禁先开机后打开出水口。应首先打开计划放水的出水口，必要时还应打开管道上的其他出水口排气，然后开机缓慢充水。当管道充满水后，应缓慢关闭作为排气用的其他出水口。

(b) 当同时开启的一组出水口灌水结束、需开启下一组出水口时，应先打开后一组出水口，再缓慢关闭前一组出水口。

(c) 管道停止运行时，应先停机，后关出水口。

b. 管道维修。埋设田间的管道，由于施工质量的缺陷、不均匀沉陷、农用机械碾压等，可能损坏漏水，发现漏水应立即进行修补。

2) 移动塑料软管的使用与维修。

a. 使用注意事项。田间使用的软管，由于管壁薄，经常移动，使用时应注意以下事项：

(a) 使用前，要认真检查管子的质量，并铺平整好管路线，以防尖状物扎破软管。

(b) 使用时，管子要铺放平整，严禁拖拉，以防破裂。

(c) 软管输水过沟时，应架托保护，跨路应挖沟或填土保护，转弯要缓慢，切忌拐直角弯。

(d) 用后清洗干净，卷好存放。

b. 软管的维修与保管。软管使用中发现损坏，应及时修补。若出现漏水，可用塑料薄膜补贴，也可用专用黏合剂修补。软管应存放在空气干燥、温度适中的地方；软管应平放，防止重压和磨坏软管折边；不要将软管与化肥、农药等放在一起，以防软管黏结。

任务五 管道灌溉工程规划设计示例

[5.5] 管道灌溉工程规划设计示例

一、基本情况

某井灌区以粮食生产为主，地下水丰富，多年来建成了以离心泵为主要提水设备、土渠输水的灌溉工程体系，为灌区粮食生产提供了可靠保证。由于近几年来的连续干旱，灌区地下水普遍下降，为发展节水灌溉，提高灌溉水利用系数，改离心泵为潜水泵提水，改土渠输水为管道输水。

井灌区内地势平坦，田、林、路布置规整（图 5-30），单井控制面积 12.7hm²，地面以下 0~1m 土层内为中壤土，平均容重 1.48t/m³，田间持水率为 24%。

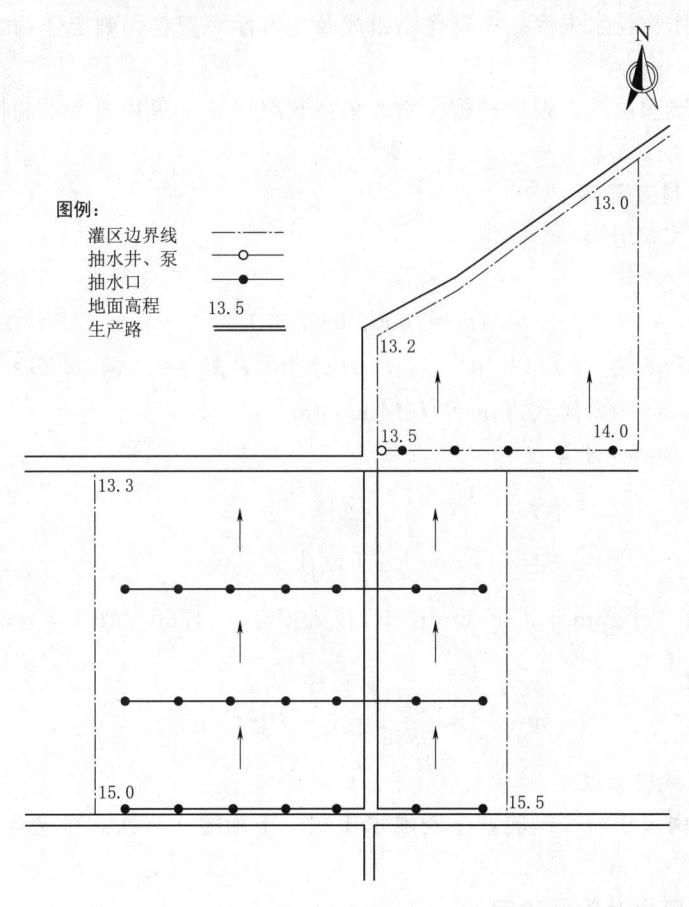

图 5-30 管网平面布置图（单位：m）

工程范围内有水源井一眼，位于灌区的中部。根据水质检验结果分析，该井水质符合《农田灌溉水质标准》（GB 5084—2021），可以作为该工程的灌溉水源，水源处有 380V 三相电源。据多年抽水测试，该井出水量为 55m³/h，井径为 220mm，采用钢板卷管护筒，井深 20m，静水位埋深 7m，动水位埋深 9m，井口高程与地面齐平。

二、设计依据及设计参数

1. 设计依据

(1)《管道输水灌溉工程技术规范》（GB/T 20203—2017）。

(2)《灌溉与排水工程设计标准》（GB 50288—2018）。

2. 设计参数

(1) 灌溉设计保证率。根据《管道输水灌溉工程技术规范》（GB/T 20203—2017）的要求，灌溉设计保证率取 75%。

(2) 管道系统水的利用率。根据《管道输水灌溉工程技术规范》（GB/T 20203—2017）的要求，管道系统水的利用率取 95%。

（3）灌溉水利用系数。根据《管道输水灌溉工程技术规范》（GB/T 20203—2017）的要求，灌溉水利用系数取 0.85。

（4）设计作物耗水强度。根据作物组成及现有灌溉资料，确定作物需水高峰期日耗水强度为 5.0mm/d。

（5）设计湿润层深。根据种植作物的根系状况以及土壤和地下水的情况，确定设计湿润层深为 0.55m。

三、灌溉制度确定

1. 净灌水定额计算

采用公式

$$m = 1000\gamma_s h(\beta_1 - \beta_2)$$

式中：$h=0.55\text{m}$，$\gamma_s=1.48\text{t/m}^3=14.504\text{kN/m}^3$，$\beta_1=0.24\times0.95=0.228$，$\beta_2=0.24\times0.65=0.1560$，代入得 $m=574.4\text{m}^3/\text{hm}^2$。

2. 设计灌水周期计算

采用公式

$$T_{理} = \frac{m}{10E_d}$$

式中：$m=574.4\text{m}^3/\text{hm}^2$，$E_d=5\text{mm/d}$，代入得 $T=11.5\text{d}$（取 $T=10\text{d}$）。

3. 毛灌水定额

$$m = \frac{m}{\eta} = \frac{574.4}{0.85} = 675.7(\text{m}^3/\text{hm}^2)$$

4. 灌水次数与灌溉定额

根据灌区内多年灌水经验，小麦灌水 4 次，玉米灌水 1 次，则全年需灌水 5 次，灌溉定额为 $3378.5\text{m}^3/\text{hm}^2$。

四、设计流量及管径确定

1. 系统设计流量

采用公式

$$Q_0 = \frac{amA}{\eta Tt}$$

$$Q_0 = \frac{amA}{\eta Tt} = \frac{1\times574.4\times12.7}{0.85\times11\times18} = 43.3(\text{m}^3/\text{h})$$

因系统流量小于水井设计出水量，故取水泵设计出水量为 $Q=50\text{m}^3/\text{h}$，灌区水源能满足设计要求。

2. 管径确定

采用公式

$$D = 18.8\sqrt{\frac{Q}{\pi}}$$

$$D = 18.8\sqrt{\frac{Q}{v}} = 18.8\sqrt{\frac{50}{1.5}} = 108.54(\text{mm})（选取 \phi110\times3\text{PE 管材}）$$

3. 工作制度

（1）灌水方式。考虑运行管理情况，采用各出口轮灌。

（2）各出口灌水时间：

采用公式

$$t = \frac{mA}{\eta Q}$$

式中：$m = 574.4 \text{m}^3/\text{hm}^2$，$A = 0.5 \text{hm}^2$，$\eta = 0.85$，$Q = 50 \text{m}^3/\text{h}$，则

$$t = \frac{mA}{\eta Q} = \frac{574.4 \times 0.5}{0.85 \times 50} = 6.8(\text{h})$$

4. 支管流量

因各出水口采用轮灌工作方式，单个出水口轮流灌水，故各支管流量及管径与干管相同。

五、管网系统布置与设计扬程计算

1. 管网系统布置

（1）布置原则。

1) 管理设施、井、路、管道统一规划，合理布局，全面配套，统一管理，尽快发挥工程效益。

2) 依据地形、地块、道路等情况布置管道系统，要求线路最短，控制面积最大，便于机耕，管理方便。

3) 管道尽可能双向分水，节省管材，沿路边及地块等高线布置。

4) 为方便浇地、节水，长畦要改短。

5) 按照村队地片，分区管理，并能独立使用。

（2）管网布置。

1) 支管与作物种植方向相垂直。

2) 干管尽量在生产路、排水沟渠旁呈平行布置。

3) 保证畦灌长度不大于120m，满足灌溉水利用系数要求。

4) 出水口间距满足《管道输水灌溉工程技术规范》(GB/T 20203—2017) 的要求。

2. 设计扬程计算

（1）管道水力计算简图见图5-31。

（2）水头损失计算：

采用公式

$$h = 1.1 h_f$$

$$h_f = f \frac{Q^m}{d^b} L$$

$f = 0.948 \times 10^5$（聚乙烯管材的摩阻系数），$Q = 50 \text{m}^3/\text{h}$，$m$ 取 1.77，d 为管道内径，取塑料管材为 $\phi 110 \times 3 \text{PE}$ 管材，$d = 110 - 3 \times 2 = 104$ (mm)，b 为管径指

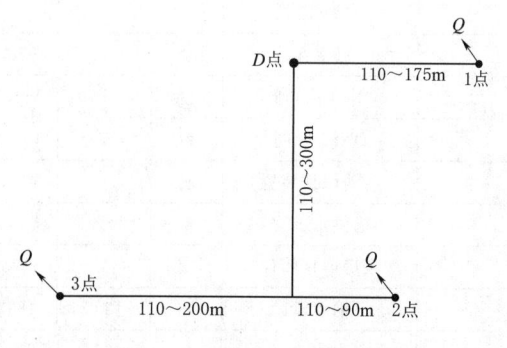

图 5-31 管道水力计算简图

数,取 4.77。

(3) 水头损失分三种情况,水头损失及设计水头计算结果见表 5-5。

表 5-5　　　　　水头损失及设计水头计算结果

序号	出水点	$h = 1.1 h_f$	$H = Z - Z_0 + \Delta Z + \sum h_f + \sum h_j$
1	D 点~1 点	4.44	9+(14-13.5)+4.44=13.94
2	D 点~2 点	9.89	9+(15.5-13.5)+9.89=20.89
3	D 点~3 点	12.68	9+(15-13.5)+12.68=23.18

由此看出,出水点 3 为最不利工作处,因此,选取 23.18m 作为设计扬程。

六、首部设计及工程预算

1. 首部设计

根据设计流量 $Q = 50 \text{m}^3/\text{h}$,设计扬程 $H = 23.18\text{m}$,选取水泵型号为 200QJ50-26/2 潜水泵。

首部工程配有止回阀、蝶阀、水表及进气装置。

2. 工程预算

机压管灌典型工程投资概预算见表 5-6。

表 5-6　　　　　机压管灌典型工程投资概预算

内容	工程或费用名称	单位	数量	单价/元 小计	单价/元 人工费	单价/元 材料费	合计/元 小计	合计/元 人工费	合计/元 材料费
第一部分	建筑工程						3511.3	2238.35	1272.95
一	输水管道						3099.0	2176.5	922.5
1	土方开挖	m³	350	4.78	4.78		1673.0	1673.0	
2	土方回填	m³	350	0.86	0.86		301.0	301.0	
3	出水口砌筑	m²	4.5	250.0	45	205.0	1125.0	202.0	922.5
二	井房						412.3	61.85	350.45
三	其他工程						412.3	61.85	350.45
1	零星工程	元							
第二部分	机电设备及安装工程						33307.95	1589.95	31718.0
一	水源工程						5660.55	269.55	5391.0
1	潜水泵	套	1	4978.05	237.05	4741.0	4978.05	237.05	4741.0
2	DN80 逆止阀	台	1	131.25	6.25	125.0	131.25	6.25	
3	DN80 蝶阀	台	1	131.25	6.25	125.0	131.25	6.25	125.0
4	启动保护装置	套		420.0	20.0	400.0	420.0	20.0	400.0
二	输供水工程						27647.4	1320.4	26327.0
1	泵房连接管件	套	1	507.15	24.15	483.0	27647.4	1320.4	26327.0
2	输水管	m	1350	18.21	0.87	17.34	24583.5	1174.5	23409.0
3	出水口	个	26	89.25	4.25	85.0	2320.5	110.5	2210.0

续表

内容	工程或费用名称	单位	数量	单价/元 小计	单价/元 人工费	单价/元 材料费	合计/元 小计	合计/元 人工费	合计/元 材料费
4	管件	个	5		2.25	45	236.25	11.25	225.0
第三部分	其他费用	元					2618.77	272.27	2346.5
1	管理费（2%）	元	36819.25				736.39	76.57	659.82
2	勘测设计费（2.5%）	元	38476.12				920.48	95.70	824.78
3	工程监理质量监督检测费（2.5%）	元	38476.12				961.90	100.0	861.90
	第一至第三部分之和						39438.2		
第四部分	预备费						1917.90		
	基本预备费（5%）	元	39438.02				1917.90		
	总投资						41409.92		

【能力训练】

1. 试述输水管道布置原则。

2. 半固定式给水装置的特点是什么？

3. 影响渠灌区管灌系统布置的因素有哪些？

4. 简述管道安装的一般要求。

5. 某县拟采用喷灌系统灌溉花生，已知计划湿润层深度为40cm，土壤含水率上下限分别按田间持水率的85%和65%设计，田间持水率为32%（容积含水率），水利用系数取0.85，最大日耗水量为5.2mm，求灌水周期。

项目六

渠道防渗工程技术

学习目标

通过学习渠道防渗工程特点、断面形式及使用条件，使学生掌握渠道防渗工程规划设计，能够做到合理规划渠道及设计断面。结合典型工程案例，使学生继续传承和弘扬红旗渠精神，用精神锤炼品格、滋养内心、指导实践。

学习任务

1. 掌握渠道防渗工程分类依据。
2. 掌握各种渠道防渗工程特点。
3. 掌握渠道防渗工程断面形式。
4. 掌握渠道防渗工程参数选择与计算。
5. 掌握防冻害措施类型。
6. 了解渠道防渗施工方法。

任务一 渠道防渗工程的类型及特点

[6.1] 渠道防渗工程的类型及特点

一、渠道防渗的意义和作用

1. 渠道防渗的意义

我国是灌溉型农业生产大国，农业用水量占全国总用水量的 63.2%，其中农田灌溉用水占全国总用水量的 58.1%，同时，我国 50% 以上区域在干旱和半干旱地区，由于气候条件等因素影响，甘肃、宁夏、新疆、内蒙古等地区农业用水量占当地总用水量的 75% 以上。由于水资源时空分布不均匀，建设了大量的输水渠道，截至 2020 年，全国已建成干支渠道约 300 万 km，但由于渠道渗漏等原因，渠系水利用系数平均只有 0.5 左右，造成大量水资源浪费。因此要冲破水资源短缺及其灌溉水利用系数低等因素制约农业发展的瓶颈，就要将输送过程中的损失量降到最低，而如果采用渠道防渗技术就可以减少渗漏损失的 70%~90%，不仅可以极大地解决灌溉用水的浪费问题，还可以提高农田灌溉水的利用率，缓解我国农业用水方面的供需矛盾，对我国农业乃至整个经济的可持续发展提供有力保障。

渠道的渗漏水量不仅降低了渠系水的利用系数，减小了灌溉面积，浪费了水资源，而且会引起地下水位上升，招致农田渍害，在有盐碱化威胁的地区，还会引起土壤的次生盐碱化，同时还会增加灌溉技术和农民的水费负担，甚至会危及工程的安全运行。为了减少渠道输水损失、提高渠系水利用系数，一方面要加强渠系工程配套和维修养护，有计划地引水和配水，不断提高灌区管理工作水平；另一方面要采取渠道防渗工程措施，减少渗漏损失水量。

2. 渠道防渗的作用

渠道防渗工程措施除了减少渠道渗漏损失、节省灌溉用水量、更有效地利用水资源外，还有以下作用：

(1) 提高渠床的抗冲能力，防止渠坡坍塌，增强渠床的稳定性。

(2) 减小渠床糙率系数，加大渠道内水流流速，提高渠道输水能力。

(3) 减少渠道渗漏对地下水的补给，有利于控制地下水位和防治土壤盐碱化及沼泽化。

(4) 防止渠道长草，减少泥沙淤积，节省工程维修费用。

(5) 降低灌溉成本，提高灌溉效益。

二、渠道防渗的类型

常见的渠道防渗工程类型有土料防渗、水泥土防渗、砌石防渗、混凝土防渗、沥青材料防渗、膜料防渗等，其形式与特性见表 6-1。

表 6-1　　　　　　　常见渠道防渗形式的主要特性

项目 防渗材料		主要原材料	允许最大渗漏量 /[$m^3/(m^2 \cdot d)$]	使用年限 /年	适用条件
土料	黏性土 黏砂混合土	黏质土、砂、石、石灰等	0.07~0.17	5~15	能就地取材。造价低，施工简便，但抗冻性差，耐久性较差，需劳力多，质量不易保证，适用于气候温暖地区的中、小型渠道
	灰土 三合土 四合土			10~25	
水泥土	干硬性水泥土 塑性水泥土	壤土、砂壤土、水泥等	0.06~0.17	8~30	能就地取材，造价较低，施工容易，但抗冻性较差。适用于温暖地区，且附近有壤土和砂壤土的渠道
砌石	干砌卵石 （挂淤）	卵石、块石、料石、石板、水泥等	0.20~0.40	25~40	抗冻和抗冲性能好，施工简易，耐久性强，但防渗能力一般较难保证，需劳力多。适用于石料来源丰富、有抗冻与抗冲要求的渠道
	浆砌块石 浆砌卵石 浆砌料石 浆砌石板		0.09~0.25		
沥青混凝土	现场浇筑 预制铺砌	沥青、砂、石、矿粉等	0.04~0.14	25~30	防渗能力强，适应冻胀变形能力较好，造价与混凝土相近，但目前沥青料源缺乏。一般适用于有冻害的地区，且附近有沥青料源渠道

续表

项目 防渗材料		主要原材料	允许最大渗漏量 /[m³/(m²·d)]	使用年限 /年	适用条件
埋辅式膜料	土料保护层 刚性保护层	膜料、土料、砂、石、水泥等	0.04～0.08	20～30	防渗能力强，质轻、运输便利，用土做保护层时，造价较低，但占地多，允许流速小。适用于中、小型低流速渠道。当用刚性保护层时，造价较高，可用于大、中型渠道
混凝土	现场浇筑	砂、石、水泥、速凝剂等	0.04～0.14	30～50	防渗效果、抗冲性和耐久性好，可用于各类地区的各种运用条件下的各级渠道；喷射法施工宜用于岩基、风化岩基以及山区渠道
	预制辅砌		0.06～0.17	20～30	
	喷射法施工		0.05～0.16	25～35	

1. 土料防渗

土料防渗是以黏性土、黏砂混合土、灰土、三合土、四合土等为材料的防渗措施，是我国沿用已久的防渗措施。土料防渗造价低、投资少，可就地取材，但存在耐久性差的问题，往往由于冻融的反复作用，防渗层疏松剥蚀，从而失去防渗性能。尽管如此，随着大型碾压机械的应用及防渗技术发展，土料防渗仍然广为应用。施工中土料的原材料应粉碎、过筛，必须清除含有机质多的表层土和草皮、树根等杂物；施工中应严格控制配合比和含水率；混合土料宜先干拌后湿拌；铺筑时灰土、三合土、四合土按先渠坡、后渠底的顺序施工；素土、黏砂混合土按先渠底、后渠坡的顺序施工。当防渗层厚度大于15cm时，应分层铺筑。铺筑时应边铺筑、边夯实，夯实后土料的干容重应达到设计值，不得小于设计容重。土料防渗层铺筑完成后，要加强养护，注意防风、防晒、防冻。土料防渗如图6-1所示。

图6-1 土料防渗

2. 水泥土防渗

水泥土是指将水泥、土料和水按一定比例搅拌而成的防渗材料。其防渗机理是通过水泥和土料的胶结和硬化的特性从而达到防渗的效果。水泥土具有较好的防渗效果，能就地取材，造价低，施工容易掌握，其水泥用量与低标号混凝土的水泥用量相当。其缺点是允许流速小，抗冻性差。水泥土防渗因施工方法不同而分为干硬性水泥土和塑性水泥土两种，北方多用前者，南方多用后者。水泥土防渗可减少渠道渗漏量80%～90%。施工中将水泥土所用土料风干、粉碎，过5mm筛。铺筑前洒水润湿渠基并做到配料准确、拌和均匀、摊铺平整、浇捣密实;将拌好的水泥土按先渠坡、后渠底的顺序均匀地铺筑;初步抹平后,宜在表面撒一层厚2mm的水泥揉压抹光;应连续铺筑,每次拌和料从加水至铺筑宜在1.5h内完成。水泥土防渗如图6-2所示。

3. 砌石防渗

砌石防渗适用于石料来源丰富、有抗冻和抗冲刷要求的渠道。砌石防渗一般可减少渗漏量70%~80%,使用时限达25~40年。砌石防渗具有就地取材、施工简单、抗冲刷、耐磨和耐腐蚀性强等优点,具有较强的稳定渠道的作用及能适应渠道流速大等特点。国内大部分浆砌石防渗渠道没有设垫层,直接砌筑在渠基上。因石板较薄,为使其与渠床紧密结合,常铺一层2~3cm厚的砂料或低标号砂浆做垫层。为提高砌石的防渗效果,也有在砌石下面加铺黏土、三合土、塑料薄膜等垫层的。砌石防渗如图6-3所示。

图6-2 水泥土防渗

4. 混凝土防渗

混凝土防渗的优点是防渗抗冲效果好,输水能力大,耐久、强度高,能减小渠道断面尺寸,适应性广,便于管理。其缺点是混凝土衬砌板适应变形的能力差,在缺乏砂、石料的地区造价较高。混凝土衬砌适用于各种地形、气候和运行条件的大、中、小型渠道,附近应有骨料来源。混凝土防渗如图6-4所示。

图6-3 砌石防渗

图6-4 混凝土防渗

施工方法:水泥用量要较普通碎石混凝土适当增加,并直掺入减水剂、早强剂。石料应采用1~2级级配。采用低流态混凝土,其坍落度以0~2cm为宜。可采用活动模板和分块跳仓法、滑模振捣器法施工。混凝土预制板初凝后即可拆模,强度达到设计强度的70%方可运输,安砌应平稳、坚固,砌缝应用水泥砂浆填满、压平、抹光。现浇完毕后,应及时收面、及时养护。

5. 沥青材料防渗

沥青材料防渗具有防渗效果好、耐久性好、投资少、对地基变形适应性好、施工简便等优点。其中以沥青混凝土衬砌使用比较广泛,它属于柔性结构,适应变形性能好,具有较好的稳定性、耐久性和良好的防渗效果。在沥青混凝土衬砌正式施工前,必须进行试铺筑，以确定沥青混合料的配合比、摊铺厚度、施工温度、碾压遍数等工艺参数。沥青混凝土衬砌施工的工序是铺筑整平胶结层、铺筑防渗层、涂刷封闭层。碾压是沥青混凝土衬砌施工的关键环节，应按选定的摊铺厚度均匀摊铺后，先静压1~2遍，再振动压实。沥青材料防渗如图6-5所示。

6．膜料防渗

膜料防渗具有防渗性能好、适应变形能力强、材料质轻、运输方便、耐腐蚀性强、施工简便、工期短、造价低等优点。其缺点是抗穿刺能力差，易老化，与土的摩擦系数小，不利于渠道边坡稳定。膜料防渗施工质量的核心是在施工过程中保持膜层的完整和土保护层的边坡稳定。土渠层的铺膜基槽可采用梯形、台阶形、五边形和锯齿形等断面形式，当渠槽开挖整平并进行灭草处理后，根据渠道大小将膜料加工成大幅，自渠道下游向上游由渠道一岸向另一岸铺设膜料，膜料应留有小褶，并平贴渠基。膜料防渗如图6-6所示。

图6-5 沥青材料防渗　　图6-6 膜料防渗

三、选择防渗技术措施应考虑的因素

根据各种防渗衬砌工程材料的技术特点、运行效果、运用条件等不同，实际工程中应根据拟建渠道的基本条件和地区气候等具体情况，本着因地制宜、就地取材的原则，选用防渗衬砌材料，并且料源充足。设计时尚应综合考虑下列影响因素。

1．气候条件

气候条件是渠道防渗工程设计和施工应考虑的基本因素。它对防渗材料的耐久性和施工方法具有决定性作用，也是工程防冻胀设计的决定性因素。

2．地形条件

地形条件往往是决定渠道防渗工程造价的重要因素，在渠道防渗措施中；压力管道受地形影响最小，但太贵；低压管道、输水槽以及混凝土等防渗渠道，较能适应地形的变化；而土料及埋铺式膜料（土保护层）防渗渠道，因允许流速小（为混凝土的1/6左右），只能用于较平坦地区。因此，选择防渗方案时，应考虑地形条件。

3．基土性质

基土的渗透性是决定有无防渗必要和采用哪种防渗措施的关键，土的冻胀敏感性和抗压强度等都是工程设计应考虑的主要性能。对黄土类、壤土类等基础好、渠床稳定的地区，一般采用混凝土、砌石等防渗措施。但在含膨胀性黏土或石膏以及孔状灰岩的渠基上，一般不宜采用刚性材料，应采用厚压实土料，或埋铺式膜料类的柔性防渗措施。对于湿陷性黄土渠基，做完浸水处理后，最好采用埋铺式膜料防渗。也可以改变渠线，使渠道绕过不良土质地带。无法改线时，可用砂、砾石或其他土料换基，以代替不良土壤。但此法造价高，除有抗冻害要求和附近有合适的代换材料外，一般不宜采用。

在选择防渗方案时，应尽量考虑土渠开挖土方的应用问题。如有适宜的土料，可采用压实土料防渗；如开挖的土料不能压实，但可以用作膜料防渗的保护层，则应采用埋铺式膜料防渗。

4. 地下水位

地下水位高于渠底时，防渗层存在承受扬压力的问题。必须在防渗层下设排水设施。在寒冷地区，地下水位的高低，是防渗工程进行防冻胀设计时需要考虑的。

5. 土地利用及灌溉系统的形式

为减少占地，在城郊及人口密集地区，应采用暗渠（管）、输水槽或边坡较陡的如U形、矩形断面等刚性材料防渗渠道。

为了改善旧有灌溉系统和用水方式，如合并地块、改连续输水为轮流输水、改变种槽作物等，都应考虑采用刚性材料防渗，使配水渠系占地最小。同时也使轮流输水的渠系能更好地满足配水要求。

6. 防渗标准

在水费很高的地区，或渗漏水有可能引起渠基失稳、影响正常运行的渠道，防渗标准应提高。建议采用下铺膜料、上部用混凝土板做保护层的措施。据国外有关经验，厚10cm的混凝土防渗渠道，平均渗漏量为21L/(m²·d)，如在混凝土层下加铺聚氯乙烯薄膜，可减少渗漏量95%。只要持续12年，节约的水量，就足以抵偿塑膜增加的投资。

7. 耐久性

据资料介绍，埋设混凝土管道使用年限按50年计算，年养护费占造价的0.1%。印度用的沥青黏土混合料防渗，使用年限按5年计，年养护费为造价的10%。厚2.5cm的泥浆衬砌，估计不超过2年，年养护费为造价的25%。使用年限对计算工程的经济效益影响很大，设计时应慎重确定。

8. 材料来源

应本着因地制宜、就地取材的原则选用防渗措施。料源应充足。如当地无砂、石料而又必须采用混凝土防渗的重要工程，可以采用在他处预制，运到当地施工，或采用人工制砂、石的办法。当水中含有较多泥沙，且渠基为砂砾石时，如旧渠由于运用时间已久，有天然淤填的作用，也可能不再需要采用其他防渗措施等。

9. 劳力、能源及机械设备供应情况

在劳力较多、工资较低的地区，应采用能充分利用劳动力的措施。如采用预制陶瓷板及混凝土板安砌和压实土料防渗等。如压实厚度超过0.5m或用现浇混凝土防渗的，则可采用推土机、铲运机、羊足碾及浇筑机等设备，以保证施工质量，加快施工进度，使防渗工程早日受益。

10. 管理养护

如渠道需要频繁地放水和停水，渠道水位有较大的升降变化，最好采用刚性材料防渗。土料防渗，不能控制杂草及淤积，同时在劳力昂贵的地方，并不比刚性材料防渗便宜。明铺式膜料、薄黏土层或薄压实土料防渗，易受牲畜践踏等外力破坏，故在使用上受到限制。在已成土渠上建防渗工程，因施工时间短，渠基不能很快干燥，很难采用现浇的刚性材料护面，故最好能采用机械或人工预制安装混凝土板的措施，以加快进度，保证输水。

11. 工程费用

渠道防渗措施是否经济，应以效益的大小来衡量。在资金允许的情况下，应尽量选取标准较高的防渗方案。新建渠道的防渗工程应与修渠同时进行，设计和施工一次完成。

任务二　渠道防渗工程规划设计

一、防渗渠道断面形式

防渗道断面形式见图6-7。明渠可选用梯形（包括弧形底梯形、弧形坡脚梯形）、复合形和U形、矩形；无压暗渠可选用城门洞形、箱形、正反拱形和圆形。不同防渗材料可参照表6-2选用适宜的断面形式。

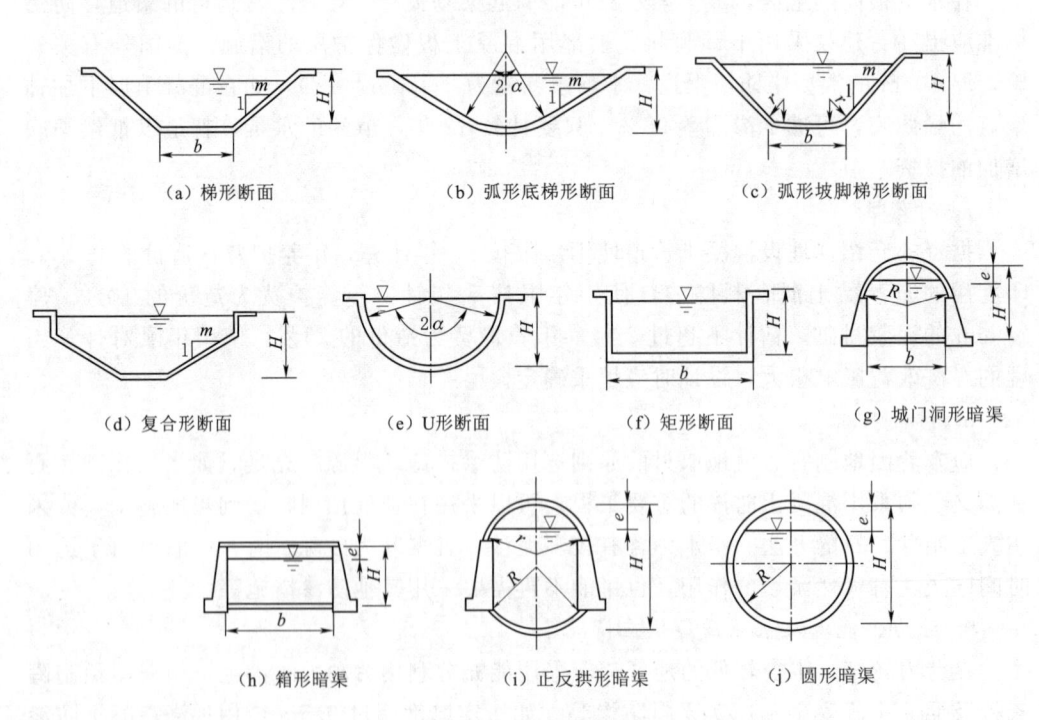

（a）梯形断面　　（b）弧形底梯形断面　　（c）弧形坡脚梯形断面

（d）复合形断面　　（e）U形断面　　（f）矩形断面　　（g）城门洞形暗渠

（h）箱形暗渠　　（i）正反拱形暗渠　　（j）圆形暗渠

图6-7　防渗渠道断面形式

表 6-2　　　　　　　不同材料防渗渠道适用的横断面形式

防渗渠道材料类别	防渗渠道横断面形式									
	明渠						暗渠			
	梯形	矩形	复合形	弧形底梯形	弧形坡脚梯形	U形	城门洞形	箱形	正反拱形	圆形
素土	√			√	√					
灰土	√	√	√	√	√		√		√	
黏砂混凝土	√									
膨润混合土	√									
三合土	√		√	√	√		√		√	
四合土	√		√	√	√		√		√	
塑性水泥土	√			√	√					
干硬性水泥土	√			√	√					
料石	√	√	√	√	√	√	√		√	√
块石	√			√	√		√		√	
卵石	√									
石板	√									
土保护层塑膜	√									
沥青混凝土	√			√						
混凝土	√	√	√	√	√	√	√	√	√	√
刚性保护层塑膜	√	√	√	√	√	√	√	√	√	√

梯形横断面施工简便、边坡稳定，在地形、地质无特殊问题的地区，可普遍采用。弧形底梯形、弧形坡脚梯形、U形渠道等，由于适应冻胀变形的能力强，能在一定程度上降低冻胀变形的不均匀性，在北方地区得到了推广应用。U形渠道自20世纪70年代在我国开始应用，目前已得到了广泛的应用。其主要优点是：①水力条件好，近似最佳水力断面，可减少衬砌工程量，输沙能力强，有利于高含沙引水；②在冻胀性和湿陷性地基上有一定的适应地基不均匀变形的能力；③渠口窄，节省土地，减少挖填方量；④整体性强，防渗效果优于梯形渠道；⑤便于机械化施工，可加快施工进度。

暗渠具有占地很少、在城镇区安全性能好、水流不易污染等优点。在冻土地区，暗渠可避免冻胀破坏。因此，在土地资源紧缺地区应用较多。

二、安全超高

衬砌护面应有一定的超高，以防风浪对渠床的冲刷。衬砌超高指加大水位到衬砌层顶端的垂直距离。小型渠道可采用20~30cm，大型渠道可采用30~60cm。衬砌层顶端到渠道的堤顶或岸边也应有一定的垂直距离，以防衬砌层外露于地面，易受交通车辆等机械损坏；也可防止地面径流直接进入衬砌层下面，威胁渠床和衬砌层的稳定。这个安全高度一般为20~30cm。U形渠道衬砌超高 a_1 和渠堤超高 a 的值见表6-3。

表 6-3　　U形渠道衬砌超高 a_1 和渠堤超高 a

加大流量/(m³/s)	<0.5	0.5~1.0	1.0~10	10~30
a_1/m	0.1~0.15	0.15~0.2	0.2~0.35	0.35~0.5
a/m	0.2~0.3	0.3~0.4	0.4~0.6	0.6~0.8

三、防渗渠道的设计参数

防渗渠道的设计参数除渠道的设计流量外，还有边坡系数、糙率、超高、不冲不淤流速、伸缩缝间距及填缝材料、砌筑缝及其填筑缝材料、渠底比降、稳定渠床的宽深比、堤顶宽度和封顶板等。设计参数选择的是否正确，关系到渠道的工程量大小、输水能力、防渗效果、渠床是否稳固和安全运用，以及工程效益的发挥等，因此设计参数必须谨慎设计，认真选择。本节对设计参数如何设计与选择不做介绍，请参阅有关书籍。

四、防渗渠道的水力断面计算

1. 水力断面计算的基本公式

各种渠道断面设计的准确尺寸，应通过如下基本计算公式确定，即

$$v = C\sqrt{Ri} \tag{6-1}$$

式中　v——渠道平均流速，m/s；
　　　C——谢才系数，$m^{1/2}/s$；
　　　R——水力半径，m；
　　　i——渠底比降。

谢才系数常用曼宁公式计算：

$$C = \frac{1}{n}R^{1/6} \tag{6-2}$$

式中　n——渠道糙率系数。

$$Q = AC\sqrt{Ri} = A\frac{1}{n}R^{2/3}i^{1/2} \tag{6-3}$$

式中　Q——渠道设计流量，m³/s；
　　　A——渠道过水断面面积，m²。

2. 梯形、矩形渠道的水力计算

(1) 一般断面水力计算。梯形、矩形渠道的水力计算主要是试算确定过水断面的水深 h 和底宽 b 的数值。试算步骤如下：

1) 假设 b、h 值。为施工方便，底宽 b 应取整数。因此，一般先假设一个整数的 b 的值，再选择适当的宽深比 α，用公式 $h=b/\alpha$ 计算相应的水深值。

2) 计算渠道的过水断面的水力要素。根据假设的 b、h 值计算相应的过水断面面积 A、湿周 x、水力半径和谢才系数 C。计算公式如下：

$$A = (b+mh)h = (\alpha+m)h^2 \tag{6-4}$$

$$x = b+2h\sqrt{1+m^2} = (\alpha+2\sqrt{1+m^2})h \tag{6-5}$$

$$R = A/x \tag{6-6}$$

用式（6-2）计算谢才系数 C。

3）计算渠道流量。

4）校核渠道流量。上面计算出来的渠道流量（Q）是与假设的 b、h 值相应的输水能力，一般不等于渠道的设计流量（Q_d），通过试算，反复修改 b、h 值，直至渠道计算流量等于或接近渠道设计流量为止。要求误差不超过 5%，即设计渠道断面应满足的校核条件是

$$\left|\frac{Q_d-Q}{Q_d}\right|\leqslant 0.05 \qquad (6-7)$$

在试算过程中，如果计算流量和设计流量相差不大，只需修改 h 值，再进行计算；如二者相差很大，就要修改 b、h 值，再进行计算。为了减少重复次数，常用图解法配合：在底宽不变的条件下，用三次以上的试算结果绘制 h-$Q_{计算}$ 关系曲线，在曲线图上查出渠道设计流量 Q_d 和相应的设计水深，如图 6-8 所示。

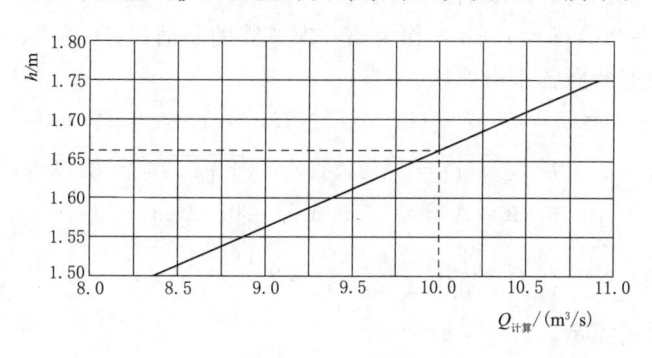

图 6-8　渠道设计流量和设计水深关系图

5）校核渠道流速。设计断面尺寸不仅满足设计流量的要求，还要满足稳定渠道的流速要求。用式（6-8）计算经流量校核选择的渠道断面通过设计流量时所具有的流速：

$$v_d=\frac{Q_d}{A} \qquad (6-8)$$

然后按不冲流速（v_{cs}）和不淤流速（v_{cd}）校核，计算出来的流速应满足以下条件：

$$v_{cs}>v_d>v_{cd} \qquad (6-9)$$

如不满足流速校核条件式（6-8），就要改变最初假设的底宽 b 值，重新按以上步骤进行计算，直到既满足流量校核条件又满足流速校核条件为止。

(2) 水力最佳断面的水力计算。采用水力最佳断面时，可按以下步骤直接求解：

1）计算渠道的设计水深。由梯形（矩形）渠道水力最佳断面的宽深比计算公式 $\alpha_0=(2\sqrt{1+m^2}-m)$、渠道断面水力要素计算式（6-2）、式（6-4）、式（6-5）和式（6-6），通过流量计算式（6-3）可求得水力最佳断面的渠道设计水深 h_d 为

$$h_d=1.189\left[\frac{nQ_d}{(2\sqrt{1+m^2}-m)\sqrt{i}}\right]^{3/8} \qquad (6-10)$$

2) 计算渠道的设计底宽 b_d。

$$b_d = \alpha_0 h_d \tag{6-11}$$

3) 校核渠道流速。流速计算和校核方法与采用一般断面时相同。如果设计流速不满足校核条件,说明不宜采用最优断面形式,就要按采用一般断面时的试算步骤设计渠道断面尺寸。

【案例 6-1】 我国是农业大国,农业生产离不开灌溉,进入 21 世纪以来,国家对水利工程的投入不断加大,其中主要的一个内容就是提高灌溉设施的输水能力,保证农业生产。渠道作为灌溉设施的重要组成部分,减少渠道漏水,保证渠道运行安全是渠道防渗的关键。试设计混凝土衬砌渠道,设计流量 $Q_d = 10 \text{m}^3/\text{s}$,渠道比降 $i = 0.0004$,边坡系数 $m = 0.75$,糙率系数选用 $n = 0.014$,渠道不冲流速 $v_{cs} = 2.0 \text{m/s}$,不淤流速 $v_{cd} = 0.5 \text{m/s}$。试确定渠道的断面尺寸。

解:第一方案:按一般断面形式设计。

(1) 初设 $b = 3 \text{m}$,$h = 1.5 \text{m}$,作为第一次试算的断面尺寸。

(2) 计算渠道断面各水力要素。

$$A = (b + mh)h = (3 + 0.75 \times 1.5) \times 1.5 = 6.19 (\text{m}^2)$$

$$x = b + 2h\sqrt{1+m^2} = 3 + 2 \times 1.5 \times \sqrt{1+0.75^2} = 6.75 (\text{m})$$

$$R = A/x = 6.19/6.75 = 0.92 (\text{m})$$

$$C = \frac{1}{n} R^{1/6} = \frac{1}{0.014} 0.92^{1/6} = 70.44$$

(3) 计算渠道流量。

$$Q = AC\sqrt{Ri} = 6.19 \times 70.44 \times \sqrt{0.92 \times 0.0004} = 8.36 (\text{m}^3/\text{s})$$

(4) 校核渠道流量。

$$\left| \frac{Q_d - Q}{Q_d} \right| = \left| \frac{10 - 8.36}{10} \right| = 0.164 > 0.05$$

因此流量校核不符合要求,需要换 h 值,重新计算。为此,又假设 $h = 1.6 \text{m}$、1.65m、1.7m、1.75m 4 个值,按上述步骤重新计算,计算结果列入表 6-4。

表 6-4 渠道横断面尺寸计算

h/m	A/m²	x/m	R/m	C/(m$^{1/2}$/s)	Q/(m³/s)
1.5	6.19	6.75	0.92	70.44	8.36
1.6	6.72	7.00	0.96	70.94	9.34
1.65	6.99	7.13	0.98	70.19	9.85
1.7	7.27	7.25	1.00	71.43	10.39
1.75	7.55	7.38	1.02	71.66	10.93

按表 6-4 的计算结果绘制的 $h-Q$ 关系曲线见图 6-8。从图中查得 $Q_d = 10 \text{m}^3/\text{s}$,相应水深 $h_d = 1.67 \text{m}$。

(5) 校核流量。
$$v_d = \frac{Q_d}{A} = \frac{10}{(3+0.75\times1.67)\times1.67} = 1.41(\text{m/s})$$

设计流速满足校核条件
$$2.0 > 1.41 > 0.5$$

所以设计断面尺寸是：$b_d = \alpha_0 h_d$，$b_d = 3.0\text{m}$，$h_d = 1.67\text{m}$ 和 $m = 0.75$，即可画出过水断面。水面宽度 B 可从图上量得，也可用下式计算：
$$B = b + 2mh = 3 + 2\times0.75\times1.67 = 5.51(\text{m})$$

第二方案：按水力最佳断面设计。

(1) 计算渠道的设计水深。
$$h_d = 1.189\left[\frac{nQ_d}{(2\sqrt{1+m^2}-m)\sqrt{i}}\right]^{3/8} = 1.189\times\left[\frac{0.014\times10}{(2\times\sqrt{1+0.75^2}-0.75)\times\sqrt{0.0004}}\right]^{3/8} = 2.0(\text{m})$$

(2) 计算渠道的设计底宽 b_d。
$$b_d = \alpha_0 h_d = 2\times(\sqrt{1+0.75^2}-0.75)\times2.0 = 2.0(\text{m})$$

(3) 校核渠道流速。
$$v_d = \frac{Q_d}{A} = \frac{10}{(2+0.75\times2)\times2} = 1.43(\text{m/s})$$

设计流速满足校核条件
$$2.0 > 1.43 > 0.5$$

所以设计最佳断面尺寸是：$b_d = 2\text{m}$，$h_d = 2\text{m}$。

(4) 水面宽度 B。
$$B = b + 2mh = 2 + 2\times0.75\times2 = 5.0(\text{m})$$

以上两个方案的计算结果都满足流速校核要求，还要考虑施工条件选择其中之一，作为施工的依据。

3. U形、弧形底梯形断面的设计

U形、弧形底梯形断面分别如图6-9和图6-10所示。

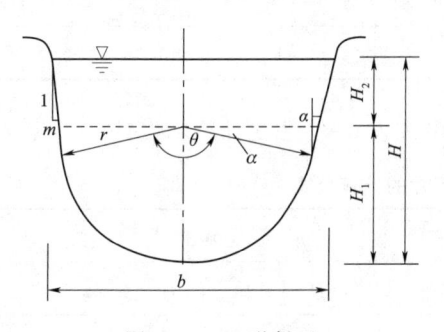

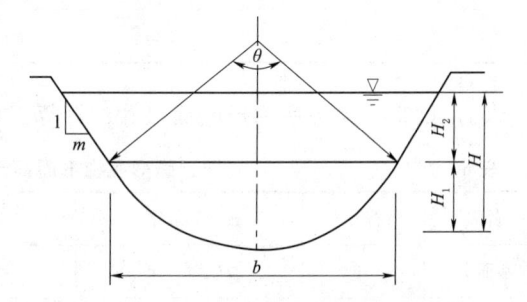

图6-9　U形断面　　　　图6-10　弧形底梯形断面

(1) U形、弧形底梯形水力最佳断面的计算公式。
$$\text{过水断面 } A = K_A H^2 (\text{m}^2)$$

$$系数\ K_A = \left(\frac{\theta}{2} + 2m - 2m'\right)K_r^2 + 2(m'-m)K_r + m$$

$$湿周\ X = K_x H$$

$$系数\ K_x = 2\left(m + \frac{\theta}{2} - m'\right)K_r + 2m'$$

$$K_r = r/H$$

式中　H——水深，m；

　　　$\theta/2$——圆心角一半，(°)；

　　　m——上部直线段的边坡系数，$m' = \sqrt{1+m^2}$；

　　　r——圆弧半径，m；

　　　A——过水面积，m^2。

由上式推导出最佳水力断面的半径与水深之比 $K_r = 1$，即水面线刚好通过圆心。此时，弧形底梯形渠的弦长与水深之比：$K_b = b/H = 2/m'$，b 为弧形底的弦长。

(2) U形、弧形底梯形实用经济断面的有关系数。

1) U形断面 K_r 值的选择：当渠顶以上挖深不超过 1.5m、边坡系数 m 不大于 0.3、渠线经过耕地时，K_r 值可在表 6-5 的范围内选用。

表 6-5　U形断面的 K_r 值

$m(\alpha)$	0 (0°)	0.1 (5.7°)	0.2 (11.3°)	0.3 (16.7°)	0.4 (21.8°)
K_r	0.65~0.72	0.62~0.68	0.56~0.63	0.49~0.56	0.39~0.47

2) 弧形底梯形断面 K_b 值的选择：一般情况下，K_b 可按普通梯形断面确定宽深比的方法选择。地形、地质条件要求采用宽浅式断面时，允许选取较大的 K_b 值。防渗范围超过最佳水力断面的 5% 时的 K_b 值，按表 6-6 选用。

表 6-6　弧形底梯形断面 K_b 值

边坡系数	0.5	1.0	1.25	1.5	1.75	2.0
水力最佳 K_b	1.79	1.41	1.25	1.11	0.992	0.894
允许 K_b	3.22	3.25	3.44	3.50	3.75	3.76

(3) U形、弧形底梯形断面尺寸的计算。可按表 6-7 公式计算和设计。

表 6-7　U形、弧形底梯形断面尺寸的计算公式

名称	符号	已知条件	计算公式
水面宽	B	H、r、m	$2m(H-r+2r\sqrt{1+m^2})$
圆心角	θ	m	$2\mathrm{arctg}m$
直线段水深	H_2	H、r、θ	$h - \left(r - r\cos\alpha\dfrac{\theta}{2}\right)$

续表

名称	符号	已知条件	计算公式
过水面积	A	R、$m(\alpha)$、H_2	$\dfrac{r^2}{2}\left[\pi\left(1-\dfrac{\alpha}{90°}\right)-\sin 2\alpha\right]+H_2(2r\cos\alpha+H_2\tan\alpha)$
湿周	x	B、r、$m(\alpha)$、H_2	$\pi r\left(1-\dfrac{\alpha}{90°}\right)+\dfrac{2H_2}{\cos\alpha}$
水力半径	R	A、x	A/x
弧段水深	h	H、H_2	$H-H_2$

4. 弧形坡脚梯形渠断面的设计

在地形、地质条件要求采用宽浅式断面时，宽深比 K_b 仍按表 6-7 选择。坡脚弧形 H、θ、b_2 值可通过图解和计算确定，如图 6-11 所示。

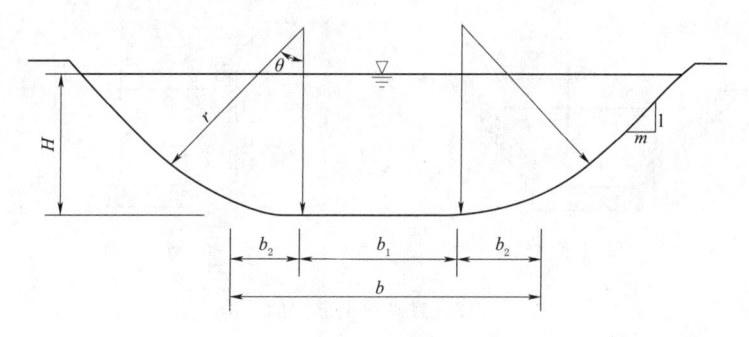

图 6-11 弧形坡脚梯形渠断面

五、渠道防渗层的结构及厚度

1. 土料防渗

土料防渗层的厚度应根据防渗要求通过试验确定。中、小型渠道可参照表 6-8 选用。为增加防渗层的表面强度，根据渠道流量大小，表层采用水泥砂浆抹面和涂刷硫酸亚铁溶液的办法。

表 6-8　　　　　　　　　土 料 防 渗 层 厚 度　　　　　　　　　单位：cm

土料种类	防渗层厚度 渠底	防渗层厚度 渠坡	防渗层厚度 侧墙
高液限黏质土	20~40	20~40	
中液限黏质土	30~40	30~60	
灰土	10~20	10~20	
三合土	10~20	10~20	20~30
四合土	15~20	15~25	20~40

2. 水泥土防渗

水泥土防渗层的配合比应通过试验确定。防渗层的厚度宜采用8～10cm，小型渠道不应小于5cm。水泥土预制板的尺寸，应根据制板机、压实功能、运输条件和渠道断面尺寸等功能确定，每块预制板的重量不宜超过50kg。板间用砂浆挤压、填平，并及时勾缝与养护。

因水泥土的抗冻性较差，故对耐久性要求高的明渠水泥土防渗层，宜用塑性水泥土铺筑，表面再用水泥砂浆、混凝土预制板、石板等材料做保护层。此种防渗层结构，水泥土的水泥掺量可以适当减少，但水泥土28d的抗压强度不应低于1.5MPa。

3. 砌石防渗

浆砌料石、浆砌块石挡土墙式防渗层的厚度，应根据使用要求确定。护面式防渗层的厚度，浆砌料石宜采用15～25cm；浆砌块石宜采用20～30cm；浆砌卵石、干砌卵石挂淤护面式防渗层结构的厚度，应根据使用要求和当地料源情况确定，可采用15～30cm。浆砌石渠道护面结构如图6-12所示。

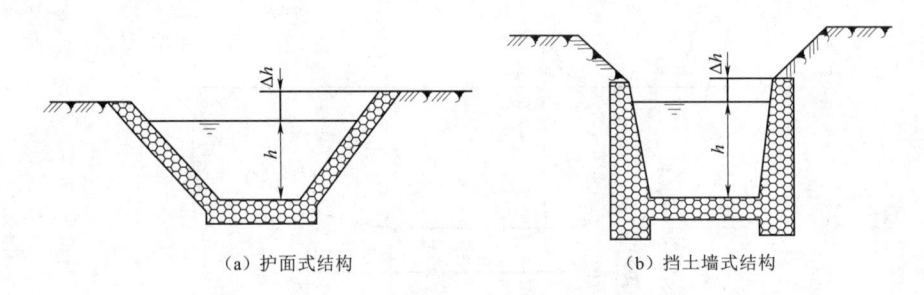

（a）护面式结构　　　　　　（b）挡土墙式结构

图6-12　浆砌石渠道护面结构

为了防止渠基淘刷、提高防渗效果，干砌卵石挂淤渠道可在砌体下面设置砂砾石垫层或低标号砂浆垫层；浆砌石板防渗层下，可铺厚度2～3cm的砂料或低标号砂浆垫层；对防渗要求高的大中型渠道，可在砌石层下加铺黏土、三合土、塑性水泥土或塑膜层。

护面式浆砌石防渗层，一般不设伸缩缝；软基上挡土墙式浆砌石防渗层宜设沉降缝，缝距10～15m。砌石防渗层与建筑物连接处，应按伸缩缝处理。

4. 混凝土防渗

混凝土防渗层采用等厚板，当渠基有较大膨胀、沉陷等变形时，除采取必要的地基处理措施外，对大型渠道宜采用楔形板、中部加厚板、Ⅱ形板或肋梁板。混凝土防渗体的结构形式如图6-13所示。

5. 沥青混凝土

沥青混凝土防渗层厚度一般为5～6cm（图6-14），大型渠道可采用8～10cm。有抗冻要求的地区，渠坡防渗层可采用上薄下厚的断面，一般坡顶厚度5～6cm，坡底厚度8～10cm。整平胶结层采用等厚断面。沥青混凝土边长不宜大于1.0m，厚度采用5～8cm。预制板一般用沥青砂浆砌筑；在地基有较大变形时，也可采用焦油塑料胶泥填筑。

(a) 楔形板　　　　(b) 中部加厚板　　　　(c) Ⅱ形板

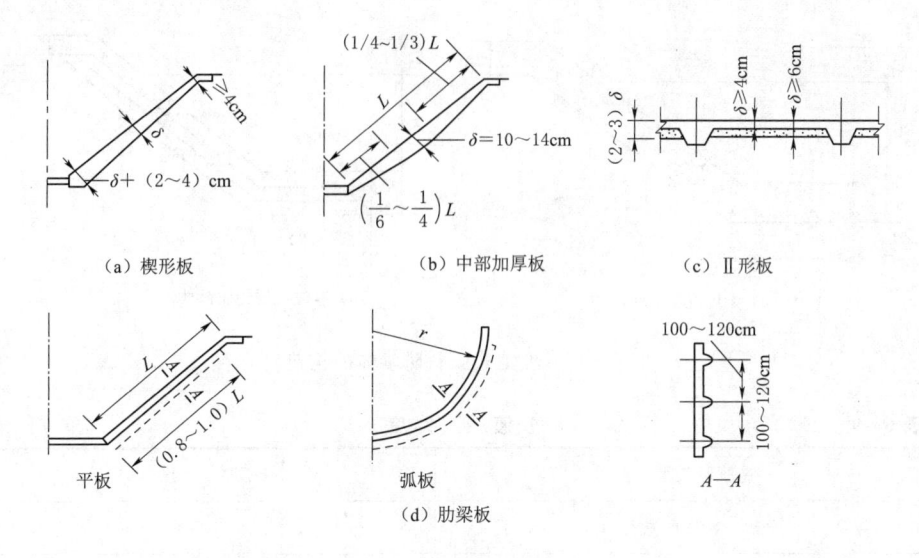

(d) 肋梁板

图 6-13　混凝土防渗体的结构形式

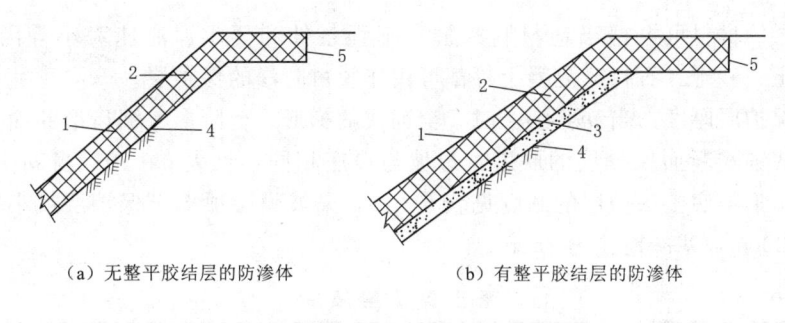

(a) 无整平胶结层的防渗体　　　　(b) 有整平胶结层的防渗体

图 6-14　沥青混凝土防渗体的结构形式
1—封闭层；2—防渗层；3—整平胶结层；4—土（石）渠基；5—封顶板

6. 膜料防渗

膜料按材料可分为塑料类、合成橡胶类及沥青和环氧树脂类等。按加强不加强土工膜可分为直喷式土工膜、加强土工膜（玻璃纤维布、聚酯纤维布作加强材料）、复合型土工膜（土工织物作基材）。21世纪至今我国渠道防渗工程普遍采用聚乙烯和聚氯乙烯塑料薄膜，其次是沥青玻璃纤维布油毡，此外，复合土工膜等其他塑料21世纪20年代也在采用。

膜料包括土工膜、复合土工膜等，宜按下列原则选用：在寒冷和严寒地区，可优先采用聚乙烯膜；在芦苇等穿透性植物丛生地区，可优先采用聚氯乙烯膜；有特殊要求的渠基，宜采用复合土工膜。膜料防渗多用埋铺式，其结构一般包括膜料防渗层、过渡层、保护层等，如图 6-15 所示。

用作过渡层的材料很多，应因地制宜地选用，在温暖地区可选用灰土或水泥土，在寒冷地区可选用砂浆。过渡层厚度见表 6-9。

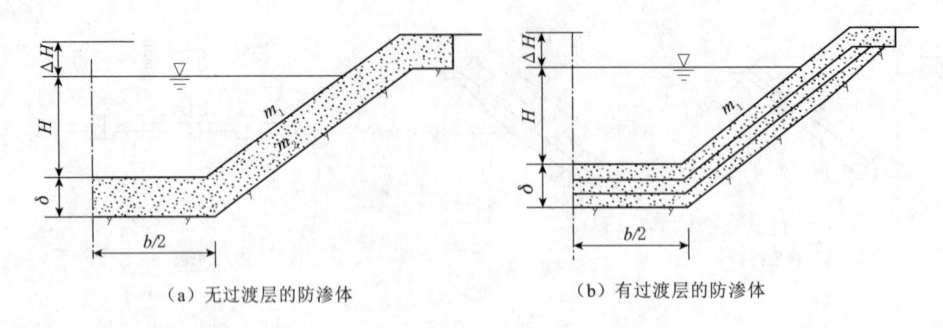

(a) 无过渡层的防渗体　　　　(b) 有过渡层的防渗体

图 6-15　埋铺式膜料防渗体的构造

表 6-9　　　　　　　　　过 渡 层 厚 度　　　　　　　　　单位：cm

过渡层类型	厚　　度
灰土、塑性水泥土	2～3
砂浆素土、砂	3～5

保护层的材料可根据当地材料来源、工程条件和要求、流速大小等因素选用。土、水泥土、砂砾、石料、混凝土等都可用作膜料防渗的保护层。

素土保护层厚度，当 $m_1=m_2$ 时，全铺式的梯形、台阶形、锯齿形断面，半铺式的梯形和底铺式断面保护层的厚度，边坡与渠底相同，见表 6-10；当 $m_1 \neq m_2$ 时，梯形和五边形渠底土保护层的厚度见表 6-10，渠坡膜层顶部土保护层最小厚度，温暖地区为 30cm，寒冷地区为 35cm。

表 6-10　　　　　　　　素 土 保 护 层 厚 度　　　　　　　　单位：cm

保护层土质	渠道设计流量/(m³/s)			
	<2	2～5	5～20	>20
砂壤土、轻壤土	45～50	50～60	60～70	70～75
中壤土	40～45	45～55	55～60	60～65
重壤土、黏土	35～40	40～50	50～55	55～60

刚性材料保护层厚度见表 6-11。也可在渠底、渠坡和不同渠段，采用具有不同抗冲能力、不同材料的组合式保护层。

表 6-11　　　　　　　　刚性材料保护层厚度　　　　　　　　单位：cm

保护层材料	水泥土	块石、卵石	砂砾石	石板	混凝土	
					现浇	预制
保护层厚度	4～6	20～30	25～40	≥3	4～10	4～8

任务三　渠道防渗工程的防冻措施

一、渠道防渗工程的冻害及原因

1. 渠道防渗工程冻害类型

我国绝大部分地区冬季气温都要降到零下，负气温对渠道防渗衬砌工程有一定的破坏作用，这种破坏称为渠道防渗工程的冻害，如图 6-16 所示。根据负气温造成各种破坏作用的性质，冻害可分以下三种类型。

图 6-16　冻胀破坏渠道

（1）渠道防渗材料的冻融破坏。渠道防渗材料具有一定的吸水性，这些吸入材料内的水分在负温下冻结成冰，体积发生膨胀。当这种膨胀作用引起的应力超过材料强度时，就会产生裂缝并提高吸水性，使第二个负气温周期中结冰膨胀破坏的作用加剧。如此经过多次冻结—融化循环和应力的作用，材料破坏、剥蚀、冻酥，从而使结构完全受到破坏而失去防渗作用。

（2）渠道中水体结冰造成防渗工程破坏。当渠道在负气温期间通水时，渠道内的水体发生冻结。在冰层封闭且逐渐加厚时，对两岸衬砌体产生冰压力，造成衬砌体破坏或产生破坏性变形。

（3）渠道基土冻融造成防渗工程破坏。由于渠道渗漏、地下水和其他水源补给、渠道基土含水量较高，在冬季负气温作用下，土壤中的水分发生冻结而造成土体膨胀，使混凝土衬砌开裂、隆起而折断。在春季消融时又造成渠床表土层过湿、疏松而使基土失去强度和稳定性，导致衬砌体的滑塌。

2. 冻胀破坏形式

（1）混凝土防渗破坏形式。混凝土属于刚性衬砌材料，具有较高的抗压强度，但抗拉强度较低，适应拉伸变形和不均匀变形的能力较差。在冻胀力和热应力的作用下容易破坏，其破坏形式如下。

1）鼓胀及裂缝。冻胀裂缝多出现在尺寸较大的现浇混凝土板顺水方向，缝位一一般在渠坡的坡脚以上 1/4~3/4 坡长范围内和渠底中部；当冬季渠道积水或行水时，一般出现在水面附近的渠坡上。当混凝土板尺寸过大、不能适应温度收缩变形时，将由于温度应力造成纵向或横向裂缝。当缝间止水材料不能适应低温变形时，将在分缝处发生开裂。此外，当混凝土板与基土冻结在一起后，由于冻土出现冻胀裂缝，混凝土板亦可能被拉裂。

冬季渠内存水并结成较厚冰层的情况下，冰面附近渠坡含水量较高，水分补给充分，冻胀量较大。但混凝土衬砌板的冻胀上抬受到冰层一侧的限制，因而可能在冰缘弯出现裂缝或折断。

2) 隆起架空。在地下水位较高的渠段，渠床基土距地下水近，冻胀量大，而渠顶冻胀量小，造成混凝土衬砌板大幅度隆起架空。这种现象一般出现在坡脚或水面以上 0.5~1.5m 坡长处和渠底中部，有时也顺坡向上形成数个台阶状。

3) 冻融滑塌。其有两种形式：一是由于冻胀隆起架空，坡脚支撑受到破坏，衬砌板垫层失去稳定平衡，基土融化时，上部板块顺坡向下滑移、错位，互相穿插，如图 6-17 所示。二是渠坡基土融化期的大面砌板塌落下滑，导致坡脚混凝土板被推开，上部衬砌板下滑，如图 6-18 所示。

4) 整体上抬。渠深 1.0m 左右的较小渠道，基土冻胀不均匀性较小，如小型混凝土 U 形槽和地下水埋藏较深、衬砌体下没有垫层的渠道可能发生整体上抬，如图 6-19 所示。

此外，砌石防渗破坏形式与混凝土相似，往往还由于勾缝砂浆受冻融作用而开裂，如图 6-20 所示。

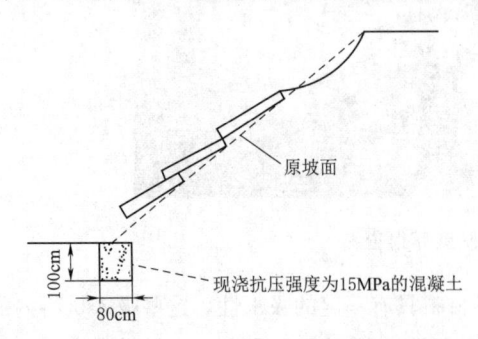

图 6-17 流土引起渠道冻融滑坡破坏示意图

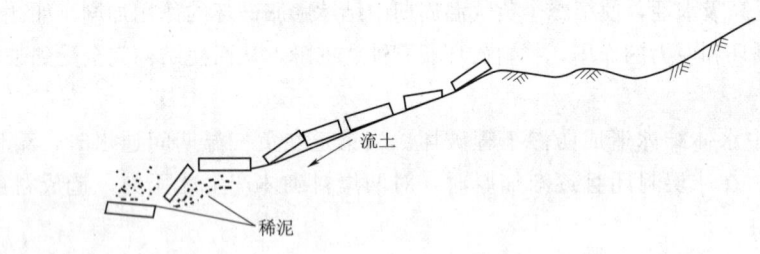

图 6-18 流土引起渠道冻融滑坡破坏示意图

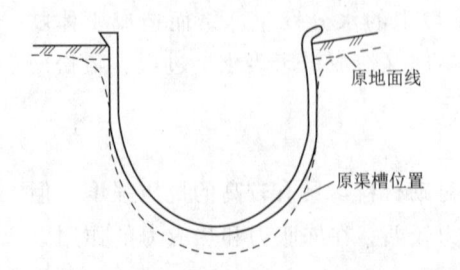

图 6-19 小型混凝土 U 形槽发生整体上台

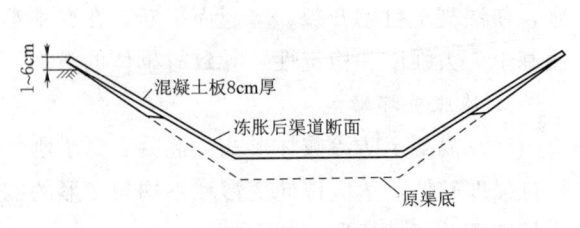

图 6-20 混凝土衬砌板顺坡向上推移

(2)膜料防渗破坏形式。铺埋式衬砌冻害主要表现在膜料的保护层上，土料保护层常因逐年冻融剥蚀变薄，渠道由规则的梯形变成宽 U 形，甚至膜料外露而遭到破坏，如图 6-21 所示。刚性保护层效果较好，但在强冻胀土区，也可能出现类似刚性材料的冻胀形式。

外露式膜料衬砌，易受机械作业破坏或老化。在冻胀性土区，由于渠坡的反复冻融，融土蠕动下滑，使薄膜鼓胀、无法复位，如图 6-22 所示。

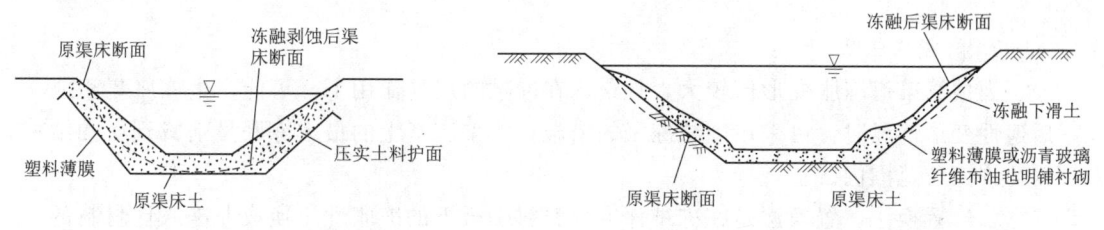

图 6-21 保护层剥蚀后膜料外漏

图 6-22 外露式膜料衬砌破坏

(3)沥青混凝土防渗破坏形式。沥青混凝土在低温下仍具有一定的柔性，能适应一定的变形，但基土冻胀量大时仍可能破坏。且沥青混凝土的温度收缩系数大，在低温下易产生收缩裂缝，若不加处理，就给渠水入渗造成通路。此外，沥青混凝土在自然条件作用下，存在自然老化问题，从而降低了适应冻胀的能力。

二、防冻害措施

根据冻害成因分析，防渗工程是否产生冻胀破坏、其破坏程度如何，取决于土冻结时水分迁移和冻胀作用，而这些作用又和当时当地的土质、土的含水量、负温度及工程结构等因素有关。因而，防治衬砌工程的冻害，要针对产生冻胀的因素，根据工程具体条件从渠系规划布置、渠床处理、排水、保温，以及衬砌的结构形式、材料、施工质量、管理维修等方面着手，全面考虑。

1. 回避冻胀法

回避冻胀是在渠道衬砌工程的规划设计中，注意避开出现较大冻胀量的自然条件，或者在冻胀性土存在地区，注意避开冻胀对渠道衬砌工程的作用。

(1)避开较大冻胀存在的自然条件。规划设计时，应尽可能避开黏土、粉质土壤、松软土层、淤泥土地带、有沼泽和高地下水位的地段，选择透水性较强、不易产生冻胀的地段或地下水位埋藏较深的地段，将渠底冻结层控制在地下水毛管补给高度以上。

(2)埋入措施。将渠道做成管或涵埋入冻结深度以下，可以免受冻胀力、热作用力等影响，是一种可靠的防冻胀措施，它基本上不占地，易于适应地形条件。

(3)置槽措施。置槽可避免侧壁与土接触以回避冻胀，常被用于中、小型填方渠道上，是一种廉价的防治措施，如图 6-23 所示。

(4)架空渠槽。用桩、墩等构筑物支撑渠槽，使其与基土脱离，避免冻胀性基土对渠槽的直接破坏作用，但必须保证桩、墩等不被冻拔。此法形似渡槽，占地少，易于适应各种地形条件，不受水头和流量大小限制，管理养护方便，但造价高，如图 6-24 所示。

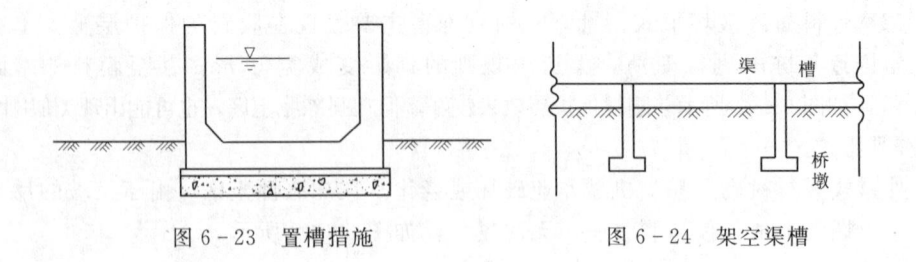

图 6-23 置槽措施　　　　图 6-24 架空渠槽

2. 削减冻胀法

当估算渠道冻胀变形值较大，且渠床在冻融的反复作用下，可能产生冻胀累积或后遗性变形情况时，可采用削减冻胀的措施，将渠床基土的最大冻胀量削减到衬砌结构允许变位范围内。

(1) 置换法。置换法是在冻结深度内将衬砌板下的冻胀性土换成非冻胀性材料的一种方法，通常采用铺设砂砾石垫层。砂砾石垫层不仅本身无冻胀，而且能排除渗水和阻止下层水向表层冻结区迁移，所以砂砾石垫层能有效地减少冻胀，防止冻害现象发生。

(2) 隔垫保温。将隔热保温材料（如炉渣、石蜡渣、泡沫水泥、蛭石粉、玻璃纤维、聚苯乙烯泡沫板等）布设在衬砌体背后，以减轻或消除寒冷因素，并可减小置换深度，隔断下层土的水分补给，从而减轻或消除渠床的冻深和冻胀，如图 6-25、图 6-26 所示。

图 6-25 保温板防冻胀应用　　　　图 6-26 挡土墙隔热保温

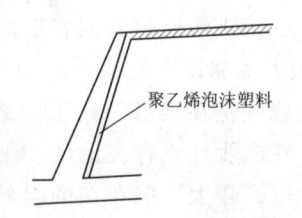

目前采用较多的是聚苯乙烯泡沫塑料，其具有自重轻、强度高、吸水性低、隔热性好、运输和施工方便等优点，主要适用于强冻胀大、中型渠道，尤其适用于地下水位高于渠底冻深范围且排水困难的渠道。

(3) 压实。压实法可使土的干密度提高、孔隙率降低、透水性减弱，密度较高的压实土冻结时，具有阻碍水分迁移、聚集，从而削减甚至消除冻胀的能力。压实措施尤其对地下水影响较大的渠道有效。

(4) 防渗排水。当土中的含水量大于起始冻胀含水量，才明显地出现冻胀现象。因此，防止渠水和渠堤上的地表水入渗，隔断水分对冻层的补给，以及排除地下水，是防止地基土冻胀的根本措施。

3. 优化结构法

所谓优化结构法，就是在设计渠道断面衬砌结构时采用合理的形式和尺寸，使其具有消减、适应、回避冻胀的能力。

弧形渠底梯形断面和 U 形渠道已在许多工程中应用，证明对防止冻胀有效。弧形渠底梯形断面适用于大、中型渠道，虽然冻胀量与梯形断面相差不大，但变形分布要均匀得多，消融后的残余变形小，稳定性强，U 形断面适用于小型支、斗渠，冻胀变形为整体变位，且变位较均匀。

4. 加强运行管理

冬季不行水渠道，应在基土冻结前停水；冬季行水渠道，在负温期宜连续行水，并保持在最低设计水位以上运行。

每年应进行一次衬砌体裂缝修补，使砌块缝间填料保持原设计状态，衬砌体的封顶应保持完好，不允许有外水流入衬砌体背后。

应及时维修各种排水设施，保证排水畅通。冬季不行水渠道，应在停水后及时排除渠内和两侧排水沟内积水。

任务四　渠道防渗施工方法及管理

防渗渠道主要施工工艺为先开挖齿槽及对渠道进行修整成型，如图 6-27 所示，铺设防渗膜，铺筑反滤料，再进行混凝土预制槽安装。

一、地基处理

渠道防渗工程施工前，应对渠道进行施工放样，具体的放样尺寸应按照设计图纸要求确定。放样出渠道底脚线和渠口线，然后进行机械开挖或人工开挖，土方的开挖应提前进行，使得地基的土的水分在自然风干下尽量降低以增强土基的强度，减轻冬季冻胀的破坏。

根据不同的地形，有的渠道需要开挖，有的渠道需要填方。挖方

图 6-27　防渗渠道修整成型

式渠道的基础比较坚硬，但其开挖面在开挖的过程中发生松动，在防渗体工程铺筑之前必须将其清理干净，然后回填，渠基整平、夯实。对于改建渠道防渗，应尽早停止放水并扒松渠基风干，然后根据实际情况回填新土并分层夯实。

防渗渠道基槽的开挖首先用测量仪器按设计图纸的要求精确放线、测量出渠道的轴线，开挖控制边线、高程、边坡坡度，并做出明显、不易移动的标识。在进行渠道基槽面边坡开挖时，采用自上而下分层顺坡的方法进行，对渠道边的杂草、淤泥、树根、有机腐殖土全部彻底挖除。开挖时严格控制渠道防渗断面尺寸和高程，做到准确开挖，严禁欠挖或超挖，使整个基槽表面平整、顺直、基面无凹凸现象。施工开挖的

弃土堆置在渠道两侧以外低洼位置，严禁堆置在山洪流入渠道的斜坡及沟槽或两侧渠道顶边坡上。

对渠道内的树根进行彻底挖除后，采用人工夯实，对基坑进行局部填筑补齐，对开挖施工中遇到的松散土还应进行夯实处理，每层铺土厚度，机械压实时，不应大于30cm；人工夯实时，不应大于20cm，压实系数不小于0.9。

渠道基槽内有淤积水或含水量较大的基土时，采用抽排、翻晒等方法，将淤积水抽干，并降低其含水量，使基土风干，直到填筑基面符合设计要求。

基槽处理和排水设施施工，采用深翻回填法处理湿陷性土基，应先按设计要求开挖，然后用就地挖出的土料，按设计规定分层回填夯实，并开挖、修整渠槽，做好建筑物之间的反滤层。

二、浆砌石工程施工方法

1. 块石材料要求

砌石体材料采自施工图纸规定或监理人批准的石料场，砌石材质坚实新鲜，无风化剥落或裂纹，石材表面无污垢、水锈等杂质，用于表面的石材，色泽均匀。石料的物理力学指标符合设计要求。毛石砌体应成块状，中部厚度不应小于30cm。规格小于要求的毛石，可以用于塞缝，但其用量不得超过该处砌体的10%。用于浆砌石砌体的料石应棱角分明、各面平整，其长度应大于50cm，块高大于25cm，长厚比不大于3，石料外露面修琢加工，砌面高差小于5cm，砌石应经过试验，石料容重大于$25kN/m^3$，湿抗压强度大于100MPa。

2. 水泥质量要求

砌筑工程用水泥品种和标号符合混凝土工程要求的水泥品种和标号，到货水泥按品种和标号、出厂日期分别堆放，受潮结块的水泥禁止使用。

3. 骨料质量要求

砌筑砂浆用砂应符合混凝土工程用砂标准，砌筑毛石砂浆的砂最大粒径不大于5mm；砌筑料石用砂浆的砂最大粒径不大于2.5mm。浆砌石采用M10水泥砂浆砌筑。

4. 砌筑工艺

砌石体采用坐浆法砌筑。厚度应为30~50mm，当气温变化时，应适当调整。采用浆砌法砌筑的砌体转角处和交接处应同时砌筑，对不能砌筑的面，必须留置临时间断处，并形成斜槎。砌筑毛石基础的第一层石块应坐浆，且将大面朝下，分层卧砌，上下错缝，内外搭砌，不得采用外面侧立石块、中间添心的砌筑方法。砌体的灰缝厚度应为20~30mm，砂浆饱满，石块间较大的空隙先填塞砂浆，后用碎块或片石嵌实，不得先摆石、后填砂浆，石块间不得直接接触。砌体转角处、交接处选用较大块石砌筑，毛石墙设置拉结石，拉结石应该均匀分布、相互错开，每$0.7m^2$墙面至少设置一块，且同层内中距不大于2m，毛石砌体每日砌筑高度不超过1.2m，每砌3~4层为一个分层高度，每个分层高度找平一次，外露面的灰缝厚度不得大于40mm，两个分层高度的错缝不得小于80mm。按照设计要求设置伸缩缝和排水孔。

5. 养护

砌体外露面在砌筑后 12～18h 后及时养护，经常保持外露面湿润，养护时间不少于 14 天。

三、混凝土工程

混凝土抗压强度采用 C20，抗冻等级采用 F150。

1. 施工程序

模板安装→清仓验收→混凝土浇筑→混凝土养护→拆模。

2. 混凝土拌和

根据混凝土浇筑强度，选用 JZ-350 型搅拌机 1 台，生产后台采用人力推车上料，拌和时，混凝土配合比严格按照试验配比单调整的施工配合比进行。

3. 混凝土运输

混凝土水平运输采用 1t 翻斗车运输，垂直运输采用溜桶入仓卸料。

4. 模板

现浇混凝土采用木模板，模板接缝采用海绵密封条，确保模板不漏浆。

所有模板、支撑要有足够的强度、刚度，支撑稳定、不跑模、不漏浆。

模板表面必须平整光滑。

模板支架上不能堆放超过设计荷载的材料或设备。

模板拆除按有关施工规范要求进行。

模板拆除后，应及时清除表面杂物，按规格进行堆放。

储存：钢筋进厂后，按等级、规格，分别验收堆放，设立标示牌，按要求分批取样送检、垫高并加以遮盖，防止锈蚀及污染。无合格证和出厂试验报告的产品拒绝入场，现场检验不合格的产品立即清除出场。

加工：进厂钢筋检验合格，即开始配料和加工制作。制作中长钢筋焊接采用搭接焊，钢筋在其搭接接头自轴线弯折误差不超过 4°，且要保证两接钢筋的轴线一致。

绑扎：钢筋加工完成后，采用 5t 平板车运输到施工现场，人工运输到仓面进行绑扎安装。钢筋绑扎严格执行《混凝土结构工程施工规范》（GB 50666—2011）和《混凝土结构工程施工质量验收规范》（GB 50204—2015）的规定，绑扎牢固，横平竖直，必要时搭设脚架扶持固定，以保证钢筋位置正确，无弯折变形，钢筋搭接长度应符合设计和规范的要求，搭接头分散布置。混凝土垫块的强度不低于浇筑部位的设计强度，并埋设绑丝与钢筋绑扎牢固，所有垫块相互错开，均匀分散布置。

四、运行管理与维护

1. 用水管理

在一定的范围内，应根据水源、供水量、渠道情况及有效灌溉面积、作物种植计划、用水情况，编制合理的调配水计划，并根据计划输水、送水，使工程充分发挥其效益。

2. 维护管理

在渠道的日常运行中，应加强观测，及时排除故障。在过水期间要观测各段水流是否平稳正常，渠道内水位是否变化、是否漫过防渗体顶部的封顶板，若漫顶，则水流入防渗层背后，带走泥沙影响土基稳定。在停水期间，检查渠内有无阻水障碍物，渠道有无裂缝，有无漏水，混凝土表面有无剥离、磨损、气蚀现象，接头是否脱落，伸缩缝内充填物是否流失和漏水，以便维护处理。

3. 冬季管理

混凝土防渗渠道常发生冻胀破坏，从而缩短渠道使用寿命，因此必须采取一些管理措施：①冬季输水灌溉宜在平均气温高于0℃时进行，防止渠水结冰胀破防渗体；②冬季雪后融化，要及时将积水排出渠道，以防在渠内结冰；③要经常检查，发现破坏地方要及时维修，防止渠水渗入渠基反复冻融，导致大量防渗体的破坏；④对于与挖方渠道相邻的农田，应在气温降至0℃以下前半个月停止灌水，以防渠基土因含水量高结冰，引起防渗体的破坏。

4. 技术档案管理

对新建的防渗渠道要建立技术档案，以备维修研究、查阅。技术档案包括以下内容：①基本情况、地基土质、地下水埋深、水源情况及田间作物耕作措施等；②设计资料、设计流量、断面、结构形式、长度、厚度及控制面积等；③施工资料、渠道施工季节时间、混凝土水灰比、标号、主要材料用量、工程投资、基土密实度以及何处采取过何种特殊处理；④维修资料：指维修地点、维修时间、处理问题、处理效果；⑤用水管理记录、时间流量、灌水次数。

加强防渗渠道管理，除了必要的管理措施外，必须落实管理人员管理责任、奖惩办法、依法管理、科学管理才能将已建好的工程管好、用好，延长使用年限，充分发挥工程效益。

【能力训练】

1. 渠道防渗的作用有哪些？
2. 混凝土防渗的优点是什么？
3. 防渗道断面可以采用哪些形式？
4. 设计混凝土衬砌渠道，设计流量 $Q_d=12.4\text{m}^3/\text{s}$，渠道不冲流速 $v_{cs}=2.0\text{m/s}$，不淤流速 $v_{cd}=0.5\text{m/s}$，渠道比降 $i=0.0004$，边坡系数 $m=0.8$，糙率系数选用 $n=0.014$。试确定渠道的断面尺寸。
5. 各种渠道冻害原因分别是什么？
6. 防渗渠道主要施工工艺是什么？
7. 红旗渠，如图6-28所示，是20世纪60年代河南省林县人民在极其艰难的条件下，从太行山腰修建的引漳入林的灌渠，被人们称为"人工天河"，被誉为"世界第八大奇迹"。红旗渠总干渠全长70.6km，总干渠多为矩形砌石断面，渠底纵坡1/8000，渠底宽8m。总干渠从分水岭分为三条干渠，第一干渠向西南，经姚村镇、城郊乡到合涧镇与英雄渠汇合，长39.7km，渠底宽6.5m，渠墙高3.5m，纵坡1/5000，设计加大流量 $14\text{m}^3/\text{s}$，灌溉面积35.2万亩；第二干渠向东南，经姚村镇、河顺镇到横水镇马店村，全长47.6km，渠底宽3.5m，渠墙高2.5m，纵坡1/2000，设计加大流量 $7.7\text{m}^3/\text{s}$。灌溉面积11.6万亩；第三干渠向东到东岗乡东芦寨村，全长

10.9km，渠底宽 2.5m，渠墙高 2.2m，纵坡 1/3000，设计加大流量 3.3m³/s，灌溉面积 4.6 万亩。红旗渠是党和人民刻在太行山岩上的一座丰碑，红旗渠精神是林州人民的传家宝。特别是改革开放以来，林州人民不断赋予红旗渠精神新的内涵，将中华民族艰苦奋斗的传统美德与时代精神结合起来，谱写了气壮山河的"战太行、出太行、富太行"创业三部曲，实现了林州由山区贫困县向现代化新兴城市、生态旅游城市的跨越。试论述红旗渠涉及的各种渠道形式选择、断面尺寸及施工工艺。

图 6-28 红旗渠

【知识链接】

1. 中国节水灌溉网
2. 水资源管理网
3. 红旗渠
4. 红旗渠精神

项目七

节水灌溉管理技术

学习目标

通过学习土壤墒情监测与旱情评估、作物灌溉预报技术、灌区量测水技术、灌区自动化控制技术和节水灌溉工程管理模式等内容，深刻理解节水灌溉管理方面的技术，明白节水灌溉管理对于高效节水的重要性，同时看到我国节水灌溉管理与国外的差距，我们要不断学习国外先进经验，通过一些技术手段来提高自己，争取早日达到并超越国外的技术要求。让同学们能够正视自己，直面挑战，掌握核心管理技术，提升自我核心力量，激发爱国情怀，做新时期的"大国工匠"。

学习任务

1. 熟悉墒情监测与旱情评估。
2. 掌握作物预报技术。
3. 掌握作物灌溉预报的方法和步骤。
4. 掌握灌区量测水技术和测水方法。
5. 掌握灌溉自动化控制技术，了解采用的灌溉自动化控制模式。
6. 掌握国内外节水灌溉工程管理模式。

任务一 墒情监测与旱情评估

[7.1] 墒情监测与旱情评估

一、土壤墒情监测

1. 墒情监测技术

田间墒情是农田耕作层土壤含水率的俗称。墒情监测即直接监测农作物当前土壤水分的供给状况。由于耕作层土壤含水率直接关系到作物的生长与收获，因此，土壤墒情监测是农田用水管理的一项基础工作，也是区域性水资源管理的依据，还是作物灌溉预报的基础。

通过土壤墒情监测，可确定作物"关键水"，确保"关键水"灌得适时适量，以减少棵间蒸发，从而控制和减少灌水次数。我国绝大多数灌溉试验站和气象台站均将其列为常规的重要监测项目。

2. 墒情监测方法

土壤墒情监测在国内外均有悠久的历史，其常用的方法有称重法、中子法、γ射线法、张力计法和时域反射仪（TDR）等 20 余种，但这些方法归纳起来不外乎以下两大类，即直接测定法和间接测定法。

（1）直接测定法。直接测定法是通过用分土钻分层取样，并利用各种干燥技术从土壤中移去水分，从而计算确定土壤含水率的一种方法，直接测定法包括烘干法和各种去水测定方法。

直接测定法按照移去水分的方式不同，又可分为标准烘干法、酒精燃烧法、真空法、干燥剂法、微波干燥法和碳酸钙法等。其中，标准烘干法只是在取样并称量（盒＋湿土）重量后，将其放入 105℃烘箱中，烘干 8h 至恒重，取出后称量（盒＋湿土）重量，便可计算土壤含水率，所需设备简单，方法易行，并有较高的精度，常作为评价其他方法的标准。然而，对于长期的监测而言，标准烘干法不仅劳动繁重，测定时间长，自动化程度低，而且对实验环境条件破坏很大，同时，由于不少土壤至少要在 800℃的温度下才能失去绝大部分水分，有的土壤中有机质含量过高，标准烘干法的精度就受到限制。

（2）间接测定法。间接测定法是通过对土壤的某些物理、化学特性的测定来确定土壤含水率的一种方法，其特点是不需要采取土样，因而不扰动土壤，且可以定点连续监测土壤含水率的变化，便于进行与土壤水分动态有关的各种研究。间接测定法有十几种，按照方法的放射程度又可将其分为非放射性方法和放射性方法两类。

非放射性方法主要是根据土壤含水量大小对土壤的电学特性（如电容、电阻、介电常数等）、导热性、土壤内部吸力、土壤表面的微波反射等物理、化学特性的影响来间接测定土壤含水率的方法。此类方法一般都需要设置专门的传感器和测量仪器，这些传感器经常受到其他条件的影响，特别是土壤溶液浓度的变化、接触条件的改变以及其他土壤物理性质的改变等条件。

核技术的发展使人们能够利用放射线对土壤水分进行监测。各种监测土壤水分的放射性方法均是以放射线与土壤接触后射线或核粒子受土壤水分的影响而发生变化的关系为基础，利用专门设置的某种放射源、射线计数器和辐射测定仪器就可以测定出这些射线的变化，从而确定土壤含水量。放射性方法根据放射源或测定原理分为中子法、伽马射线法等。现阶段，放射性方法的主要困难在于国内生产的辐射测量仪器的稳定性缺乏可靠保证，生产成品的厂家少，质量也有待提高，此外，人们心中存在的核恐惧在很大程度上也影响了此法的应用，尽管所使用的设备和测定方法都是按照安全防护要求选定的，但很多人仍不愿采用此类方法。

3. 墒情监测的合理取样点数

尽管用直接测定法和间接测定法都可以监测土壤含水率的变化，但前者取样后因留下孔洞不能在原位复原，实际上不是原位监测，用前后两次取样测定的结果计算农田蒸发蒸腾量时，必须考虑样本变异因素的影响。间接测定法在原位监测，前后两次测定的差值可视为同一样本的含水率变化。即便如此，对一块地而言，一个监测点的测定结果也不足以代表这块地的土壤墒情，因为它只是这块地"总体"中的一个随机样本，而对其总体来说，则必须用一定数量的样本统计值来描述。因此，在监测土壤含水率时，需首先考察地块的湿度分布情况，以便采用相应的方法来描述其总体特征，并估计不同的取样数目下可能达到的测定精度，然后根据可行条件确定合理的取样数目。同时，如果其湿度分布是与结构有关的话，还应根据其结构特征确定取样或监测点的合理位置。

合理取样点数的确定，一般是先将监测地块按一定的尺寸划分成网格，并在其节点上进行取样，测定其含水率；然后将每个点各层测定结果的平均值并排列于常规概率纸上检验，确定其统计分布特征，并计算特征值；利用地质统计学原理进行半方差函数分析，检验其是否具有各向异性及参数分布是否有空间结构；最后根据变异系数数值的大小，给出置信水平和样本均值对总体期望值估计误差，从而确定合理的取样数目。

二、旱情评估

旱情是指干旱的表现形式和发生发展过程，包括干旱历时、受旱程度、影响范围和发展趋势等。农业旱情评估包括基本旱情评估和区域综合旱情评估两部分：基本旱情评估用于作物受旱和播种期耕地缺墒（水）情况的确定；区域综合旱情评估用于县级及县级以上行政区域农业综合受旱程度的判别。

基本旱情评估方法有土壤墒情法、连续无雨日数法、缺水率法、降水量距平法和断水天数法等，区域综合旱情评估一般采用受旱面积比率法。

任务二 作物灌溉预报技术

在土壤墒情监测的基础上，预测耕作层土壤含水率变化规律，并指出土壤含水率何时接近水分控制下限，从而需要进行灌溉的工作，称之为灌溉预报。在进行田间土壤墒情预测、指导灌水时，可以用某一深度范围内的土壤含水率为指标，也可用1m土层贮水量作为指标。实践表面，灌溉预报可根据田间墒情，科学预报灌水时间和灌水定额，避免因盲目灌溉而造成对产量的影响和灌溉水的浪费，它是一项投入小、收益大的节水增产措施。

一、灌溉水源预报

灌溉水源一般是指可用于灌溉的地表水和地下水。地表水包括河川径流、湖泊和汇流过程中拦蓄起来的地面径流；地下水主要是指可用于灌溉的浅层地下水。地下水源的水量比较稳定，因此灌溉水源预报一般指对河川径流的预报，对那些无调蓄能力、直接从河流引水或堤坝引水灌区更是如此。因此，对这类灌区来讲，准确地分析预报河源来水量是编制和调整灌区用水计划，确定灌溉任务，充分利用水资源，发挥工程设施效益的重要依据。

二、作物灌水实时预报

灌溉用水的基本要求是做到适时适量灌溉，因而掌握土壤墒情，及时对其进行监测，对灌水预报至关重要。

灌溉和排水的实质就是根据作物生产情况和田间土壤墒情，人为地调节田间土壤水分状况，使其有利于作物的生长。农田土壤水分动态的预测预报能够为作物适时适量地补充水分，使有限的可用水量发挥较大的经济效益。

[7.2] 作物灌溉预报技术

旱区农业节水的一个重要的环节就是高水平的灌溉用水管理。高水平的灌溉用水管理能节约用水，提高灌区农业产量，充分发挥灌溉工程效益。灌溉用水管理的核心是实行计划用水，而指导计划用水的依据是用水计划。我国制订的常规用水计划属于静态用水计划，它是根据历史资料，选定几种典型水文年，针对典型年的气象、水文情况，制订出当年的用水计划；在执行过程中，再依据当时的气象、水文等情况进行调整。由于这种计划是依据历史资料制订的，若当年实际的气象、水文情况与典型年差异较大，则难于有效地指导用水，国内外近几年的实践表明，采用先进的动态用水计划，可以避免此弊端。

动态用水计划是以实时灌溉预报为依据的动态取水、配水与灌水计划，它是在充分利用实时信息基础上确定的短期计划，因而比较符合实际，实用价值较高。实时灌溉预报是编制与执行灌区动态用水计划的必要条件，只有做出实时灌溉预报，才可能制订出动态用水计划；只有实时灌溉预报可靠、准确，动态用水计划才可能符合实际，才能发挥指导用水以取得节水、高产、高效益的效果。

实时灌溉预报是以"实时"资料为基础，即以各种最新的实测资料和最近的预测成果为依据，通过计算机模拟分析，逐次预测作物所需的灌水日期及灌水定额；同时预报出灌区可供作物灌溉的水源水量，从而及时调整灌区的灌溉用水计划，提高灌水效益。今后灌溉预报的发展趋势是开展实时灌溉预报，因此研究与应用实时灌溉预报有着重要的理论意义与实用价值。四川省都江堰水利发展中心外江管理处调度中心现场如图7-1所示。

图7-1 四川省都江堰水利发展中心外江管理处调度中心现场

三、灌溉预报的方法和与步骤

1. 收集基础数据

收集预报区域田间持水率、土壤容重等基础资料。若缺乏可靠的资料，应进行实际测定。同时应收集作物各生育阶段的需水强度、土壤湿度下限和计划湿润层深等资料。

2. 取土测墒

（1）选择取土观测点。对某种作物，同一种土壤，每500~1000亩应设一个取土观测点。同一种作物，若土质不同还应增加观测点数量。

（2）测墒时间。小麦从播种日开始，一般每5d取土观测一次，雨后、灌后应各加测一次，直到成熟为止。

玉米、谷子、高粱等农作物，播种到拔节期间，每10d应取土观测一次，拔节以后每5d取土观测一次，雨后、灌后应各加测一次。

(3) 取土深度。一般苗期取土40cm，拔节到成熟期取土60～80cm，应分层取土，每层20cm，每层取两盒。

(4) 土壤含水率测定。根据采集的土样，采用烘干法测定土壤含水率。

3. 及时关注近期天气预报

根据近期天气预报，对近期的降水时间和降水量进行预测。

4. 墒情预测及灌水预报

采用经验预报模型或水量平衡模型，预测近期土壤含水率变化情况，若土壤含水率降至土壤适宜含水率下限，应及时对灌水时间和灌水定额进行预报。

5. 发布灌水预报

通过广播、电话或简报等多种方式，向灌溉供水单位和农民用水管理组织发布墒情和灌水预报，为灌溉用水提供更加科学的依据。

四、灌溉预报实例

目前春小麦已进入拔节期，据5月17日实测显示，土壤含水率为20.5%，土壤相对含水率为85.4%，据气象部门预报，未来5d无雨，但田间每天腾发水量5m³/亩，预计5d后，土壤含水率将下降到15.69%，土壤相对含水率下降到65.4%，将超过拔节期土壤含水率下限标准达70%，故建议5月21日开始组织灌水，每亩灌水量为42.3m³，否则会影响小麦稳产高产。

特此预报

预报单位：×××水管站　　发报人：×××　　发报时间：××××年××月××日

任务三　灌区量测水技术

一、灌区量测水的作用

灌区量测水工作是灌区管理工作的核心，是实行计划用水及准确地掌握引水、输水和配水情况的重要手段，是节约用水和提高灌溉效率的有效措施。灌区量测水的设备和方法是实现计划用水和控制灌水质量的基本措施，是实行计量收费、促进节约用水的必要工具和手段。对于灌区量测水，它有如下几个方面的作用：

(1) 测算年、月、日时段渠道水位、流量变化情况以及输水能力，为编制渠系用水计划提供依据。

(2) 根据用水计划和水量调配方案，及时准确地从水源引水，并配水到各级渠道的用水单元和灌溉地段。

(3) 利用测水量水观测资料和灌溉面积资料，分析、检查灌水质量和灌溉效率，修正、调整供配水方案，指导和改进用水工作。

(4) 为灌区定额供水、按方计收水费和水资源费提供可靠依据。

(5) 利用测水量水资料验证渠道和建筑物的输水能力、渠道输水损失率，为灌区改扩建及新建提供规划、设计和科研的基本资料。

二、灌区量水测站的分类和布置

1. 量水测站的分类

灌区量水测站按其位置及作用的不同，可分为基本测站和辅助测站两类。

(1) 基本测站。基本测站包括：①灌溉水源测站；②引水渠（如总干渠、干渠）渠首测站；③配水渠（如支、斗、农渠）渠首测站；④分水点测站。

(2) 辅助测站。辅助测站包括：①平衡测站；②专用测站。

2. 量水测站的布置

(1) 基本测站的布设位置。

1) 水源测站。其用于观测水源的水位、流量及含砂量的变化情况，能为分析其与渠首引入流量之间的关系、降水与河道径流的关系等方面提供参考资料。

水源测站应分设在引水口上游 20～100m 的平直段上，以不受闸门启闭和挡水建筑物壅水影响为原则。若水源为山塘水库，应在库区上游河床上加设测站。

2) 引水渠（如总干渠、干渠）渠首测站。其用于观测从水源引入的流量，分析引水口水位与引水流量变化关系和引水渠的水位－流量关系，指导配水工作。

测站布设在引水渠进水口以下 50～100m 范围内的水流平稳渠段处，也可利用进水建筑物量水。

3) 配水渠（如支、斗、农渠）渠首测站。其用于观测从上一级渠道配得的水量及渠道的输水损失。

测站一般布设在配水闸以下 30～80m 范围内的水流平稳渠段处，也可利用配水闸量水。

4) 分水点测站。观测从配水渠分得的水量及渠道的输水损失。

测站布设在分水渠渠首以下 10～30m 范围内的水流平稳渠段处，也可利用进水建筑物量水。

(2) 辅助测站的布设位置。

1) 平衡测站。其用于观测水源的下泄流量及灌区的退泄水量和排出水量，为灌区水量平衡的分析计算提供数据。

平衡测站应分别布设在渠首引水口下游河段、各级灌溉渠道的末端及排水渠道枢纽上。

2) 专用测站。其为观测、收集专门资料（如渠道的输水损失，流速、流量，糙率系数与冲淤关系等）而布设。

测站布设位置一般视实际需要而定。

(3) 测站布设的程序和要求。布设测水站网可按下列程序进行：

1) 根据任务和要求，在灌区及渠系平面图上全面规划、统一布设。

2) 实地踏勘，确定测站位置。

3) 设立标志，施测断面，鉴别建筑物类型或安装设置量水设备。

4) 测站布设完成后，应将测站类别位置、使用测流方法等编表列册，并分别标示在渠系平面图上，以备查考。

此外，测站的布设应以经济适用为原则，尽量谋求某一测站能兼有其他类型测站的作用。

三、灌区量测水的方法

灌区量测水的方法很多，常用的有流速仪测流法、水位计法、水工建筑物量水法、特设量水设备测流法和电磁流量计法等。

1. 流速仪测流法

流速仪测流法，是用流速仪测定水流速度，由流速与过水断面面积的乘积来推求流量的方法。其工作内容主要包括准备工作、观测水位、过水断面测量、流速测量、现场检查、计算与整理、建立数学模型和拟定水位－流量关系曲线等。该方法的优点是精度较高、便于携带，1台仪器可在多个地点移动使用，投入低；缺点是测流和计算比较费时、烦琐，工作量较大，劳动强度高。故其通常在实验室中应用较多，而在渠系量水中较少使用，当没有水工建筑物和特设量水设备可以利用时，才会考虑采用此种方法。

2. 水位计法

水位计法有月记式和自记式两种。

(1) 月记式。月记式水位记录仪由感应部分、传感部分和记录部分三部分组成。它的量测方法是根据记录纸上记录的水位过程变化曲线摘录水位。要求摘录的点距能完整准确地反映水位变化全过程。根据该点过水断面的水位－流量关系曲线或数学模型查出或计算出相应的流量及历时等资料参数，就可计算出总的用水量。该方法的优点是工作时间长（达31d），累计误差小（仅4min），资料保存完整，便于查对，同时记录精度较高，还无须设专人看守；缺点是投资较高，操作及内业整理工作较复杂。

(2) 自记式。目前，广泛使用的自记水位计类型为浮筒式水位计，又称槽式自记水位计。该仪器的原理是利用水位的升降，浮筒也随之升降，比例轮带动记录筒转动，时钟控制记录笔的槽间位置，使记录笔在记录纸上反映水位随时间变化的过程，再结合流速仪测定水位流量相关曲线计算水量。该方法的特点是感应水位的部分直接与记录部分联动，结构较简单，坚固，使用寿命长，满足精度要求，维护费用少。

3. 水工建筑物量水法

在灌溉渠道上有许多水工建筑物，大致可分为有调节流量设备（如涵闸、水库放水管等）与无调节流量设备（如渡槽、倒虹吸、跌水等）两种类型。如果这些建筑物修建得比较规整，且管理养护较好，无损坏、漏水、冲淤和阻塞等现象，则可用于量水。

此法是根据水力学原理进行量水的，要求建筑物完整无损，无变形，不漏水，无冲积阻塞现象，调节设备不漏水，无歪斜、扭曲、损坏现象，闸门边缘与闸槽能紧密吻合，符合水力计算要求，水头损失不少于5cm，水流呈潜流状态时，其潜没度不大于0.9。该方法的优点是可利用现有水工建筑物进行测量，不必新添设备；缺点是现有水工建筑物经多年运行老化、破损严重，不能符合利用建筑物量水的条件。

本书主要介绍利用涵闸和跌水进行量水的方法。

(1) 涵闸量水。利用渠道上放水闸门或涵管量水时，只要在放水闸门或涵管处设立水尺，测得相应的水位，即可根据水力学原理，求出相应的流量。但由于用作量水的涵闸类型很多，各类涵闸又可采用不同的翼墙，不同涵闸或同一涵闸在不同的时间里，水流形态也各不相同。因此，不同类型的建筑物和不同的流态，计算流量所采用的公式各异（一般见有关灌区量水手册）；不同类型的翼墙和入流条件有差异，采用的流量系数也不同。在施测以前，必须先弄清涵闸的类型翼墙形式和水流状态。

利用涵闸量水，必须正确地确定水尺或水位观测点的位置，如图7-2所示。上游水尺应设在上游距建筑物约3倍最大闸前水深处，下游水尺应设在水流出口以下距建筑物1.5~2倍单孔闸宽处。闸前水尺设立在闸前距闸板约1/4单孔闸宽处，闸后水尺设立在闸后距闸板约1/4单孔闸宽处，但这两种水尺距闸板均不得小于40cm。以上四种水尺的零点高程均应与闸底板（或闸槛）在同一水平面上。启闸高度水尺可直接绘在闸槽边缘的边墩上，水尺的零点与闸孔完全关闭时的闸门顶部齐平。

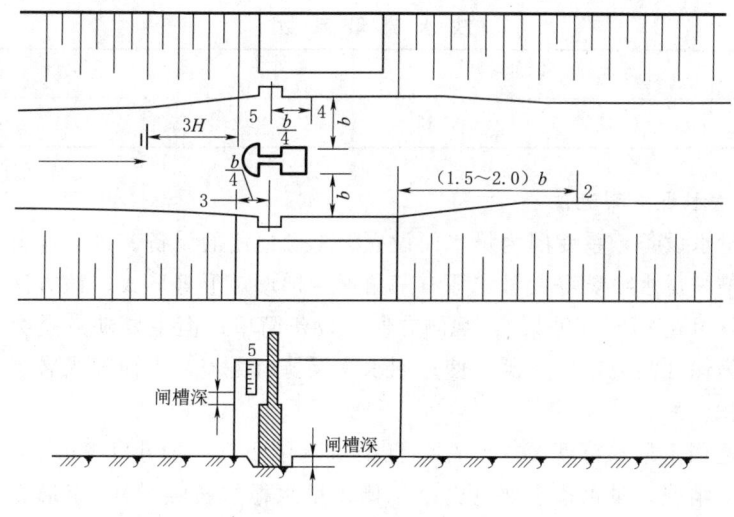

图7-2 水尺安装位置示意图

H—最大闸前水深；b—单孔闸宽；1~5—水尺安装位置

（2）跌水量水。用于量水的跌水断面一般有矩形和梯形两种，如图7-3所示。水尺应安装在建筑物上游3~4倍渠道正常水深处，水尺零点与跌水底槛最好在同一平面上，以便直接读出上游水头（H）数据。

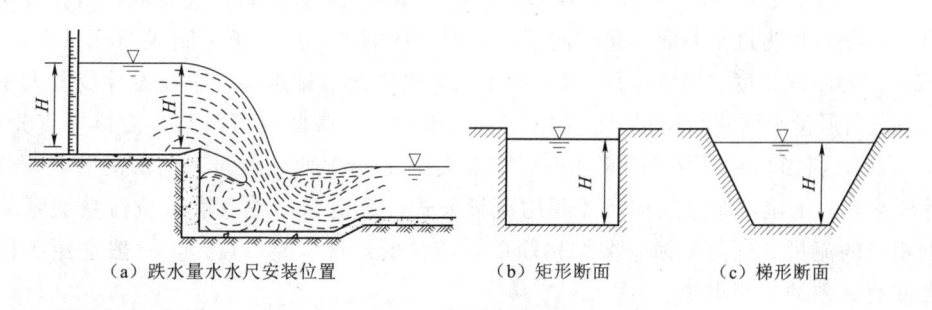

（a）跌水量水水尺安装位置　　（b）矩形断面　　（c）梯形断面

图7-3 水尺安装位置示意图

不同断面形式跌水的流量计算公式如下：

1) 矩形断面。

$$Q = MbH\sqrt{2gH}$$

2) 梯形断面。

$$Q = M(b+0.8mH)H\sqrt{2gH}$$

式中　Q——流量，m^3/s；

　　　b——跌水深度，m；

　　　m——梯形断面边坡系数；

　　　H——上游水头，m，当来水流速太大时，应加上流速水头；

　　　g——重力加速度，$9.81m/s^2$；

　　　M——流量系数，一般采用实测，若无实测数据，可参考表7-1选用。

表7-1　跌水流量系数

H/B	0.5	1.0	1.5	2.0	2.5
M	0.37	0.415	0.430	0.435	0.45

4. 特设量水设备测流法

特设的量水设备，系专门为量水而设立、不做他用的设备。这类设备常用的有量水堰、量水槽和量水喷嘴等。量水堰有三角形、梯形矩形等形式。该方法的优点是量水精度很高（可达97%~98%），观测方便，设备简单；但主要缺点是会造成渠道较大的壅水（为保证测流精度，需要使过堰水流保持自由流，因而要求较大落差）和堰前的泥沙淤积。

量水堰适用于量水精度要求较高，且渠道流量小（一般小于$1m^3/s$）、纵坡大或有集中跌差的情况；量水槽主要有巴歇尔槽、量水槛（长喉道）、矩形无喉道、U形渠抛物线无喉道、农用分流计等，其特点是壅水低，淤积少，观测简便，适宜在比降小、含砂量大的渠道上采用；量水喷嘴也具有水头损失小、淤积少的特点。

在这些特设量水设备中，采用最多的是量水堰，这些堰可以就地施工，也可以预制成装配式构件，视量水的需要，随时随地可以拆卸。

本书主要介绍三角形量水堰、梯形量水堰和无喉道量水槽。

(1) 三角形量水堰。三角形量水堰，一般可用木板堰口加钉铁皮做成，由竖直薄板上的V形缺口作为过水断面，角顶向下，根据不同需要，通顶角可制成20°、45°、60°、90°或120°等不同角度。通常采用90°，即直角等腰三角形量水堰，渠道设计流量大小使用标准三角形量水堰的结构尺寸，如图7-4所示。堰口做成刀口形，刀口平直光滑，厚3~5cm，斜面朝向下游，槛高和堰肩宽要大于30cm，水流经过三角形薄壁堰，读取薄壁堰水池的水位，通过结构尺寸利用流量公式计算流量，或查取水位流量关系曲线得出相应的流量。三角形薄壁堰结构简单，造价低，过水能力较差，一般适用于比降较大或有跌差的小型渠道。

(2) 梯形量水堰。梯形量水堰断面为上宽下窄的梯形堰口，侧边的边坡为4∶1

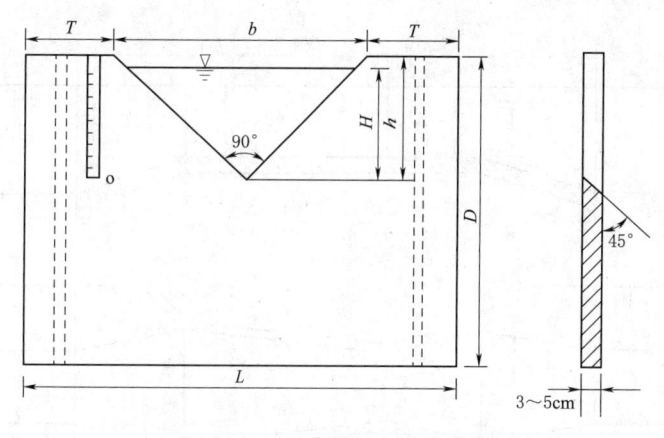

图 7-4 三角形量水堰示意图

（竖、横水位与流量关系较为稳定），堰口的三边均呈刀口形，倾斜面朝向下游锐缘，倾斜角度一般为 45°，如图 7-5 所示。通常渠道设计流量大小使用标准梯形量水堰的结构尺寸。水流经过梯形薄壁堰，读取薄壁堰水尺的水位，通过结构尺寸利用流量公式计算流量。或查取水位流量关系曲线得出相应的流量。该种堰结构简单、造价低，过水能力大但壅水较多，水头损失大，一般适用于比降大、含沙量小的渠道。

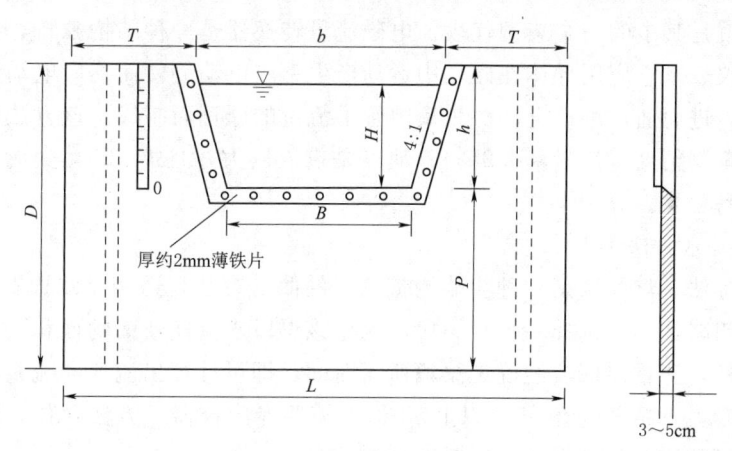

图 7-5 梯形量水堰示意图

（3）无喉道量水槽。无喉道量水槽是在巴歇尔量水槽的基础上改进成的一种量水设备。由于其喉导长度为零，断面为矩形，平底，所以被称为矩形平底无喉道量水槽，简称无喉道量水槽，如图 7-6 所示。当水流经过量水槽时，读取上下游水尺读数，判别流态为自由流或是潜流。根据无喉道量水槽的结构尺寸，利用流量公式计算流量或查取水位流量，得出相应的流量。

无喉道量水槽设计为自由流，并与水井房连通管观测水井水位相对应，同时结合自记水位计，控制水位的升降变化，连续 24h 运行，载录水位变化值，查取水位流量关系曲线，计算出日均流量。该方法结构简单，省工省料，经济实用，便于群众修建，上游壅水较小，槽内不易淤塞。无喉道量水槽一般适用于坡降较大的浑水渠道。

(a) 正视图

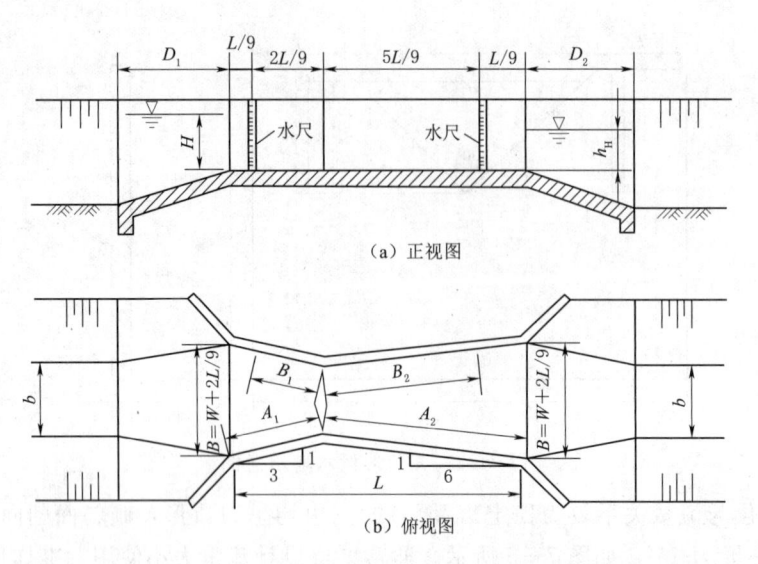

(b) 俯视图

图7-6 无喉道量水槽示意图

5. 电磁流量计法

随着电子技术和超声波量测技术的发展，已出现一批非接触式的流量量测设备，电磁流量计就是其中的一个典型代表。电磁流量转换器是一种结构独特、技术完善的管道式流量仪表，它应用导体在磁场中运动产生感应电动势，而感应电动势又和流量大小成正比，进而通过测量电动势来反映管道流量的原理而制成。该方法的优点是量测精度高（量测精度：流量≤0.2%）；缺点是投入巨大，且需220V交流电源，发生故障后数据易丢失。

6. 其他量水方法

（1）浮标法。浮标法是一种粗略测量流速的简易方法，适用于水面宽3m以内的斗农渠流量粗略估测。选择一平直渠段，测量该渠段水流横断面的面积，然后在上游中流投入浮标，测量浮标流经确定渠段所需时间，即可计算出流速和流量。利用浮标测流，误差较大（精度约在85%以上），但不需要专门仪器，方法简便，因此在无其他量水设备可使用时常被采用，以粗略估算流量。

（2）转轮式量水器量水。转轮式量水器是一种新型的量水装置，其属于动态体积测量方法。水流经过测流槽转轮的强压迫作用，使明流轮转变成满管流，转轮叶片将过流槽中的水体分割成若干水体单元，通过计算可知水流推动量水器转轮转动一周的水体积作为一定值，由电子水量计统计量水器转轮的转数，便可计算出某一时间段内通过量水器的水量。该方法流量与流速没有直接的关系，故对层流、紊流、脉动流以及混相流等各种流态的流量都能准确地测量，与堰槽流相比，有较宽的使用条件以及更高的准确性和置信水平。

（3）灌溉流量管理器。灌溉流量管理器，适用于干、支、斗、农各种渠道流量计量，涵盖用水计量、水费计算收取、农户用水管理等方面功能。具有测量精度高、测量范围宽、运行稳定、安装和操作简便、使用价格低廉（但投入大）的特点。

（4）智能明渠测流方法。智能明渠测流方法是指能连续监测并累计水量的明渠流量测流方法，可连续监测各种量水堰、无喉道量水槽、巴歇尔量水槽等堰槽的流量。系统由智能流量积算仪、水位计、量水堰槽（如巴氏槽、薄壁堰、三角剖面堰、平坦V形堰、无喉道槽等）三部分组成。通过测量堰槽上下游水位，由微处理器收集处理水位数据，计算出瞬时流量和累计流量，配用标准通信设备以后，还可实现远程数据传输与控制。

任务四 灌溉自动化控制技术

农业是人类赖以生存的基础生产行业，延续千年的传统农业模式总是与农民的耕作经验紧紧相依；而在当代，尤其在当代中国，人口基数较大，城镇化进程快速推进，"人多粮少""人多地少"的形势愈显严峻，因而如何提高作物产量、提高土地利用率成为人们不得不考虑的问题。

随着科技的发展，农业灌溉也出现了很多契机，在优良的作物品种与耕作技术的前提下，实现效益的最大化已经不再是纸上谈兵，实现灌溉系统的自动化控制就是其中一条途径。

一、实现灌溉自动化控制的目的

随着灌区管理体制改革的不断深化，以及计算机技术、传感技术和集成电子信息技术等的发展，灌溉自动化控制技术已逐渐在我国广袤的大地上普及开来。灌溉自动化控制技术就是采用电子技术对河流、水库和渠道的水位流量、含沙量乃至提水灌区的水泵运行工况等技术参数进行采集，然后输入计算机，利用预先编制好的计算机软件对数据进行处理，按照最优方案用有线或无线传输的方式，控制各个闸门的开启度或调节水泵运行台数，实行自动化监测控制。

提高灌溉用水管理水平是提高灌溉水的利用率和农作物产量的重要措施之一。它既需要建立恰当的灌溉用水管理体制、制定合理的用水管理政策，也需要运用计算机技术、信息技术和自动控制等现代技术，实现水资源的合理配置和灌溉系统的优化调度，使有限的水资源获得最大效益。利用这些现代技术，我们还可以通过对灌区气象、水文、土壤、农作物状况等数据进行及时的采集、存储、处理，并采用预测预报方法及优化技术，及时做出来水预报及灌溉预报，进而编制出适合作物需水状况的短期灌溉用水实施计划。一旦来水或用水信息发生变化，可以迅速修正用水计划，并通过安装在灌溉系统上的测控设备及时测量和控制用水量，实现按计划配水。

实现灌溉自动化控制的目的有如下三个方面。

1. 提高灌溉系统的管理水平

当前，管理水平低下是制约节水灌溉技术发展的重要环节。许多新的灌水技术，如喷灌技术、微灌技术、隔沟交替灌溉技术、波涌灌溉技术和水平畦灌技术等由于没有良好的技术管理措施，其灌溉节水效益得不到充分发挥或者根本无法大面积推广。即使是应用已经比较多的喷灌技术和微灌技术，实际灌溉过程仍仅凭生产人员的经验

[7.4.1] 灌溉自动化控制技术（一）

[7.4.2] 灌溉自动化控制技术（二）

[7.4.3] 灌溉自动化控制技术（三）

操作，作物需水的科学规律和生产人员的实践经验得不到有效结合。采用自动化灌溉系统，就能很好地按照作物的需水规律，综合气象数据和生产实践的经验为作物适时适量提供灌水，达到节约用水、获得作物高产的目的。

2. 提高灌溉系统的综合调度能力

灌溉系统的自动化包括渠（管）道输配水系统和田间灌水技术两方面的自动化。每一条支渠（支管）控制的灌溉面积不同，农田的种植种类也不相同，水源条件也各有差异，因此在用水过程中，有一个合理调度、优化配水的问题。传统的人工开启闸门配水的方式不能及时准确地调整各渠（管）道的用水。采用自动控制技术以后，输配水过程既可以按照预定的方案进行分配水，又可以根据实际的运行情况及时快速调整用水计划，做到按需配水，减少水量浪费。

在灌水过程中，如果由人为控制入田水流的流量和时间，往往造成进入田间的水量与计划灌水量有一定差异。采用自动控制灌溉以后，灌水流量、灌水时间完全可以根据作物的需要、土壤条件和生育阶段等指标合理计算，准确控制，从而减少水量浪费。

3. 使节水措施得到有效实施

灌溉工程自动化，可使先进的灌水技术管理理论和管理措施得到有效的配合，可使一批先进的管理工程措施在控制灌溉的过程中得到落实，可使强制性节水措施在控制灌溉过程中得到不折不扣的执行，进而达到提高用水效率、用水效益和节约用水的目的。

二、灌溉自动化控制技术

1. 发展现状与前景

（1）国内外发展现状。如美国、加拿大和以色列等先进国家，运用先进的电子技术和计算机控制技术，在节水灌溉技术方面起步较早，已比较成熟。这些国家从最早的水力控制和机械控制，到后来的机械电子混合协调式控制，再到当前应用广泛的计算机控制、模糊控制和神经网络控制等，控制精度和智能化程度越来越高，可靠性越来越好，操作也越来越简便。国外主要将电气信息技术、人工智能技术应用到节水灌溉自动化控制中。伴随着控制技术以及传感器技术的发展，以色列开发出现代诊断式控制器，这种控制器把以前不可能采集到的信息通过不同的传感器来获得，通过互联网、远程控制、GSM（全球移动通信系统）等来实现数据传输，然后再通过计算机中的一些模型来处理信息，做出灌溉计划。如：以色列的佳维士（GAVISH）控制系统是一套计算机的温室小气候和施肥控制系统，该系统基于GAVISH自主开发的软件，具有很大的灵活性而且可以根据用户特定的要求很方便地进行定制，系统有35个输出信号和35个输入信号。

近年来，随着经济社会的飞速发展，我国的灌溉方式发生了诸多改观，符合我国发展现状的灌溉自动化控制技术层出不穷。对各类灌溉自动化控制技术进行对比研究发现，有的在精准控制方面表现较好，但是成本很高，不易维护；有的技术还停留在人力操作的层面上，虽然安装了自动化控制系统，但自动化效率还不高，基本上还需根据经验来确定灌溉次数和水量。随着当今科技的发展普及，科研人员不断研究和引进灌溉自动控制系统，已经实现局部小范围的农业用水自动化灌溉，但国内在自动化灌溉控制系统方面依旧处于摸索试运行阶段。

（2）灌溉自动化控制技术的应用前景。现代农业是以高新技术应用为标志的。在西方发达国家，通过遥感（RS）、地理信息系统（GIS）、全球定位系统及计算机网络获取、处理、传送各类农业信息的应用技术已到了实用化阶段，欧洲联盟（欧盟）早将信息及信息技术在农业上的应用列为重点课题，美国农业部建立了全国农作物、耕地以及草地等信息网络系统，可以说信息技术已成为现代农业不可缺少的一部分。西方发达国家在节水灌溉控制器的开发上也越来越成熟，且发展趋势是研制大型分布式控制系统和小面积单片机控制系统，并带有通信功能，能与上位机进行通信，并可由微机对其编程操作。同时随着人工智能技术的发展，模糊控制和神经网络等新技术为节水灌溉控制器的研制开辟了广阔的应用前景。

而在国内，随着计算机技术、网络技术、农业技术、机电一体化技术的进步，节水灌溉自动控制技术将向智能化、信息化和多功能化等方向发展，具体表现在以下几个方面：

1）由于气象条件的波动及植株的不断生长，作物的蒸散量每天都会有所不同。高端的灌溉自动控制系统可以根据采集的气象数据计算作物的参考蒸散量（ET_0）值，再根据不同植物的作物系数 K_c，确定不同的需水量，根据不同植物的需水量自动调整不同阀门的开关时间，达到按需灌水的目的。

2）近年来，国内互联网技术和移动无线通信技术得到了极大发展和普及，通过互联网和手机进行信息采集和决策实施是未来温室控制趋势所在；视频监控技术与互联网技术以及移动无线通信技术（3G、4G，甚至5G技术）的结合也将是大势所趋，新技术与节水灌溉自动控制技术的结合将大大提高系统的信息化水平。

3）目前，节水灌溉既不是简单的工程节水和水管理节水问题，也不是简单的农艺节水和生物节水问题，而是需要综合运用计算机技术、电子信息技术、红外遥感技术以及其他技术对土壤水分动态、水污染状况、土壤水盐动态、水沙动态和作物水分状况等方面的数据监测、采集和处理手段，这将极大促进灌溉自动化控制技术水平的快速提高。

2. 灌溉自动化控制技术原理

（1）系统工作原理。微机自动监控系统开启后，土壤水分传感器将采集的数据通过控制器传输给微机处理单元，当采集数据达到土壤含水量下限值时，监控系统按照程序处理设定值发出开机指令，变频控制器启动水泵并开启相应阀门，进行适时灌溉。然后按照预先设定的灌水时间，由监控系统下达停止灌溉指令，通过变频控制器关闭水泵，并关闭相应阀门。在整个灌溉过程中，管网工作压力通过变频控制器调节，管网始终处在设定的正常工作压力范围内安全运行。

系统可对土壤含水量管网压力、流量、灌水总量等进行实时控制，并将灌水时间、日期以及灌水总量等数据及时储存并随时打印分析。灌溉自动化控制系统工作原理见图7-7。

（2）控制和管理方式。20世纪末以来，越来越多的地区和国家都在尝试将新科

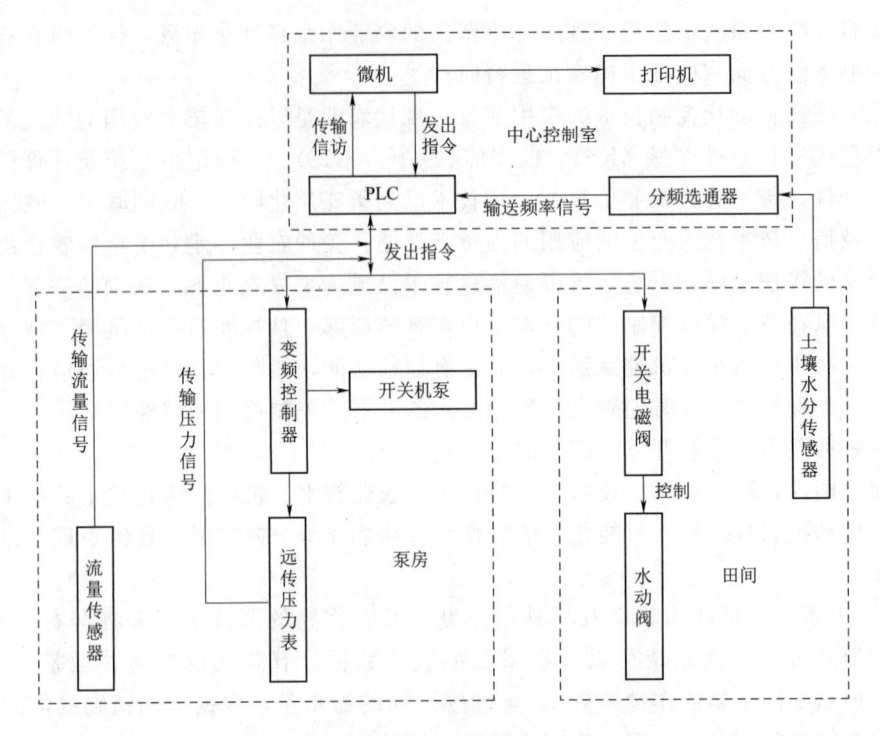

图 7-7 灌溉自动化控制系统工作原理

技应用于灌溉控制系统之中，尤其是计算机技术的引入，使得灌溉系统更加自动化、智能化。灌溉自动化控制技术就是利用水力学原理、电学原理以及由计算技术、传感技术、电子通信技术组成的微机技术等实现灌溉系统的实时监控和自动化控制。

灌溉工程中常见的自动化控制和管理方式主要有三种，即水力自动化、电控自动化和微机自动化。

水力自动化比较简单，通常也只能按照一种预定的方式进行自动化控制。例如，当水位或水压力达到某预定值时，使得阀门打开或关闭。

电控自动化除了具备水力自动化的功能外，还能进行数据检测，并根据监测值而手动或自动调控。

微机自动化则是在电控的基础上配备了微机系统，把自动化监测和调控连接起来，从而提高了自动化水平。进入 21 世纪以来，微机自动化广泛应用于农业灌溉，计算机的发展尤其使得这种方法适用化、智能化。

（3）系统配置。自动控制系统由上位机和下位机可编程逻辑控制器（PLC）两部分相结合，是目前在自动控制领域中较高的配置方案。通过 PLC 可实现系统的扩展修改灵活方便并减少软件编写的工作量。土壤水分传感器是自动控制系统的关键部分，其灵敏程度直接关系到能否适时启闭供水设备。变频器是维持恒压供水、利于系统安全、经济运行的重要控制部分，不同的灌溉方式对应不同的工作压力，可在程序处理中预先设定，程序处理则是首先控制电磁阀启闭，然后由电磁阀控制水动阀，水动阀既可自动启闭也可手动启闭。

流量和压力的采集利用LWGY型涡轮流量传感器、XSJ-39I型流量积算仪和SG-3型电感压力变送器来完成。

(4) 硬件设计及功能。系统硬件设计按功能可划分为系统监控、系统控制两部分。

1) 系统监控部分。系统监控部分由上位机和打印机组成,用来实时处理PLC采集的数据并据设定值进行逻辑判断,向控制站PLC发送控制命令。

2) 系统控制部分。系统控制部分由PLC、土壤水分传感器、变频控制器、压力传感器及电磁阀等组成。该部分的作用是采集频率及压力信号并送入上位机进行处理,同时执行上位机发送的控制命令,对变频控制器、电磁阀等执行部件进行控制操作。

3. 系统软件设计

系统软件可分为上位机监控软件和下位机PLC控制软件两部分。上位机监控软件包括通信程序、监控画面和打印程序。下位机PLC控制软件采用梯形图编写。上位机监控主菜单分为参数设置、系统运行、打印和退出等。参数设置主要包括压力设定及土壤含水量上、下限设定等;系统运行将设置参数传输给PLC并接收和处理PLC采集的压力、土壤含水量和流量等信号,发出开闭水泵和开闭电磁阀等有关指令,并定时储存灌水时间、灌水总量等相关数据;打印功能负责将阀门编号、灌水总量、灌水时间以及日期等有关数据输出打印;退出功能将整个系统退出监控系统。上位机程序设计框图见图7-8。

(1) 上位机软件功能。

1) 参数设定功能。参数设定功能应包含:土壤水分传感器与电磁阀的对应关系;电磁阀对应的工作压力值;电磁阀对应的土壤含水量上、下限值。

2) 监控功能。监控功能应包含:实时接收由PLC传送的频率、压力以及流量等信号;实时分析处理上述信号并发出开关水泵、电磁阀、变频调压器等指令。

3) 统计功能。上位机软件应能统计累计各阀门的开关时间和相应的灌水总量。

4) 显示功能。显示功能应包含:实时显示各电磁阀的开关状态;实时显示流量;实时显示压力;实时显示各土壤水分传感器的频率。

5) 打印功能。上位机软件能够实现打印阀门编号、灌水时间、灌水流量、工作压力、灌水总量、灌水时间等。

(2) 下位机软件功能。

1) 采集及输送功能。下位机软件能实现实时采集土壤传感器频率信号、远传压力表压力信号和流量变送器流量信息,并由PLC向上位机进行输送。

2) 控制功能。下位机软件能实现接收上位机指令、开关水泵、开关电磁阀和变频调压。

下位机软件的编写工作是根据其承担的功能来完成的。其特点是尽量减少软件编写的工作量,简单易行,管理方便。

4. 控制参数设定与校核

(1) 灌溉压力设定。喷灌、微灌和滴灌等不同灌溉形式的工作压力由实际设计的工作压力确定。

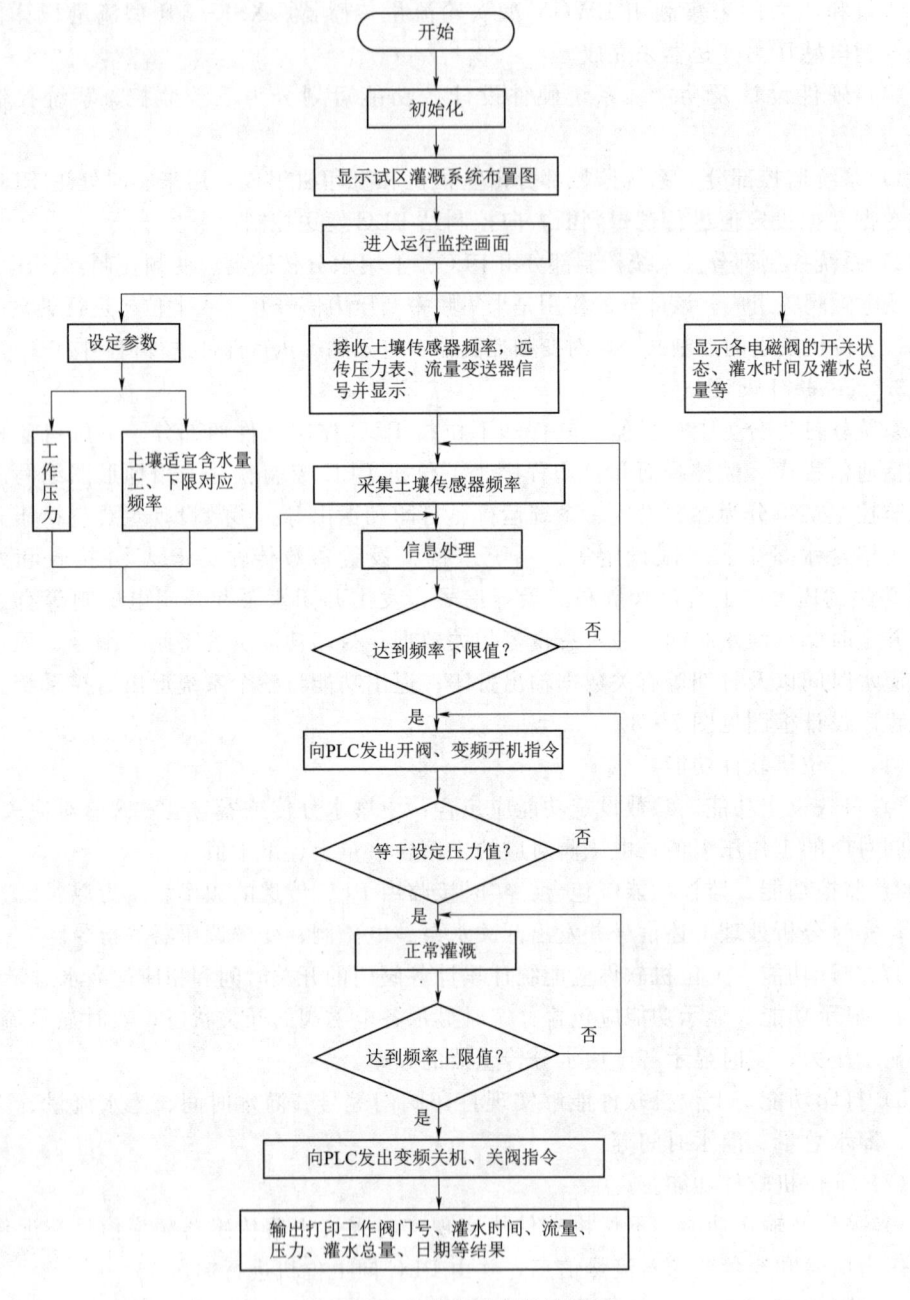

图 7-8 上位机程序设计框图

(2) 输出校核。

1) 压力校核：压力信息是通过远传压力表以电流的形式传输给微机处理单元，进而转换得到压力值。经过反复调节电流信号与压力关系，直到两者模拟值非常相近为止，其误差不超过±0.01MPa。

2) 流量校核：流量范围按控制灌溉范围内作物的灌水定额确定。微机输出值与实测流量值误差不得超过1.8%。

（3）频率设定。以冬小麦为例，冬小麦在拔节前根系活动层在45cm深的范围，拔节后在60cm深的范围，故以不同深度、土壤含水量对应的频率进行设定。根据冬小麦不同生育期适宜的土壤含水量，分别查45cm、60cm深处土壤含水量与土壤传感器频率关系曲线，即得对应的频率设定值。冬小麦不同生育期土壤含水量及对应的传感器频率上、下限值见表7-2。

表7-2　冬小麦不同生育期土壤含水量及对应的传感器频率上、下限值

生育期	播种—分蘖 (10月1日— 12月2日)	分蘖—越冬 (12月3— 30日)	越冬—返青 (12月31日至次 年2月16日)	返青—拔节 (2月17日— 3月19日)	拔节—抽穗 (3月20日— 4月27日)	抽穗—成熟 (4月28日— 6月6日)
土壤含水率上、下限（占干土重百分比）/%	18.46~13.87	20.80~16.18	20.80~16.18	20.80~16.18	19.65~16.18	18.49~13.87
土壤含水率对应的频率上、下限/kHz	24.7~35.6	20.3~30.5	20.3~30.5	20.3~30.5	19.8~24.2	21.0~26.1

当实际频率小于设定下限值时即开始灌溉，当实际频率接近设定上限值时需停止灌溉。同时根据土壤水分传感器实时采集的频率信号，对水泵、电磁阀自动启闭，实现整个灌水过程的自动化。土壤水分传感器的采用实现了作物的精准灌溉，使作物生长始终处在所需的最优含水量状态，真正实现了水资源的高效利用。

三、常用的自动化控制模式

1. 两点控制

两点控制通过操作调节器使其处于两个极端位置之一，而对相应于设定值的偏离做出响应，但对任何中间位置则不进行控制，完全断开或完全闭合状态，所以这种控制也称为开关控制。图7-9所示为两点控制器的动作示意图。这是描述保持容器内恒定水位过程的例子。根据需要，不断地从容器抽水，当容器中水位低于某个要求值或设定值时，供水阀门完全开启向容器充水；当容器中水位达到要求水位时，阀门完全关闭。在进行两点控制操作时，为了不发生过多的循环，必须设定一个静带值。两点控制或开关控制适用于泵站、管道配水系统、污水泵及电磁阀的操作。

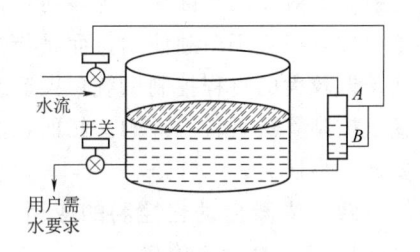

图7-9　两点控制器的动作示意图

2. 三点控制

三点控制也称作浮点控制或设定控制，仍以控制容器水位为例，则系统可将容器中水位保持在两个浮标传感器触点之间。被控变量的值处于静带范围内时，控制单元不进行任何操作。一般情况下，三点控制的最终控制单元的操作比两点控制慢得多，

因为在三点控制的情况下，希望被控对象处于中间位置。校正操作必须足够迅速，足以使系统对误差及时做出响应，回复到设定点。同时，校正操作还必须足够缓慢，足以防止控制器补偿过度，变成开关控制器。对于一个有上下波动的渠道水面的控制过程，选取一定宽度的静带以及适当的校正操作速度，可以减小或消除波动。系统反应严重滞后，或者供求变化太快将使水位波动情况恶化。而对于系统反应没有明显的滞后，并且通过平缓地改变运行状态即可满足供求变化的系统，应用三点控制模式较为合适。三点控制难以取得输入（供）和输出（求）间的相互匹配；三点控制模式检测被控变量的变化方向，而与输出值和输入值之比无关。由于这种控制模式不能连续校正操作，难以取得输入值与输出值之间或供求之间的相互匹配。因此，在需水计划较为复杂的渠系中，三点控制模式的应用受到限制。

3. 比例控制

比例控制利用控制变量的值与控制对象的位置间的某一线性关系，对其设定值的偏差（误差）做出响应。对控制变量的某个值，比例控制器将被控对象移到某一特定位置。偏离设定点的量代表误差，该误差代表输出值的大小。

4. 积分控制

积分控制根据某一时段内的累积误差对相对于设定值的偏差（误差）做出响应。积分控制情况下，操作量的大小取决于校正操作的累积值，并依赖于误差的大小及历时。积分控制一般不单独使用，而与比例控制模式联合使用，称为比例积分控制模式。在比例积分控制模式下，积分控制可以消除比例控制产生的调整偏差。误差一旦产生，该控制模式自动地逐渐进行调整，使输入变量值回复至设定值，消除调整误差。积分控制模式与比例控制模式联合应用，其目的就是消除比例控制模式单独使用时的调整误差。

5. 微分控制

微分控制响应误差的大小和方向随时间的变化而变化，当误差变化率为零时，微分控制无效。而实际误差为零时，微分控制模式也可能进行控制操作。一般情况下，微分控制模式不单独使用，而是与其他控制模式联合使用。微分控制模式通常用于时间延迟较大的过程控制系统，渠道或管道植水系统具有这一特点。微分控制一般用于输水控制算法是较合理的。然而，由于确定控制参数非常复杂，微分控制的应用还需要进一步研究。

四、灌溉自动化控制的应用

1. 渠系自动化管理

渠系自动化管理的目的在于通过自动化监控系统，控制渠系或闸门，确保渠系按照既定或随机的要求进行配水。

渠系自动化通常是对水位进行监控，从而实现对流量的监控，可分为定流量监控和动态流量控制。

闸门自动化是目前渠系自动化控制的主要方面，多由常规的电动驱动或者机械闸门加上自动控制元件构成。在渠系动态调控系统中，闸门由控制中心的微机控制。微机按照指令驱动传感测量元件定时或随机监测渠系各点水位，进行数据采集、分析、核对，并驱动其他控制机构。

2. 灌水自动化管理

田间灌水自动化系统可按照自动化程度分为半自动、全自动和运动三种。半自动化需要人为进行操作。运动自动化系统指可以远距离监测和控制。

用微机控制的田间灌溉自动化系统目前主要用于微喷灌方面。田间灌溉自动化系统包括传感系统、监测-显示系统和水源控制系统，如图7-10所示。

3. 泵站自动化管理

泵站自动化包括机组自动化、辅助设备自动化和泵站系统综合自动化，广义上还包括泵站运动化，即遥感、遥信、遥控和遥调。

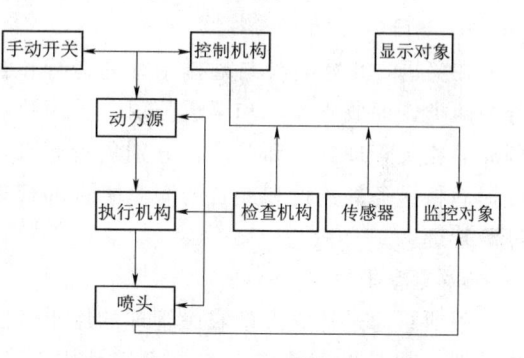

图7-10 灌水自动化系统示意图

泵站的检测项目包括泵站管路和建筑物的水位、流量、扬程、机电设备。遥信是把泵组和辅助设备的工作情况用信号显示出来。遥调是根据系统的运行情况，按照预先设定的程序，通过运动装置，对机组进行远程操作。如景泰川电力提灌站。

任务五　节水灌溉工程管理模式

[7.5] 节水灌溉工程管理模式

随着经济社会的发展，我国城镇化进程快速推进，工业和城镇对水资源的需求呈现爆炸式增长，农业用水供需矛盾日益突出。国家提出把节水灌溉作为一项革命性措施来抓，提出了通过新增建设和改造提升，力争将大中型灌区有效灌溉面积优先打造成高标准农田，到2025年建成10.75亿亩高标准农田，到2030年建成12亿亩高标准农田，这表明了全国各级政府对节水灌溉的高度重视，节水灌溉技术正在全国范围内大面积推广。节水灌溉技术不仅节水、节能，而且促进作物增产、增效，具有显著的经济效益和社会效益。但是节水灌溉工程特别是农田三灌（喷灌、微灌、管灌）工程，由于管理难度较大，加上有些地方重建轻管，部分工程建完后用不起来，个别地方仅仅在上级检查时使用，没有使工程真正发挥效益，这在一定程度上挫伤了农民群众大搞节水灌溉的积极性，影响了节水灌溉的进一步发展。因此，结合节水灌溉的发展需要，确定科学合理的管理模式，使工程充分发挥效益，是节水灌溉工程技术发展中亟待解决的突出问题。

本节主要对近年来国外、国内各种先进节水灌溉工程管理模式进行介绍，以求读者能够推陈出新、集思广益，找出更好的模式。

一、国外节水灌溉工程管理模式

国外节水灌溉技术先进国家的节水灌溉工程管理模式多以政府主导，政府放权给农户或取水户进行管理，或是成立农民用水者协会、农业合作社等合作组织发挥其自主管理的能力。

1. 日本

在日本，以群众代表选举产生的理事会会员们协同进行水利设施的管理，田间灌溉工程设施如斗渠以下系统完全交给用水户组织管理，这种管理并不是把管理任务全部移交给用水户，而是政府机构指导下的管理方式。

2. 美国

在美国，用水者参与灌排系统的运行和管理，用水者参与的组织形式一般可以划分为两类，即成立灌区和渠道公司。美国政府设有灌溉协会、垦务局或农业部农村水利局等相关管理部门和单位，分别负责灌溉工程的协调、建设、管理和规划。美国已经提倡将垦务局建设和经营的灌溉工程的管理责任移交给农户，由农户全面参与各级灌溉管理。

3. 墨西哥

墨西哥通过建立大型农民管理的用水者协会，将灌区内的大型灌溉工程交给用水户管理，截至2023年年底，在全国共成立了447个用水者民间协会和10个有限责任协会。墨西哥灌溉协会属自我服务的合作社性质，用水者协会成员经过良好培训后有很高的积极性，灌溉系统运行得到了改善。实践表明，大部分用水者协会能够对其灌溉系统进行高效的运行和维护。

4. 以色列

以色列节水灌溉工程管理模式最为突出的是以基布兹和莫沙夫为主的农业合作社，是独具特色的公有化农业用水组织。以色列灌溉系统的运行管理主要采用的是"政府机构＋公司＋农业合作社"的模式，具体的运行模式是通过分工明确、各司其职的水资源管理机构来实施，并有专门的水事法庭进行监管，极大地提高了其管理效率。以色列节水农业的管理系统具有高效的规划水准和系统的管理能力。

二、国内节水灌溉工程管理模式

国内节水灌溉技术的不断发展创新，已经改变了传统的种植业模式，推动了土地集约化、规模化经营，建设形式逐渐转变为政府主导、农户自发建设，管理模式也由分散经营向规模经营转变。一些学者积极探索适宜农业高效节水灌溉工程的管理模式，提出了许多可供参考的管理模式。

1. 政府主导管理模式

（1）拍卖、承包管理模式。已建成高效节水工程产权归村集体所有，村集体通过公开竞标方式对工程首部经营权进行拍卖、承包，所得费用归村集体所有。

（2）村组＋专管人员管理模式。由村委会筹资、组织建设高效节水工程，建成后的工程产权归村民所有，由村民民主推荐产生工程运行管理人员，管理人员的管理费用由村委会向村民统一收取，发放给专管员。

（3）股份合作制管理模式。按照"自愿入股，利益共享，自主经营，自负盈亏，风险共担，民主管理"的原则，由国家、集体、社会法人、农户联股合营，联合建设节水灌溉工程，产权及使用权归集资户所有，农民浇地自我管理，设备出现故障由集资户筹资维修。

（4）水管单位＋农户管理模式。一般由政府投资建设工程，工程建成后产权归国家所有，水利部门作为这部分国有资产的管理者，行使管理权，农民自行管理自家土地内的节水资产。

2. 协会主导管理模式

（1）农民用水者协会＋专管人员管理模式。农民用水者协会通过"一事一议"民主决策，工程建成后所有权归全体村民。村委会组织，民主推荐专人负责工程的运行管理，管理费用由农民用水者协会向村民收取，统一发放给管理人员。

（2）合作社＋专管人员管理模式。通过土地流转实现承包经营，土地由合作社统一经营管理。节水工程由合作社负责筹资建设，产权归合作社所有，工程建成后，聘请专人进行运行管理，管理人员报酬由农民合作社负责发放，入股农民年终享受合作社收益分红。合作社优先雇用本社社员参加劳动，并支付劳动报酬。

（3）农民联户管理模式。根据农业用水供水情况，一定范围内农民通过签订协议联户建设高效节水工程，工程建成后产权归协议范围内的全体农民，工程运行的日常管理由协议范围内的农户轮流进行。

（4）滴灌协会管理模式。节水灌溉首部工程覆盖全村农户，农户以村用水者协会的名义注册成立滴灌协会，农户与滴灌协会签订协议成为会员，滴灌协会管理人员由村民通过村委会召开的全体村民会议选举产生。

3. 市场主导管理模式

（1）灌溉服务公司管理模式。这一模式是按照市场机制要求建立起来，灌溉工程由国家、集体、群众共同投资兴建，以公司的形式组建服务公司。公司对节水灌溉工程进行统一管理和经营，按灌溉要求制订配水计划并维护工程正常，并在收费上兼顾各方利益。

（2）企业＋专管人员管理模式。企业通过土地流转将分散在农户手中的土地集中，形成规模化的原料生产基地，高效节水工程产权归农民所有，企业支付土地和工程租赁费，并聘用农民或专业人员进行节水工程的日常管理。

（3）公司＋农户管理模式。公司通过与农户签订经济合同，获得土地长期有偿使用权，然后对土地进行集中开发，配套节水灌溉工程措施，并派员工与村委会选合适的农户一起进行灌溉管理。

（4）物业化管理模式。以各乡镇已成立的新农村服务公司为滴灌运行管理单位，负责各乡镇滴灌系统的运行管理工作，对滴灌系统实行物业化管理。部分地方创新机制，尝试高效节水工程"4S"物业化管理新模式，将滴灌工程设计、实施建设与后期运行管理捆绑招标，中标企业对工程建设、运行管理、系统维护、技术推广实行一揽子"4S"物业化服务。

4. 混合管理模式

（1）灌溉公司＋协会＋用水户分级管理模式。由政府组织成立"节水灌溉有限责任公司"，并成立"农民用水者协会"，灌溉公司主要负责水库调蓄水、首部枢纽和主干管以上管道设施的运行管理，以及第1、2级过滤设备的技术操作和维修保养，农民用水者协会主要负责第3级过滤设备、分干管、支管及田间地埋管、地面管等设备的技术操作和维修保养。由灌溉公司、农民用水者协会用水户根据各自职能履行责任。

（2）水管单位＋农民用水者协会＋农户管理模式。由政府投资建设节水工程，产权归国家所有，水管站根据灌溉用水定额负责制订用水户配水计划，村委会组织成立农民用水者协会负责工程运行管理和制订灌溉计划。

【能力训练】

1. 墒情监测的概念是什么？
2. 土壤墒情检测的方法有哪些？
3. 简述作物灌溉预报的步骤。
4. 灌区量测水的方法有哪些？
5. 灌区量水技术的特点和方法是什么？
6. 灌溉自动化控制技术的流程是什么？如何确定？
7. 常用的灌溉自动化控制技术模式有哪些？
8. 节水灌溉工程的管理模式有哪些？

参 考 文 献

[1] 中华人民共和国住房和城乡建设部，中华人民共和国国家质量监督检验检疫总局．节水灌溉工程技术标准：GB/T 50363—2018 [S]．北京：中国计划出版社，2018．
[2] 中华人民共和国住房和城乡建设部，中华人民共和国国家质量监督检验检疫总局．灌溉与排水工程设计标准：GB 50288—2018 [S]．北京：中国计划出版社，2018．
[3] 中华人民共和国水利部．灌溉与排水工程技术管理规程：SL/T 246—2019 [S]．北京：中国水利水电出版社，2019．
[4] 中华人民共和国建设部，中华人民共和国国家质量监督检验检疫总局．喷灌工程技术规范：GB/T 50085—2007 [S]．北京：中国计划出版社，2007．
[5] 中华人民共和国住房和城乡建设部，国家市场监督管理总局．微灌工程技术标准：GB/T 50485—2020 [S]．北京：中国计划出版社，2020．
[6] 中华人民共和国国家质量监督检验检疫总局，中国国家标准化管理委员会．管道输水灌溉工程技术规范：GB/T 20203—2017 [S]．北京：中国质检出版社，2017．
[7] 中华人民共和国住房和城乡建设部，国家市场监督管理总局．渠道防渗衬砌工程技术标准：GB/T 50600—2020 [S]．北京：中国计划出版社，2020．
[8] 国家发展改革委、水利部．国家节水行动方案：发改环资规〔2019〕695号 [Z]．2019．
[9] 国家统计局．中国统计年鉴2022 [M]．北京：中国统计出版社，2022．
[10] 习近平．高举中国特色社会主义伟大旗帜 为全面建设社会主义现代化国家而团结奋斗——在中国共产党第二十次全国代表大会上的报告 [M]．北京：人民出版社，2022．
[11] 中华人民共和国水利部．中国水资源公报：2023 [R]．2023．
[12] 郭旭新，要永在．灌溉排水工程技术 [M]．郑州：黄河水利出版社，2020．
[13] 于纪玉．节水灌溉技术 [M]．2版．郑州：黄河水利出版社，2020．